토목기술사의

비밀노트

대한토목학회
여성기술위원회 펴냄
문지영 감수

토목기술사의 비밀노트

격려사

두 번째 에세이집 출간을 축하드립니다

대한토목학회 회장 **정 충 기**
서울대학교 건설환경공학부 교수

존경하는 여성 토목인 여러분, 여성 토목인들의 이야기를 담은 두 번째 에세이집 출간을 진심으로 축하드립니다.

여성 토목 전문가 12인의 소중한 경험과 지혜가 따뜻한 글로 담겼습니다. 특히 현장 엔지니어의 상징인 기술사로서, 그 뒤를 잇는 젊은 여성 토목인들에게 건네주는 소중한 글들입니다.

여성 기술사 여러분이 노력과 열정으로 건설 분야에서 일하는 모습은 그 성과를 넘어서서 큰 감동을 주고 있습니다. 남성이 주도권을 갖고 있다는 인식이 팽배한 건설 분야에서 다양성과 포용성을 배양하며 변화를 이끈 여러분의 노력, 그리고 그 결과로 나타난 뛰어난 성과와 업적은 이렇게 글로 공유됨으로써 그 가치가 더욱 높아질 것입니다.

이 에세이집에 담긴 여러분의 이야기는 젊은 여성 토목인들에게 귀감이 될 뿐만 아니라, 건설 분야에서 여성의 역할을 높이 평가받고 인정받을 수 있는 큰 힘이 될 것입니다. 또한 도전과 성공을 통해 어떤 어려움도 극복할 수 있다는 희망을 전해주리라 기대합니다. 더 많은 여성들이 도전적인 꿈을 가지고 이를 실현할 수 있는 동기 부여가 되어, 향후 건설 기술과 산업을 선도하는 첫걸음이 될 것입니다.

본인의 경험과 느낌을 담아 글로 남긴다는 것은 큰 자신감과 용기가 필요합니다. 특히 후배들을 위해 자신의 이야기를 풀어낸다는 것은 쉬운 일이 아닙니다. 그러나 출판 후, 엮인 책 속의 글을 읽을 때 일터에서 느꼈던 것과는 다른 약간의 부끄러움과 함께 큰 뿌듯함이 있을 것입니다. 저자로 참여하신 12분께 감사드립니다. 이 책이 여성 토목인뿐 아니라 젊은 토목인 모두에게도 감동을 전할 수 있기를 바랍니다.

마지막으로, 에세이집 편찬을 위해 애써주신 대한토목학회 여성기술위원회 위원들께 깊은 감사의 말씀을 전합니다. 앞으로도 학회 발전에 더욱 큰 기여를 하시길 기대합니다.

고맙습니다.

격려사

여성기술위원회의 활발한 활동을 응원합니다

대한토목학회 여성기술담당 부회장 **손 성 연**

씨앤씨종합건설 대표

여성기술위원회가 작년에 첫 번째 에세이집 『Civil Women's March 1: 토목, 인생, 무엇이 궁금해?』를 발간한 데 이어, 올해 두 번째 에세이집 『Civil Women's March 2: 토목기술사의 비밀 노트』를 발간하게 된 것을 진심으로 응원하고 격려합니다.

여성 토목기술사들은 현재 그 수가 많지 않지만, 그들의 역할은 점점 더 커지고 있습니다. 이들은 각자의 분야에서 쌓아온 전문 지식을 바탕으로, 기술 발전에 기여하고 있으며, 앞으로 여성의 섬세함과 집중력을 활용해 더 큰 성과를 낼 것입니다. 이들의 성공은 후배 기술사 지망생들에게도 큰 희망을 줄 것입니다.

특히, 이번 프로젝트에 참여한 12인의 여성 토목기술사들은 다양한 분야에서 축적한 전문지식과 경험을 바탕으로 후배들에게 영감을 주고 있습니다. 여성 기술사들이 각기 다른 환경에서 기술적

과제를 해결하면서 발휘한 독창성은, 앞으로 토목 산업에서 여성 기술자의 비중을 높이는 데 중요한 역할을 할 것입니다.

여성 기술사들의 기여는 단순한 기술적 성과에 그치지 않습니다. 이들은 사회적 책임을 다하며, 지속가능한 발전을 위한 다양한 프로젝트에서도 큰 역할을 맡고 있습니다. 여성의 강점인 협력적 리더십과 문제 해결 능력은 토목 산업의 새로운 방향을 제시할 것이며, 이들이 발휘하는 세심함과 배려는 사회적 가치를 높이는 데도 기여할 것입니다.

또한, 여성 토목기술사들은 앞으로 다양한 도전과제를 해결하며 그 영향력을 더욱 확대해 나갈 것입니다. 여성 특유의 강점을 살린 접근 방식은 혁신을 가져올 것이며, 이는 토목 기술 분야 전반에 긍정적인 변화를 이끌어 낼 것입니다.

이번에 발간된 『토목기술사의 비밀노트』가 여성 토목기술자들에게 도전과 희망을 주는 지침서로서 큰 도움이 되길 바랍니다. 이를 통해 여성 기술사들이 더욱 큰 성과를 이루고, 후배들에게 귀감이 될 수 있기를 기대합니다.

마지막으로, 여성기술위원회의 두 번째 에세이집 발간을 통해 여성 기술사들 간의 유대감이 더욱 돈독해지고, 기술 발전에 기여하는 동반자로서의 역할을 확립할 수 있기를 기대합니다.

서문

두 번째는 실무의 정수(精髓)를 담은 기술사 이야기입니다

대한토목학회 여성기술위원회 위원장 **정 건 희**

호서대학교 건축토목공학부 교수

2023년 대한토목학회 여성기술위원회의 첫 번째 에세이집을 기획하며, 향후 지속적인 시리즈 발간을 목표로 삼았습니다. 이 시리즈의 제목은 'Civil Women's March'로, 큰 포부를 담아 시작하였습니다.

첫 번째 에세이집, 『Civil Women's March 1: 토목, 인생, 무엇이 궁금해?』를 발간하고 나서, 처음 시도하는 일이 얼마나 도전적인 것인지 절감하였습니다. 출판의 목적은 수익이 아니라 여성 토목인들의 소중한 경험을 후배들에게 전달하는 데 있었으나, 책이 많이 판매되지 않으면서 저자분들의 귀한 원고가 후배들에게 닿지 못할까 하는 염려와 함께 위원장으로서 더 노력하지 못한 것은 아닌가 하는 반성의 시간을 갖기도 했습니다.

이에 따라 다시 고민하게 되었습니다. 어떤 글이 후배들에게 더 큰 울림을 줄 수 있을지에 대한 깊은 성찰을 하였고, 실무에서 열정적으로 일하고 계시는 많은 여성 토목인들의 이야기를 담아야겠다고 결심하였습니다. 선배와 후배 모두가 공감할 수 있는 내용을 담기 위해 작년의 힘든 기억은 모두 내려놓고 다시 출발하게 되었습니다.

그러나 12가지 분야의 여성 기술사를 찾는 과정부터 쉽지 않았는데, 일부 분야는 최근 단 한 분만이 기술사 자격을 취득한 경우도 있었습니다. 하지만 어렵게 모신 12분의 여성 기술사님들이 자신의 분야에서 이룬 성취는 그야말로 경이로웠습니다. 바쁘신 와중에도 촉박한 시간과 원고료 없이 기꺼이 원고를 작성해 주신 데 대해 깊은 감사의 마음을 전합니다.

이번 에세이집도 전적으로 재능 기부로 이루어졌습니다. 모든 저자분들이 보상을 기대하지 않고 귀한 시간을 내어 자신의 경험과 이야기를 나누어 주셨습니다. 한 분야에 꾸준히 정진하여 결국 큰 성과를 이룬 이분들의 모습이야말로 이번 에세이집의 핵심 가치라고 생각합니다.

두 번째 에세이집이 마무리 단계에 이른 지금, 다시 한번 벅찬 감정을 느낍니다. 제 능력을 넘어서는 일을 하고 있다는 생각에 숨이 막힐 듯하지만, 많은 분의 격려와 도움 덕분에 이 자리에까지 올 수 있었습니다.

처음부터 끝까지 모든 업무를 맡아주신 대한토목학회 장현정 과장님과 원고를 다섯 차례나 꼼꼼하게 감수해 주신 문지영 박사님께 진심으로 감사의 말씀을 드립니다.

또한, 이번 에세이집 발행을 응원해 주신 손성연 부회장님과 정충기 회장님께도 깊은 감사를 드리며, 두 분의 애정과 관심이 큰 힘이 되었습니다.

비록 내년 세 번째 에세이집을 출간할 자신은 없지만, 2025년 1월에 다시 한번 생각해 보기로 하며, 2024년 두 번째 에세이집 『Civil Women's March 2: 토목기술사의 비밀노트』의 성공을 진심으로 기원합니다.

목 차

1. 기술사에 대한 이모저모

2. 토목 분야 기술사 12인의 이야기

3. 기술사 필기+면접시험 합격을 위한 꿀팁

12인의 저자소개

저자소개

저자

김혜선	㈜가람엔지니어링 대표이사 (교통기술사)
김지은	인천국제공항공사 AS토목팀 차장 (도로및공항기술사)
최혜란	㈜한국종합기술 도시계획부 전무이사 (도시계획기술사)
장근영	㈜도화엔지니어링 물산업부문 전무 (상하수도기술사)
우지연	㈜이산 수자원환경부문 수자원부 상무이사 (수자원개발기술사)
이숙경	㈜동아기술공사 전무 (수질관리기술사)
배준현	한국철도기술연구원 시험인증센터 선임기술원 (철도기술사)
권지순	공간정보품질관리원 처장 (측량및지형공간정보기술사)
송혜금	㈜서영엔지니어링 전무 (토목구조기술사)
한상희	㈜에스앤씨산업 이사 (토목시공기술사)
김향은	우리지반 대표 (토질및기초기술사)
김지현	㈜건화 환경평가부 상무 (토양환경기술사)

1

기술사에 대한 이모저모

SECRET NOTE

1.1

기술사란 무엇인가?

「기술사법」 제2조에 따르면, '기술사(技術士)'란 해당 기술 분야에 관한 고도의 전문지식과 실무경험에 입각한 응용 능력을 보유한 사람으로서 「국가기술자격법」 제10조에 따라 '기술사 자격을 취득한 사람'을 말한다. 기술사는 기능장과 더불어 「국가기술자격법」의 최상위 등급이며, 그 아래에 기사, 산업기사, 기능사 등이 있다. 「기술사법」 제3조제1항에 기술사는 과학기술에 관한 전문적 응용 능력이 필요한 사항에 대하여 계획・연구・설계・분석・조사・시험・시공・감리・평가・진단・시험운전・사업관리・기술판단(기술 감정을 포함)・기술 중재 또는 이에 관한 기술자문과 기술지도를 그 직무로 한다고 기술되어 있다.

다음 그림 1과 같이, 이공계 대학 졸업자는 '연구 관련 경력'과 '산업 현장 관련 경력'으로 경력이 구분된다. 연구 관련 경력 경로를 설정한다면 최고 학위로 '박사' 학위를 받는 반면, 산업 현장으로 경력 경로를 설정한다면 '기술사'를 취득하는 것이 가장 최고의 경력이 된다.

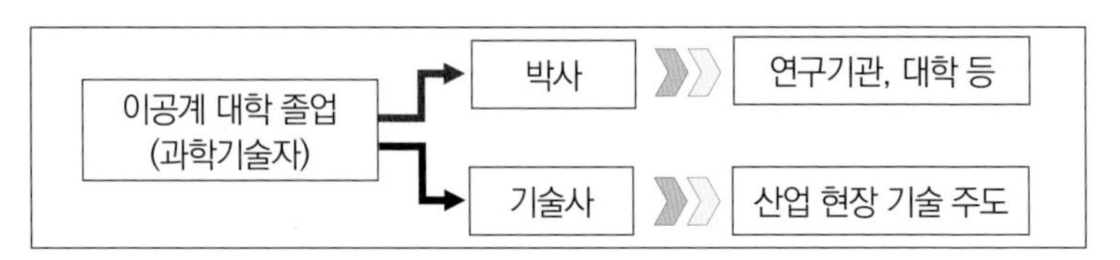

[그림 1] 기술사의 경력 경로(Career Path)

(출처: 제6차 기술사 제도발전 기본계획 (과학기술정보통신부, 2023))

경제개발 초기 한국은 개발에 필요한 자금을 해외 차관으로 조달했다. 그러나 해외 차관을 조달하는 것은 쉬운 일이 아니었다. 한국 정부가 주한 미 원조당국(USOM/K; United States Operations Missions to the Republic of Korea)에 경제개발 사업을 위한 차관신청서를 제출하면, 주한 미 원조당국이 지정한 기술용역 업체에서 한국 정부의 사업 제안서에 대한 타당성을 검토하는 절차를 통과해야 미국 개발차관기금개발차관기금(DLF; Development Loan Fund)의 지원을 받을 수 있었다. 그러나 기술 타당성 검토 결과, 한국이 차관으로 건설한 공장을 운영할 능력이 없다고 판단해 제안서가 통과되지 않는 경우가 있었으므로, 한국이 자체적으로 경제개발 사업을 추진할 만한 기술적인 역량이 있다는 신뢰를 줘야 했다. 실제로 1960년대 초 한국 정부에서 야심차게 제안했던 종합 제철소 건설사업이 기술 타당성 검토를 통과하지 못해 무산되는 일이 일어났다.

당시 대한민국은 노동 인구가 적지 않았지만, 잘 훈련된 산업 인력은 부족했고, 천연자원 역시 절대적으로 부족해 수입에 의존해야 하는 상황이었다. 그러므로 대한민국 정부는 과학기술 수준을 향상시켜 자립경제를 달성하기 위해 우리나라 최초의 과학기술 종합 계획인 '제1차 기술진흥 5개년 계획(1962-1966)'을 1962년에 수립하여 '제1차 경제개발 5개년 계획(1962-1966)'을 실천하기 위해 기술인력을 확보하고 혁신적으로 기술수준을 향상시키고자 했다. 그 결과, 1962년까지 과학기술과 관련된 법도 하나도 없이, 기술과 관련된 행정조직(국 차원의 조직)도 없었던 대한민국에 1962년 경제기획원 내 기술관리국이 설치되었고, 1963년에는 「기술사법」이 제정되었으며, 1967년 「과학기술진흥법」이 제정된 후 과학기술처가 설치되었다.

1962년 '제1차 기술진흥 5개년 계획'을 실시하기 위해 1962년 9월 이봉인을 대표로 하는 26인의 '과학기술진흥관계법령 기초 위원회'를 결성하고 「기술사법」의 초안을 만들었다. 당시 대한민국은 재정의 약 40% 이상을 의존하고 있었던 공적개발원조(ODA) 사업을 보다 효율적으로 운영하고, 까다로운 미국 기술진의 기술 검토 과정을 피하기 위해 국내 기술자에 대한 자격을 인증하는 제도로서 「기술사법」을 고안했다. 사실 국내 기술력도 제법 좋아지고 있어 본격적인 산업화에 돌입하는 단계에 건설, 기계, 전기 등 산업 전반에서 고도의 기술력과 전문성이 요구되고 있었기 때문에, 이런 상황에서 기술계의 인적 자원 확보와 질적 향상을 위해 기술사의 자격을 부여하고, 과학기술의 향상과 국민경제 발전에 이바지하도록 하는 기술사 제도는 반드시 필요했다. '과학기술진흥관계법령 기초위원회'에서 제시했던 최초의 기술사 분야는 ①광업, ②농업, ③수산, ④임업, ⑤전기, ⑥기계, ⑦화공, ⑧섬유, ⑨금속, ⑩선박, ⑪항공기, ⑫토목, ⑬생산관리, ⑭응용이학(應用理學, Applied Science)으로 과학기술 총 14개 부문으로 구성되었다. 그러나 몇 번의 논의를 거쳐 1963년 「기술사법」 제정 당시에 기술사는 ①농업, ②수산, ③임업, ④전기, ⑤기계, ⑥화공, ⑦섬유, ⑧금속, ⑨선박, ⑩항공기, ⑪건설, ⑫응용이학(應用理學, Applied Science)의 과학기술 총 12개 부문에서 독립된 직업기술자로서 생산증진과 기술혁명에 기여하도록 규정했다. 초안에서 변경이 눈에 띄는 것은, 「기술사법」 초안의 '토목' 분야가 '건설'로 변경된 것이다. 이것은 당시 건설부에서 입법을 추진하고 있던 「건축사법」과의 충돌을 피하기 위함이었는데, 건물의 구조 설계는 「기술사법」에 포함시키되, 그 외의 건축 설계는 「건축사법」으로 관장하게 함으로써 건축사의 용역 범위나 기득권을 일부 인정하고, 산업 고도화에 따라 증가할 것으로 예상되는 플랜트 엔지니어링 용역에 대해서는 「건축사법」이 아닌 「기술사법」을 적용할 수 있도록 하여 「기술사법」의 범위를 명확히 하여 초안에 비해 그

하위 범위가 축소되었다. 지금 돌아보면, 토목 분야에서는 조금 아쉽기도 한 부분이다.

1963년 「기술사법」 제정 초기 기술사의 업무 범위는 국가 공공단체와 정부 관리 기업체가 영위하는 기술용역사업(Technical Services Project), 장기경제개발에 관한 기술용역사업, 외자도입 및 무역에 관한 기술용역사업, 그 밖의 중요한 공익사업들에 대해 경제기획원 장관의 명령에 따라 기술사가 해당 분야의 기술 업무를 담당할 수 있도록 규정했다. 이렇게 새로 도입된 기술사 시험과 기술사 활용 제도를 효과적으로 운영하기 위하여 '과학기술진흥관계법령 기초위원회'는 경제기획원 내에 '기술사관리위원회'를 둔다고 규정했다. 그러므로 기술사관리위원회는 기술사 시험의 운용과 합격자 등록은 물론이고, 기술사의 자격정지에 관한 업무도 담당했다.

이후, 본격적인 경제 성장 시기에 급증하는 산업기술인력 수요 충족을 위해 「국가기술자격법」이 1973년 제정되었으며, 각 행정부가 독자적으로 시행, 관리해 오던 각종 기술자격 면허 시험을 과학기술처가 통합·운영하게 되었다. 「국가기술자격법」은 기술계와 기능계의 2계열로 기술자격을 분류하고, 기술계는 전문학교 교육을 통해 기사, 기술사의 자격을 취득하는 경우, 기능계는 실업교육이나 직업훈련을 통해 현장경험을 쌓아 기능사보, 기능사, 기능장의 자격을 취득할 수 있는 경우를 명시했다. 이때 대학 교육을 받은 석사, 박사와 기술계 및 기능계 인력 간 사회적 처우를 동등하게 해야 한다는 요청도 포함했다고 하니, 기술사에 대한 처우 개선의 시발점이 된 셈이다. 이 법안을 근거로 과학기술처는 기술계 자격 총 19개, 기능계 자격 총 12개 분야에 대한 자격면허 시험을 관리하였다. 이 법안이 시행됨에 따라 일관된 기술자격기준에 의해 중화학공업 등 주요 산업기술 분야에 필요한 국가기술자격제도가 확립되었고, 기술 인력의 자질 및 사회적 지위가 향상되는 계기가 마련되었으며, 개선된 기술 교육 체계를 확립할 수 있었다.

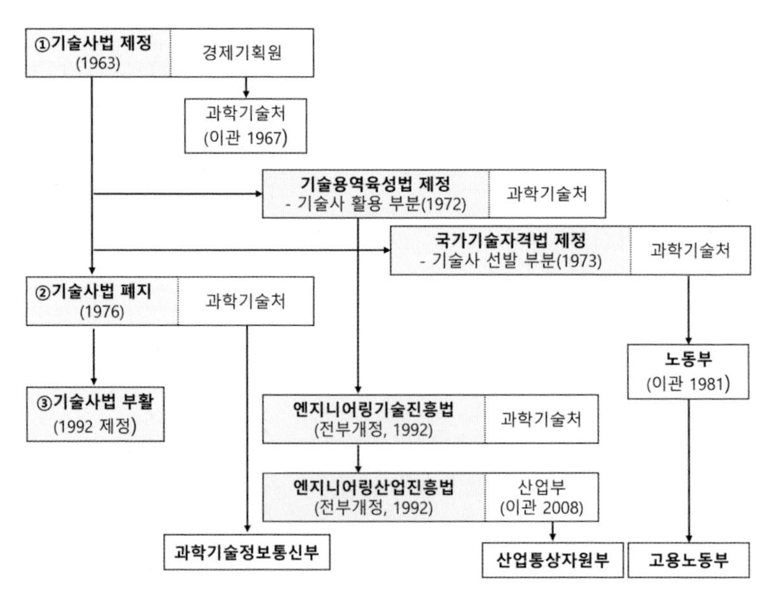

[그림 2] **기술사법 변화 과정**

(출처: 제6차 기술사 제도발전 기본계획 (과학기술정보통신부, 2023))

1976년 「기술사법」은 잠시 폐지되었고, 「국가기술자격법」에 의해 기술사가 배출되었다. 기술사의 관리와 활용은 「기술사법」이 폐지되면서 1972년 제정된 「기술용역육성법(現 엔지니어링산업 진흥법)」에서 담당하게 되었다가, 다시 기술사(Professional Engineer) 중심의 국제 전문 기술인력 교류 움직임에 대응하기 위해 1992년 「기술사법」을 다시 제정하게 되었다.

다음 그림 3과 같이, 현재 기술사의 배출은 고용노동부에서 「국가기술자격법」에 따라, 관리는 과학기술정보통신부에서 「기술사법」에 따라, 활용은 「건설기술 진흥법」, 「전력기술관리법」, 「정보통신공사업법」 등 개별 사업법에 따라 13개 주무부처에서 운영하고 있고, 국가기술자격의 통합, 신설, 폐지 등을 거쳐 2024년 현재는 총 84개 종목의 기술사로 세분되었다.

토목 분야의 기술사는 주로 고용노동부의 산하기관인 '한국산업인력공단'에서 시험을 주관하고 있다. 1963년 「기술사법」」 제정 이후 2022년 12월 기준으로 84개 종목에서 58,483명의 기술사가 배출되었으며, 건설, 정보통신, 농축산, 에너지 등 다양한 산업분야에서 활동하고 있다. 기술사 시험 수요는 응시인원 기준으로 매년 증가하는 추세이다.

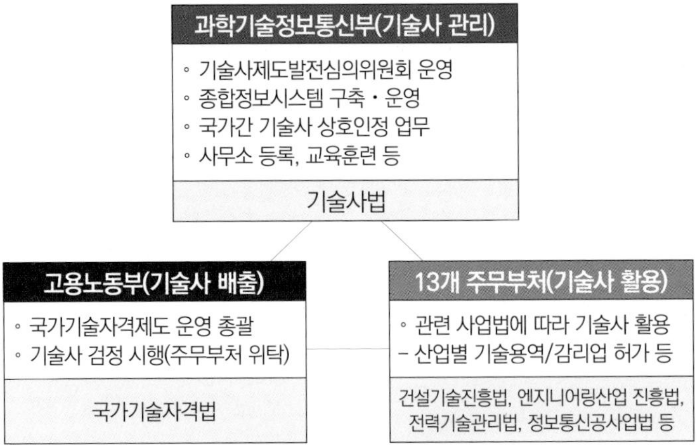

과학기술정보통신부(기술사 관리)

- 기술사제도발전심의위원회 운영
- 종합정보시스템 구축 · 운영
- 국가간 기술사 상호인정 업무
- 사무소 등록, 교육훈련 등

기술사법

고용노동부(기술사 배출)

- 국가기술자격제도 운영 총괄
- 기술사 검정 시행(주무부처 위탁)

국가기술자격법

13개 주무부처(기술사 활용)

- 관련 사업법에 따라 기술사 활용
- 산업별 기술용역/감리업 허가 등

건설기술진흥법, 엔지니어링산업 진흥법, 전력기술관리법, 정보통신공사업법 등

[그림 3] **기술사 제도 운영체제**

(출처: 제6차 기술사 제도발전 기본계획 (과학기술정보통신부, 2023))

1976년에 「건설업법(現 건설산업기본법) 시행령」 제22조가 개정되면서, 공사 금액이 3억 원 이상인 건설공사 현장에는 그 공사에 상응하는 자격을 가진 건설기술자를 1인 이상 배치하도록 규정한 게 기술사 의무 배치의 시작이 되었다. 당시 건설기술자는 「국가기술자격법」에 의해 해당 분야 기술자격을 취득한 자로서 건설부 장관의 면허를 받은 자로 제한했으며, 몇 번의 개정을 통해 현재는 700억 이상의 건설공사에 기술사 1인을 의무적으로 배치하도록 규정하고 있다.

하지만 2016년 법 개정 이후, 입찰참가자격 사전심사제도(PQ)에서 기술사에 대한 가점 부여를 삭제하여, 기술사 자격증이 없어도 일정 기간 동안 관련 업종 근무 경력이 있으면 높은 점수를 받을 수 있게 되어, 최근 기술사 제도 개선에 대한 여론이 높아지고 있다.

기술사 제도 개선을 위한 노력은 과거부터 계속되어왔다. 2005년 '기술사제도 개선 방안'을 정부에서 수립하고, 학・경력 기술사(인정기술사) 제도 개선, 기술사 제도의 전문성과 실효성 제고, 고급 기술자격의 국제 통용성 제고 등을 목표로 2007년 1월 「기술사법」을 개정해, 과학기술부가 기술사의 배출에서 육성, 활용에 이르기까지 체계적으로 제도를 운영할 수 있는 틀을 마련했다. 또한 「기술사법」 제5조에 의거, 3년마다 '기술사 제도발전 기본계획'을 수립하도록 하고, 2008년 '제1차 기술사 제도발전 기본계획(2008~2010)'을 수립하여 특정 부처나 종목의 이해관계를 떠나서 기술사제도라는 전체적인 틀을 체계적으로 갖춰 나갈 수 있도록 했다. 2023년에는 '제6차 기술사 제도발전 기본계획'이 수립되었다. 기본계획이 수립될 때마다 종목별 업무영역, 다른 기술자격과의 연계 등을 고려해 국제 수준과 산업수요에 맞도록 종목을 지속적으로 정비하고 있다.

오늘날의 기술사는 고도의 경제 성장 시기를 거치면서 과학기술의 진흥과 공공의 안전 확보 및 국민의 경제 발전에 이바지하고 있다. 아울러 기술사 제도는 기술인의 단계적 직업 능력을 개발하거나 향상할 수 있게 돕고 있으며, 기술인의 사회적 지위 향상에도 기여하고 있다.

1.1.1 기술사 관련 통계 자료

박정희 정부는 '기술사관리위원회'를 구성하고 1964년 제1회 기술사 본시험 시행을 위해 기술계 인물 115명을 기술사 시험위원으로 위촉했다. 1회 시험에 557명이 응시했는데, 13개 과학기술 ㅎ부문 중 건설 200명, 전기 103명, 기계 75명 등 사회적 수요가 많은 부문에 지원자들이 몰렸고, 이들 중 67명이 합격했다. 건설 부문에서 20명, 전기 15명, 농업 7명, 기계 7명, 광업 4명 등의 합격자가 나왔다. 이들이 명실상부한 우리나라 최초의 기술사들이다.

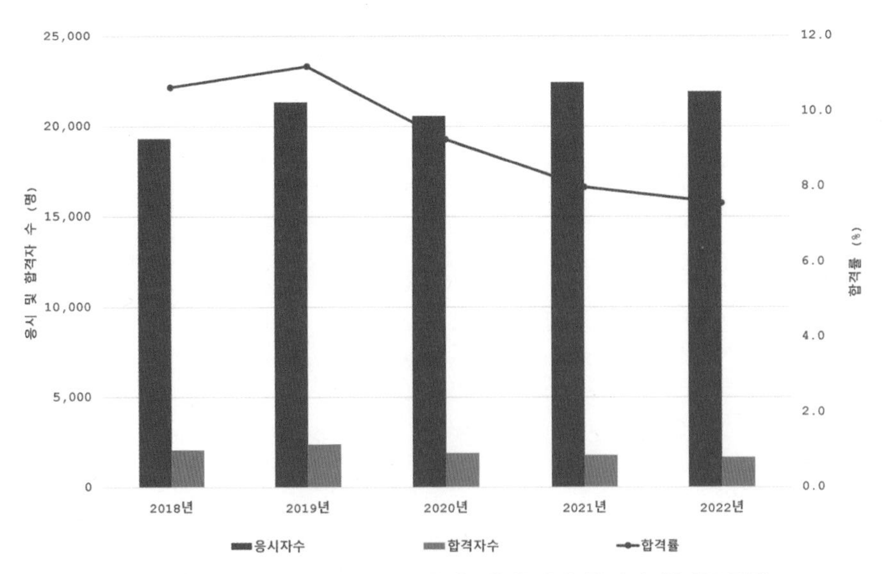

[그림 4] 최근 5년간 기술사 필기시험(1차) 응시자, 합격자, 합격률 현황

(출처: 국가기술자격통계, 한국산업인력공단)

최근 5년간 기술사 관련 통계를 살펴보면, 매년 약 2만 명이 응시해 1차 필기시험에서 약 2천 명이 합격하고, 2차 면접시험에서 약 1,500~2,000명 정도가 합격한다. 기술사 시험의 수요는 응시인원 기준으로 다소 증가하는 추세이지만, 최종 합격자는 오히려 감소하고 있다. 이것은 낮은 합격률(9.1%, 2017~2021년 필기 기준) 때문인 것으로 분석되며, 이로 인해 현장 실무 인력이 부족하고 기술사 배출 확대에 대한 현장 요구가 점차 증가하고 있다.

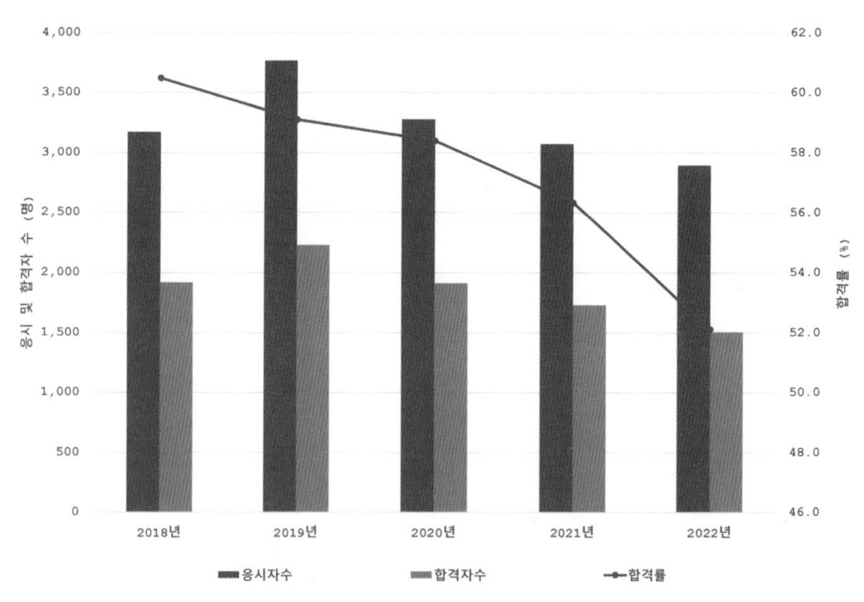

[그림 5] **최근 5년간 기술사 면접시험(2차) 응시자, 합격자, 합격률 현황**
(출처: 국가기술자격통계, 한국산업인력공단)

[표 1] 최근 5년간 기술사 시험 현황

구분	기술사					
	필기시험(1차)			면접시험(2차)		
	응시(명)	합격(명)	합격률(%)	응시(명)	합격(명)	합격률(%)
2018년	19,327	2,056	10.64	3,173	1,919	60.48
2019년	21,335	2,387	11.19	3,768	2,227	59.10
2020년	20,583	1,907	9.26	3,276	1,913	58.39
2021년	22,440	1,790	7.98	3,073	1,731	56.33
2022년	21,941	1,658	7.56	2,894	1,508	52.11

(출처: 국가기술자격통계, 한국산업인력공단)

우리나라에서는 2022년 12월 기준으로 84개 종목에서 58,483명의 기술사가 배출되었으며, 2019년부터 기술사 실태조사를 하여 26개 항목의 활동 현황을 파악하고 있는데, 2022년 12월 말 기준으로 25,669명이 등록하여 활동 중이다. 배출 및 등록 기준 상위 10개 종목은 토목시공(10,707명), 건축시공(10,387명) 등 토목, 건축, 안전 등 감리 책임이 있는 분야가 많은 부분을 차지하며, 기술사사무소(「기술사법」 제6조에 의거, 기술사 직무를 수행하기 위해 등록한 전문 기술용역업체) 등록 기준으로는 건설(58.5%), 설비(11.6%), 산업(10.8%) 등 3개 분야가 전체 81%로 다수를 차지한다.

[표 2] 기술자 인원 현황(2022.12월 말 기준)

구분	기술사	특급기술자	전체기술자	소관부처
건설 분야	46,712명	123,459명	742,269명	국토부
엔지니어링 분야	9,922명	40,584명	174,572명	산업부

(출처: 건설기술인협회(2022.12월), 엔지니어링통계편람(2022.12월), 기술사종합정보시스템)

기술사 시험 응시자 및 합격자 중 여성의 비율은 약 5.0~7.0% 정도를 유지하고 있다. 여성지원자의 비율이 낮지만, 응시자와 합격

[표 3] **최근 5년간 성별 기술사 시험 현황**

구분		기술사					
		필기시험(1차)			면접시험(2차)		
		응시 (명)	합격 (명)	합격률 (%)	응시 (명)	합격 (명)	합격률 (%)
2018년	전체	19,327	2,056	10.64	3,173	1,919	60.48
	남자	18,288 (94.6%)	1,943 (94.5%)	10.62	2,983 (94.0%)	1,790 (93.3%)	60.01
	여자	1,039 (5.4%)	113 (5.5%)	10.88	190 (6.0%)	129 (6.7%)	67.89
2019년	전체	21,335	2,387	11.19	3,768	2,227	59.10
	남자	20,078 (94.1%)	2,229 (93.4%)	11.10	3,545 (94.1%)	2,104 (94.5%)	59.35
	여자	1,257 (5.9%)	158 (6.6%)	12.57	223 (5.9)	123 (5.5%)	55.16
2020년	전체	20,583	1,907	9.26	3,276	1,913	58.39
	남자	19,300 (93.8%)	1,769 (92.8%)	9.17	3,044 (92.9%)	1,787 (93.4%)	58.71
	여자	1,283 (6.2%)	138 (7.2%)	10.76	232 (7.1%)	126 (6.6%)	54.31
2021년	전체	22,440	1,790	7.98	3,073	1,731	56.33
	남자	20,986 (93.5%)	1,665 (93.0%)	7.93	2,827 (92.0)	1,603 (92.6%)	56.70
	여자	1,454 (6.5%)	125 (7.0%)	8.60	246 (8.0%)	128 (7.4%)	52.03
2022년	전체	21,941	1,658	7.56	2,894	1,508	52.11
	남자	20,355 (92.8%)	1,506 (90.8%)	7.40	2,629 (90.8%)	1,403 (93.0%)	53.37
	여자	1,586 (7.2%)	152 (9.2%)	9.58	265 (9.2%)	105 (7.0%)	39.62

주) ( )는 각 연도 전체 인원 대비 백분율

(출처: 국가기술자격통계, 한국산업인력공단)

자의 비율이 크게 차이 나지 않으며, 필기시험의 합격률은 전체 합격률에 비해 여성의 합격률이 많이 증가하고 있어 앞으로는 더 많은 여성기술사를 만날 수 있지 않을까 기대해 본다.

기술사를 연령별로 살펴보면, 50대가 36%로 가장 많고, 60대(32%), 70대(16%) 순이며, 평균 연령은 59.6세로 고령화되고 있다. 기술사 중 30대 이하는 겨우 1.5% 수준이다. 그러므로 젊은 기술사 확보가 중요하지만, 기술사 시험 응시 및 합격 현황을 살펴보면, 여전히 50대 이상 지원자의 합격률(특히 면접시험)이 매우 높다는

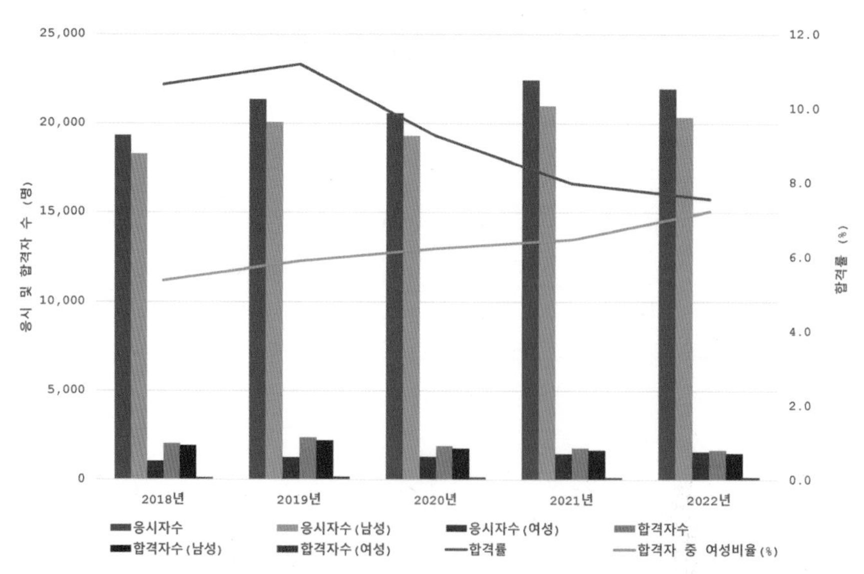

[그림 6] 기술사 필기시험(1차) 응시자 및 합격자 수, 합격률별 남성과 여성 비율

(출처: 국가기술자격통계, 한국산업인력공단)

것을 알 수 있다. 이는 실무 경력이 10년 이상인 지원자들이 합격에 더욱 유리하다는 근거일 수 있다.

그러나 현행 자격검정은 필기시험이 윤리, 공학기초 등 기본역량 검증 없이 전문지식 검증 중심으로 구성되어 있고, 면접 시험은 위원 질문 중심으로 진행되어 위원별 서로 다른 경험 및 전문 분야가 검정 결과에 영향을 미쳐, 기술사 자격의 글로벌화 및 공학기초와 전문·실무능력을 겸비한 균형 잡힌 기술사 양성에 한계가 존재한다는 인식이 있다.

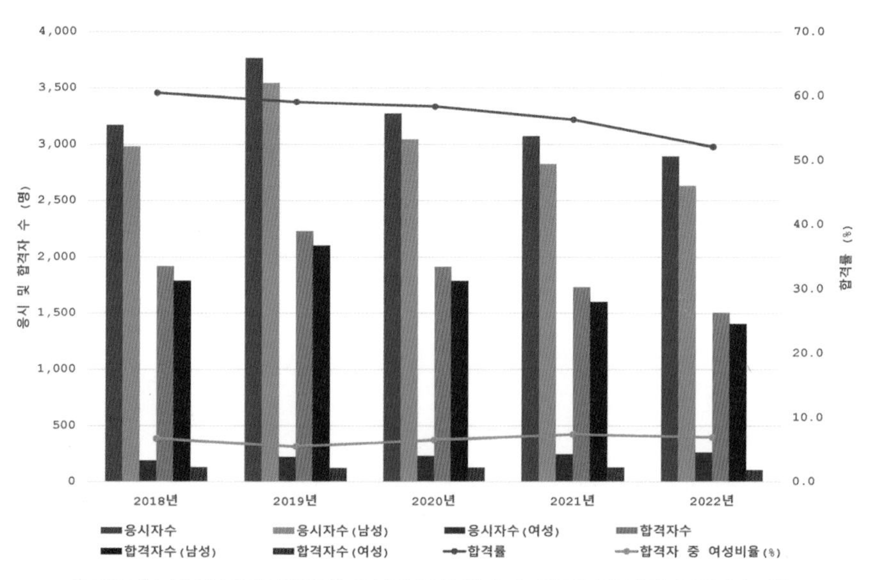

[그림 7] **기술사 면접시험(2차) 응시자 및 합격자 수, 합격률별 남성과 여성의 비율**

(출처: 국가기술자격통계, 한국산업인력공단)

그러므로 '제6차 기술사 제도발전 기본계획'에는 통상적인 60점 이상 선발이 아닌, 합격인원예정 선발방식으로 시험을 변경해 고수요 종목의 배출 인원을 확대하고자 하고 있으며, 청년 세대 기술사 조기 입직을 유도하기 위한 방안도 검토하고 있다. 또한 필수역량을 제고하고 검정방식의 객관성을 확보하기 위해 공학윤리, 공학기초와 디지털 활용 역량 검증을 강화, 면접시험 시 응시자 개인 발표 후 구조화된 질문 및 답변을 하는 방식으로 변경하는 방안도 모색중이다.

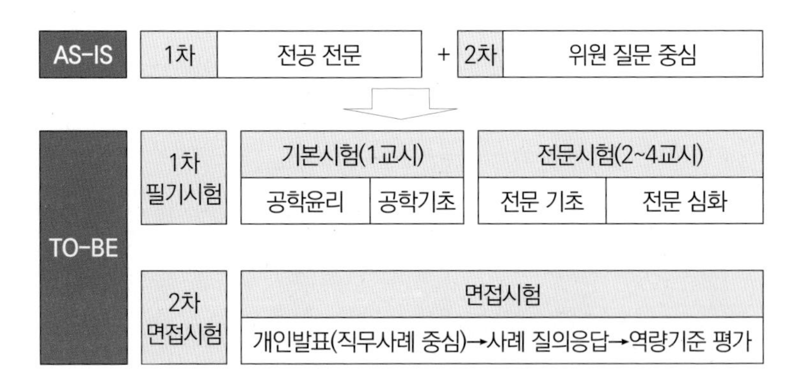

[그림 8] 기술사 검정방식 개편(안)

(출처: 제6차 기술사 제도발전 기본계획 (과학기술정보통신부, 2023))

[표 4] 최근 5년간 연령별 기술사 시험 현황

구분		기술사					
		필기시험(1차)			면접시험(2차)		
		응시 (명)	합격 (명)	합격률 (%)	응시 (명)	합격 (명)	합격률 (%)
2018년	합계	19,327	2,056	10.64	3,173	1,919	60.48
	19세 이하	1	-	-	-	-	-
	20~24	1	-	-	-	-	-
	25~29	126	8	6.35	14	7	50.00
	30~34	1,329	126	9.48	204	118	57.84
	35~39	3,537	426	12.04	669	386	57.70
	40~44	4,441	541	12.18	814	514	63.14
	45~49	4,575	512	11.19	801	475	59.30
	50~54	2,647	257	9.71	392	243	61.99
	55~59	1,607	124	7.72	178	114	64.04
	60~64	778	46	5.91	78	51	65.38
	65세 이상	285	16	5.61	23	11	47.83
2019년	합계	21,335	2,387	11.19	3,768	2,227	59.10
	19세 이하	-	-	-	-	-	-
	20~24	1	-	-	-	-	-
	25~29	186	16	8.60	19	10	52.63
	30~34	1,475	168	11.39	249	128	51.41
	35~39	3,713	465	12.52	769	415	53.97
	40~44	4,522	599	13.25	937	577	61.58
	45~49	5,075	573	11.29	923	559	60.56
	50~54	3,160	322	10.19	502	310	61.75
	55~59	1,908	181	9.49	258	161	62.40
	60~64	1,016	55	5.41	86	58	67.44
	65세 이상	279	8	2.87	25	9	36.00

구분		기술사					
		필기시험(1차)			면접시험(2차)		
		응시 (명)	합격 (명)	합격률 (%)	응시 (명)	합격 (명)	합격률 (%)
2020년	합계	20,583	1,907	9.26	3,276	1,913	58.39
	19세 이하	-	-	-	-	-	-
	20~24	1	-	-	-	-	-
	25~29	174	12	6.90	21	10	47.62
	30~34	1,581	172	10.88	279	141	50.54
	35~39	3,170	363	11.45	645	355	55.04
	40~44	4,194	443	10.56	762	475	62.34
	45~49	4,823	429	8.89	745	459	61.61
	50~54	3,281	287	8.75	478	291	60.88
	55~59	1,956	139	7.11	235	131	55.74
	60~64	1,091	50	4.58	88	39	44.32
	65세 이상	312	12	3.85	23	12	52.17
2021년	합계	22,440	1,790	7.98	3,073	1,731	56.33
	19세 이하	-	-	-	-	-	-
	20~24	3	-	-	-	-	-
	25~29	279	13	4.66	18	6	33.33
	30~34	1,675	138	8.24	254	135	53.15
	35~39	3,049	320	10.50	560	327	58.39
	40~44	4,481	447	9.98	714	409	57.28
	45~49	4,955	414	8.36	710	402	56.62
	50~54	3,964	269	6.79	453	265	58.50
	55~59	2,282	124	5.43	215	111	51.63
	60~64	1,282	49	3.82	113	62	54.87
	65세 이상	470	16	3.40	36	14	38.89

구분		기술사					
		필기시험(1차)			면접시험(2차)		
		응시 (명)	합격 (명)	합격률 (%)	응시 (명)	합격 (명)	합격률 (%)
2022년	합계	21,941	1,658	7.56	2,894	1,508	52.11
	19세 이하	-	-	-	-	-	-
	20~24	5	-	-	-	-	-
	25~29	262	13	4.96	24	9	37.50
	30~34	1,934	169	8.74	278	126	45.32
	35~39	2,566	244	9.51	442	216	48.87
	40~44	4,241	356	8.39	655	336	51.30
	45~49	4,480	426	9.51	712	376	52.81
	50~54	4,055	252	6.21	451	243	53.88
	55~59	2,498	131	5.24	206	129	62.62
	60~64	1,386	56	4.04	98	57	58.16
	65세 이상	514	11	2.14	28	16	57.14

(출처: 국가기술자격통계, 한국산업인력공단)

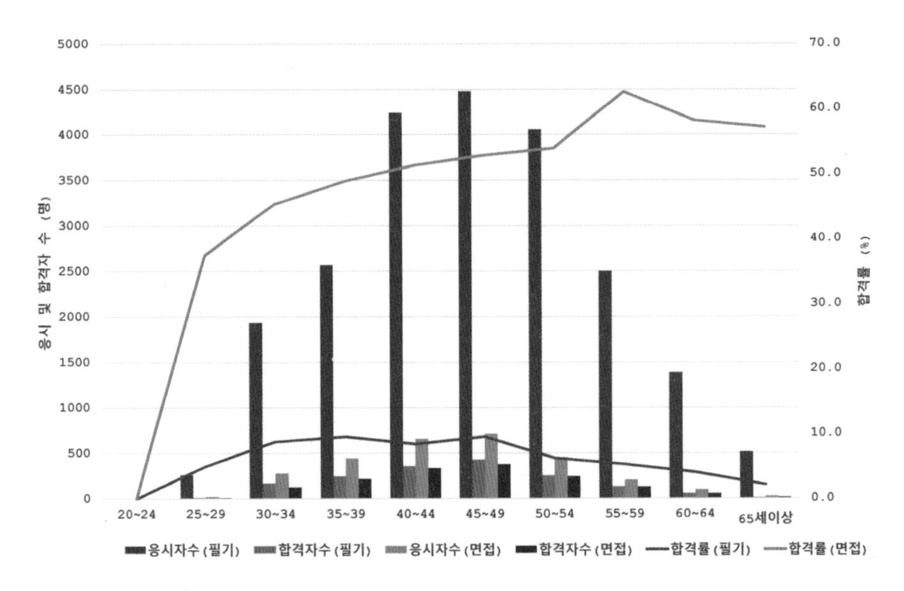

[그림 9] 2022년 기술사 필기 및 면접시험 응시자 및 합격자 수, 합격률 현황

(출처: 국가기술자격통계, 한국산업인력공단)

1.2

기술사 시험을 볼 수 있는 자격 요건

1.2.1 시험개요

기술사 시험은 응시하고자 하는 종목에 관한 고도의 전문지식과 실무경험에 입각한 계획, 연구, 설계, 분석, 조사, 시험, 시공, 감리, 평가, 진단, 사업관리, 기술 관리 등의 기술 업무를 수행할 수 있는 능력의 유무를 판단하고자 시행한다.

1.2.2 종목 소개

자격 종목은 신설, 통합 및 폐지 등을 통해 1989년 104개, 1991년 96개, 2003년 99개, 2005년 89개였으나, 2010년부터는 84개 종목으로 시행 중이다. 「국가기술자격법 시행규칙」〈개정 2023.11.14.〉에서의 기술·기능 분야 기술사 종목은 다음과 같다. 총 84개의 종목 중 '토목공학' 관련 종목은 ①농·어업토목, ②도로 및 공항, ③상하수도, ④수자원개발, ⑤지적, ⑥지질 및 지반, ⑦철도, ⑧측량 및

지형공간정보, ⑨토목 구조, ⑩토목시공, ⑪토목품질시험, ⑫토질 및 기초, ⑬항만 및 해안, ⑭해양으로 총 14개이다.

[표 5] 국가기술자격법 시행규칙 내 기술·기능분야 기술사 종목

<table>
<tr><th>직무 분야</th><th>중직무 분야</th><th>기술 분야</th><th>직무 분야</th><th>중직무 분야</th><th>기술 분야</th></tr>
<tr><td rowspan="21">건설</td><td rowspan="4">건축</td><td>건축구조</td><td rowspan="3">광업자원</td><td>광해방지</td><td>광해방지</td></tr>
<tr><td>건축기계설비</td><td rowspan="2">채광</td><td>자원관리</td></tr>
<tr><td>건축시공</td><td>화약류관리</td></tr>
<tr><td>건축품질시험</td><td rowspan="10">기계</td><td>금형·공작기계</td><td>금형</td></tr>
<tr><td rowspan="2">도시·교통</td><td>교통</td><td rowspan="3">기계장비 설비·설치</td><td>건설기계</td></tr>
<tr><td>도시계획</td><td>공조냉동기계</td></tr>
<tr><td>조경</td><td>조경</td><td>산업기계설비</td></tr>
<tr><td rowspan="14">토목</td><td>농어업토목</td><td>기계제작</td><td>기계</td></tr>
<tr><td>도로 및 공항</td><td>자동차</td><td>차량</td></tr>
<tr><td>상하수도</td><td>조선</td><td>조선</td></tr>
<tr><td>수자원개발</td><td>철도</td><td>철도차량</td></tr>
<tr><td>지적</td><td rowspan="2">항공</td><td>항공기관</td></tr>
<tr><td>지질 및 지반</td><td>항공기체</td></tr>
<tr><td>철도</td><td rowspan="7">농림어업</td><td rowspan="3">농업</td><td>농화학</td></tr>
<tr><td>측량 및 지형공간정보</td><td>시설원예</td></tr>
<tr><td>토목구조</td><td>종자</td></tr>
<tr><td>토목시공</td><td rowspan="2">어업</td><td>수산·양식</td></tr>
<tr><td>토목품질시험</td><td>어업</td></tr>
<tr><td>토질 및 기초</td><td>임업</td><td>산림</td></tr>
<tr><td>항만 및 해안</td><td>축산</td><td>축산</td></tr>
<tr><td>해양</td><td>문화·예술·디자인·방송</td><td>디자인</td><td>제품디자인</td></tr>
</table>

직무 분야	중직무 분야	기술 분야	직무 분야	중직무 분야	기술 분야
경영・회계・사무	생산관리	공장관리	재료	용접	용접
		포장	전기・전자	전기	건축전기설비
		품질관리			발송배전
섬유・의복	섬유	섬유			전기응용
		의류			전기철도
식품가공	식품	수산제조			철도신호
		식품		전자	산업계측제어
안전관리	비파괴검사	비파괴검사			전자응용
	안전관리	가스	정보통신	정보기술	정보관리
		건설안전			컴퓨터시스템응용
		기계안전		통신	정보통신
		산업위생관리	화학	화공	화공
		소방	환경・에너지	에너지・기상	기상예보
		인간공학			방사선관리
		전기안전			원자력발전
		화공안전		환경	대기관리
재료	금속・재료	금속가공			소음진동
		금속재료			수질관리
		금속제련			자연환경관리
		세라믹			토양환경
	도장・도금	표면처리			폐기물처리

(출처: 국가기술자격법 시행규칙[별표2] 〈개정 2023.11.14.〉)

1.2.3 자격 요건

4년제 대학교를 졸업 후 기사 자격을 취득했을 경우 4년 이상 실무 경력을 쌓으면 기술사 시험에 응시할 수 있다. 만약 기사 자격을 취득하지 못했다면 6년 이상 실무에 종사 후 기술사 시험에 응시할 수 있다.

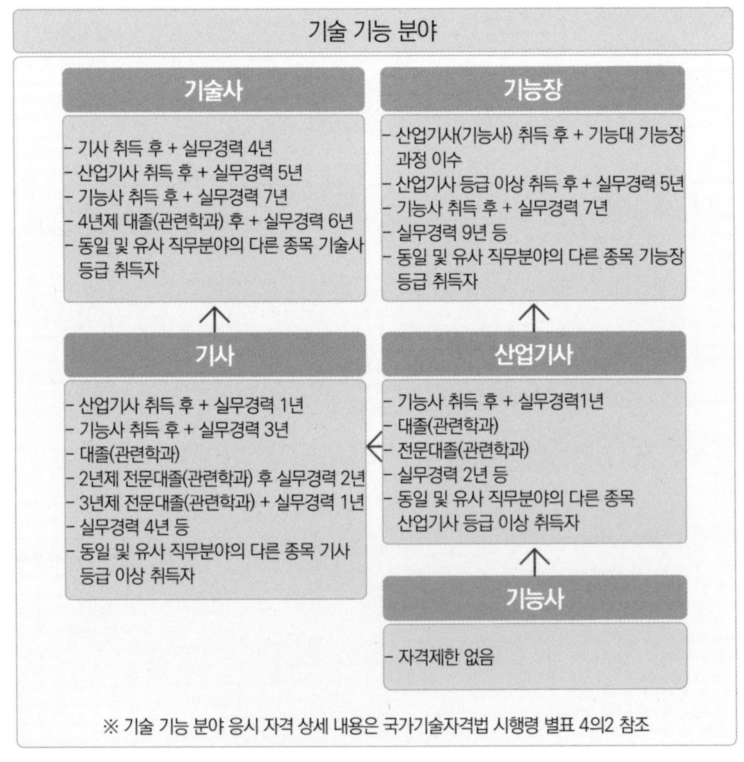

[그림 10] 기술 기능 분야의 구분 및 응시 자격

(출처: 한국산업인력공단 Q-net 홈페이지)

그 외 산업기사를 취득한 경우나 3년제 전문대학 또는 2년제 전문대학을 졸업한 사람은 필요한 실무 경력을 만족하면 시험에 응시 할 수 있다. 혹시 본인의 자격 요건에 대한 확신이 없거나 확인이 어렵다면 한국산업인력공단에 직접 전화로 문의하여 확인하는 것이 좋다.

[표 6] **기술사 응시 자격 기준**

등급	응시 자격
기술사	다음 각 호의 어느 하나에 해당하는 사람 1. 기사 자격을 취득한 후 응시하려는 종목이 속하는 직무분야(고용노동부령으로 정하는 유사 직무분야를 포함한다. 이하 "동일 및 유사 직무분야"라 한다)에서 4년 이상 실무에 종사한 사람 2. 산업기사 자격을 취득한 후 응시하려는 종목이 속하는 동일 및 유사 직무분야에서 5년 이상 실무에 종사한 사람 3. 기능사 자격을 취득한 후 응시하려는 종목이 속하는 동일 및 유사 직무분야에서 7년 이상 실무에 종사한 사람 4. 응시하려는 종목과 관련된 학과로서 고용노동부장관이 정하는 학과(이하 "관련학과"라 한다)의 대학졸업자등으로서 졸업 후 응시하려는 종목이 속하는 동일 및 유사 직무분야에서 6년 이상 실무에 종사한 사람 5. 응시하려는 종목이 속하는 동일 및 유사 직무분야의 다른 종목의 기술사 등급의 자격을 취득한 사람 6. 3년제 전문대학 관련학과 졸업자등으로서 졸업 후 응시하려는 종목이 속하는 동일 및 유사 직무분야에서 7년 이상 실무에 종사한 사람 7. 2년제 전문대학 관련학과 졸업자등으로서 졸업 후 응시하려는 종목이 속하는 동일 및 유사 직무분야에서 8년 이상 실무에 종사한 사람 8. 국가기술자격의 종목별로 기사의 수준에 해당하는 교육훈련을 실시하는 기관 중 고용노동부령으로 정하는 교육훈련기관의 기술훈련과정(이하 "기사 수준 기술훈련과정"이라 한다) 이수자로서 이수 후 응시하려는 종목이 속하는 동일 및 유사 직무분야에서 6년 이상 실무에 종사한 사람

등급	응시 자격
	9. 국가기술자격의 종목별로 산업기사의 수준에 해당하는 교육훈련을 실시하는 기관 중 고용노동부령으로 정하는 교육훈련기관의 기술훈련과정(이하 "산업기사 수준 기술훈련과정"이라 한다) 이수자로서 이수 후 동일 및 유사 직무분야에서 8년 이상 실무에 종사한 사람 10. 응시하려는 종목이 속하는 동일 및 유사 직무분야에서 9년 이상 실무에 종사한 사람 11. 외국에서 동일한 종목에 해당하는 자격을 취득한 사람

(출처: 국가기술자격법 시행령 [별표 4의2] 〈개정 2022.02.17.〉)

1.3

기술사 시험 준비를 위한 세부 절차 및 유의점

1.3.1 자격검정 절차 안내

국가기술자격 시험 절차는 다음과 같다. 한국산업인력공단 등 검정 기관에서 고용노동부의 승인을 받아 시험 시행계획을 수립하고, 시험

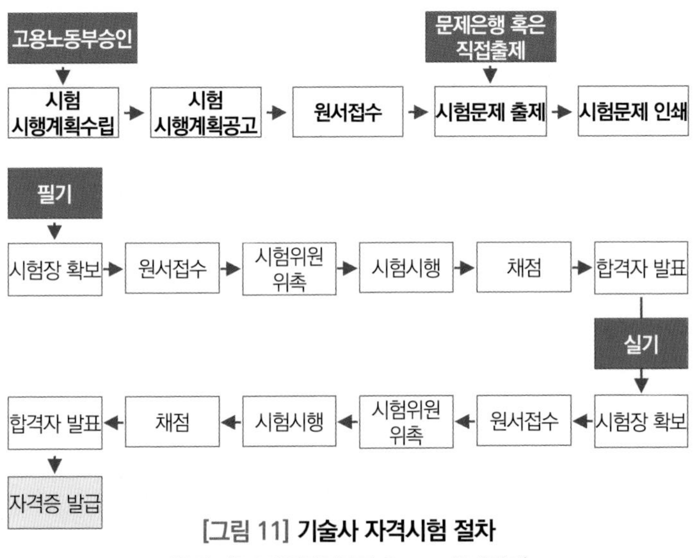

[그림 11] 기술사 자격시험 절차

(출처: 한국산업인력공단 Q-net 홈페이지)

시행계획에 대한 공고를 한다. 한국산업인력공단에서는 시험문제의 출제 및 관리, 시험장 확보 및 원서접수, 시험위원 위촉, 시험시행 및 채점뿐만 아니라, 최종합격자의 자격증 발급 및 자격취득자 사후관리 등도 한다.

기술사 시험 응시 절차는 표 7과 같다. 기술된 순서대로 차분히 준비하면 누구나 기술사 준비를 할 수 있다.

[표 7] **기술사 시험 응시 절차**

1	필기원서 접수	Q-net을 통한 인터넷 접수
		필기접수 기간 내 수험원서 인터넷 제출
		사진(6개월 이내에 촬영한 3.5×4.5cm, 120×160픽셀 사진파일(JPG) 수수료 전자결제
		시험장소 본인 선택(선착순)
2	필기시험	수험표, 신분증, 필기구(흑색 사인펜 등) 지참
3	합격자 발표	Q-net을 통한 합격 확인(마이페이지 등)
		응시 자격 제한종목(기술사, 기능장, 기사, 산업기사, 서비스 분야 일부 종목)은 사전에 공지한 시행계획 내 응시 자격 서류제출 기간 이내에 반드시 응시 자격 서류를 제출하여야 함
4	실기원서 접수	실기 접수 기간 내 수험원서 인터넷 (www.Q-net.or.kr) 제출
		사진(6개월 이내에 촬영한 3.5cm*4.5cm 120×160픽셀 사진파일(JPG), 수수료(정액)
		시험일시, 장소 본인 선택(선착순)
5	실기시험	수험표, 신분증, 필기구 지참
6	최종합격자 발표	Q-net을 통한 합격확인(마이페이지 등)
7	자격증 발급	(인터넷)공인인증을 통한 발급, 택배 가능 (방문수령)사진(6개월 이내에 촬영한 3.5×4.5cm 사진) 및 신분확인서류

(출처: 한국산업인력공단 Q-net 홈페이지)

1.3.2 검정기준 및 방법

1) 검정기준

기술사의 검정 기준은 해당 자격 종목에 관한 고도의 전문지식과 실무경험에 입각한 계획·연구·설계·분석·조사·시험·시공·감리·평가·진단·사업관리·기술관리 등의 업무를 수행할 수 있는 능력을 종합적으로 평가한다.

2) 검정방법

1차 필기시험은 모두 서술형으로 4교시로 구성되어 있으며, 1교시는 13개 문제 중에서 10개를 선택해서 서술한다. 답안을 보통 문항당 1페이지 정도 작성하는데, 2~4교시는 교시별 6개 문제 중에서 4개를 선택해서 작성하면 된다. 1교시보다 더욱 상세하게 문항당 3~4페이지 정도씩 서술형으로 쓴다. 2차 면접시험은 구술형으로 보통 면접 위원이 3명이고 각 질문에 대한 답변을 구술로 진행하는데, 20~40분 정도 진행된다. 1~2차 시험 모두 100점 만점에 60점 이상이면 합격이다.

[표 8] **합격결정 기준**

필기시험	면접시험
- 단답형 또는 주관식 논문형(각 100분씩 4교시) - 100점 만점에 60점 이상	- 구술형 면접시험 - 100점 만점에 60점 이상

(출처: 국가기술자격법 시행령 제20조제1항 및 제3항)

3) 시험일정

기술사 시험은 2010년부터 84개 종목으로 시행 중인데, 아래의 표 9와 같이 한국방송통신전파진흥원, 한국광해관리공단, 한국원자력안전기술원, 한국산업인력공단 4개의 검정 기관에서 관리하고 있다. 토목 및 환경 분야는 한국산업인력공단에 관리한다. 연간 시험 일정은 보통 전년도 연말(11월 말 ~ 12월 초)에 종목별 검정 기관에서 발표하니, 연말에 발표되는 시험 일정을 참고해서 다음 연도의 시험 응시 계획을 세우면 된다.

[표 9] **기술사 시험 검정 기관**

검정기관	해당 종목	시험일정
한국방송통신전파진흥원	정보통신	전년도 연말 (보통 11월 말~ 12월 초)에 종목별 연간 시험일정 발표
한국광해관리공단	자원관리, 광해방지	
한국원자력안전기술원	방사선관리, 원자력발전	
한국산업인력공단	위 5개 종목을 제외한 나머지 79개 종목	

(출처: 한국기술사회 홈페이지)

4) 시험시간

기술사 1차 필기시험은 총 400분이고, 전체 시험은 4교시로 구성되며, 각 교시당 100분이다. 오전 8시 30분까지 입실, 마지막 4교시의 시험 종료 시각은 오후 5시 20분이다. 중간에 점심시간이 있으니, 도시락을 지참해야 한다.

[표 10] **기술사 시험 시간표 (필기시험)**

구분	시간	비고
입실 및 오리엔테이션	08:30	30분
1교시	09:00 ~ 10:40	100분
쉬는 시간	10:40 ~ 11:00	20분
2교시	11:00 ~ 12:40	100분
점심시간	12:40 ~ 13:40	60분
3교시	13:40 ~ 15:20	100분
쉬는 시간	15:20 ~ 15:40	20분
4교시	15:40 ~ 17:20	100분

(출처: 한국산업인력공단 Q-net 홈페이지)

1.3.3 시험 시 유의 사항

기술사 시험 시 유의 사항은 답안지 첫 장에 적혀있는 '답안지 작성시 유의사항'을 참고하면 된다. 여러 가지가 있겠지만 몇 가지 중요한 것을 살펴보면 아래와 같다.

1. 검은색 필기구만 사용할 수 있습니다.
2. 답안 정정 시에는 두 줄(=) 긋고 다시 기재 가능하며 수정테이프도 사용할 수 있습니다.
3. 답안지에 특수한 표시 사용은 금지입니다. 답안지의 채점도 결국 사람이 하므로 특정인을 암시하는 듯한 표시는 부정행위로 간주합니다.
4. 자(직선자, 곡선자, 모양자 등)를 사용할 수 있습니다.
5. 각 문제의 답안 작성이 끝나면 바로 옆에 '끝'이라고 쓰고, 두 줄을 띄운 후 다음 문제의 답을 기입합니다.
6. 최종 답안 작성이 끝나면 그다음 줄 중앙에 '이하 여백'이라고 씁니다.

기술사 시험은 시험 범위가 광범위하고, 400분간 본인이 아는 내용을 집약하여 답안지를 작성해야 하므로 모든 수험자가 어려워하는 시험이다. 기사 자격 취득 후 4년 이상의 실무를 해야 자격이 생기지만, 보통 10년 이상의 실무를 한 사람들도 한 번에 붙기 어렵다. 따라서 취득하고 난 뒤의 성취감은 말로 표현할 수 없을 만큼 크기도 하다. 답안지 작성 유의 사항에 주의하고, 주어진 양식에 맞춰 자신만의 답안을 작성하는 연습을 꾸준히 지속해 나간다면 결국에는 합격할 수 있을 것이다. 답안지 양식은 한국산업인력공단 Q-net의 고객지원⇒ 자료실⇒ 각종 서식에 업로드되어 있으니 참고 하면 된다.

※ 10권 이상은 분철(최대 10권 이내)

제　　회

국가기술자격검정 기술사 필기시험 답안지(제1교시)

제1교시	종 목 명	

수험자 확인사항 ☑ 체크바랍니다.	1. 문제지 인쇄 상태 및 수험자 응시 종목 일치 여부를 확인하였습니다. 확인 □ 2. 답안지 인적 사항 기재란 외에 수험번호 및 성명 등 특정인임을 암시하는 표시가 없음을 확인하였습니다. 확인 □ 3. 지워지는 펜, 연필류, 유색 필기구 등을 사용하지 않았습니다. 확인 □ 4. 답안지 작성 시 유의사항을 읽고 확인하였습니다. 확인 □

답안지 작성시 유의사항

1. 답안지는 표지 및 연습지를 제외하고 총 7매(14면)이며, 교부받는 즉시 매수, 페이지 순서 등 정상여부를 반드시 확인하고 1매라도 분리되거나 훼손하여서는 안됩니다.
2. 시험문제지가 본인의 응시종목과 일치하는지 확인하고, 시행 회, 종목명, 수험번호, 성명을 정확하게 기재하여야 합니다.
3. 수험자 인적사항 및 답안작성(계산식 포함)은 **지워지지 않는 검은색 필기구만을 계속 사용**하여야 합니다.
4. 답안 정정시에는 **두줄(=)을 긋고 다시 기재 가능**하며 **수정테이프 사용 또한 가능**합니다.
5. 답안작성 시 자(직선자, 곡선자, 템플릿 등)를 사용할 수 있습니다.
6. 문제의 순서에 관계없이 답안을 작성하여도 되나 주어진 **문제번호와 문제를 기재**한 후 답안을 작성하고 전문용어는 원어로 기재하여도 무방합니다.
7. 요구한 문제수 보다 많은 문제를 답하는 경우 기재 순으로 요구한 문제수까지 채점하고 나머지 문제는 채점대상에서 제외됩니다.
8. 답안작성 시 답안지 양면의 페이지 순으로 작성하시기 바랍니다.
9. 기 작성한 문항 전체를 삭제하고자 할 경우 반드시 해당 문항의 답안 전체에 대하여 명확하게 X표시(X표시한 답안은 채점대상에서 제외) 하시기 바랍니다.
10. 수험자는 시험시간이 종료되면 즉시 답안작성을 멈춰야 하며, 종료시간 이후 계속 답안을 작성하거나 감독위원의 **답안지 제출지시에 불응할 때에는 당회 시험을 무효 처리**합니다.
11. 각 문제의 답안작성이 끝나면 바로 옆에 **"끝"**이라고 쓰고, 최종 답안작성이 끝나면 줄을 바꾸어 중앙에 **"이하여백"**이라고 써야합니다.
12. **다음 각호에 1개라도 해당되는 경우 답안지 전체 혹은 해당 문항이 0점 처리됩니다.**

〈답안지 전체〉
1) 인적사항 기재란 이외의 곳에 성명 또는 수험번호를 기재한 경우
2) 답안지(연습지 포함)에 답안과 관련 없는 특수한 표시를 하거나 특정인임을 암시하는 경우

〈해당 문항〉
1) 지워지는 펜, 연필류, 유색 필기류, 2가지 이상 색 혼합사용 등으로 작성한 경우

※ 부정행위처리규정은 뒷면 참조

HRDK 한국산업인력공단 Human Resources Development Service of Korea

[연 습 지]

※ 연습지에 성명 및 수험번호를 기재하지 마십시오.
※ 연습지에 기재한 사항은 채점하지 않으나 분리 훼손하면 안됩니다.

수험번호 | 성명 | 감독확인 | (인)

HRDK 한국산업인력공단
Human Resources Development Service of Korea

1쪽

번호			

HRDK 한국산업인력공단 Human Resources Development Service of Korea

2

토목 분야 기술사 12인의 이야기

SECRET NOTE

2.1

교통기술사

㈜가람엔지니어링 대표이사 김혜선

2.1

교통기술사

1 교통기술사의 세부 분야 소개

저는 오늘 아침 집에서 허둥지둥 나와서 승용차를 타고 회사에 출근했습니다. 그리고 낮에는 법인 차로 시청에 다녀왔으며 퇴근 후에는 친구들을 만나 저녁을 먹고 택시로 귀가할 예정입니다. 이 과정에서 나는 여러 번의 통행목적(출근, 여가, 귀가 등)을 위해 다양한 통행수단(승용차, 택시, 지하철 등)을 선택했습니다. 이동에 필요한 시간과 비용, 그리고 마음속 선호 등을 고려하며 교통 활동을 했다고 볼 수 있죠. 이렇게 교통은 이동 자체가 목적이라기보다는 사회·경제 그리고 친목 활동을 영위할 수 있게 도와주는 (이동) 과정에서 주로 쓰이게 됩니다.

도철웅 교수님의 저서 『교통공학원론(상)』의 첫 페이지에는 "교통이란 사람이나 물자를 한 장소에서 다른 장소로 이동시키는 모든 활동과 그 과정, 절차를 말하며, 여기에 관여하는 인간이나 차량 또는 시설이 사회적, 경제적, 환경적으로 순기능을 발휘할 수 있도록 이들을 계획, 설계, 건설, 운영 관리하는 데 필요한 기술을 과학적으로 연구하는 학문이 교통공학이다."라고 적혀 있습니다.

교통기술사는 사람과 화물을 보다 안전하고 효율적으로 이동시키기 위한 모든 과정상의 문제를 최소화하고 해결하는 전문가로서 새로운 교통망(Network)을 구성하고, 신(新) 교통수단을 개발・보급하여 교통체계를 최적으로 운영・관리할 고도의 전문기술과 풍부한 경험을 갖춘 교통 분야 최고등급의 기술자에 해당합니다.

1987년 7월에 신설된 교통기술사는 전문 국가기술자격증이며 시험이 도입된 이래 544명(2023년 기준)을 배출했습니다. 4년제 대학교 이상의 학교에 개설된 교통공학, 토목공학, 도시계획 등 관련 전공자로서 동일 및 유사 직무를 6년 이상 수행했거나 기사 취득 후 실무경력 4년 이상을 만족하면 응시 자격을 갖추게 됩니다. 이는 아마 다른 기술사 제도와 비슷할 것으로 보입니다.

다양한 교통자료 수집, 현황 분석, 교통 수요 예측 등을 통해 종합교통체계를 만들고 운영하는 직무를 담당하는 사람이 교통기술사입니다. 사회・경제활동을 지원하기 위해 이동하는 사람의 안전과 편의를 위해 교통 환경의 문제점을 개선하고 원활한 교통 시스템을 확립하기 위한 역할을 합니다. 최근에는 빅데이터와 AI, 자율주행차, 드론 등을 활용한 교통인프라 구축과 스마트 교통체계를 마련하고 미래 교통과 관련된 4차 산업의 핵심 기술과 교통이 만나고 있습니다.

❷ 기술사의 가치와 쓰임

국가 및 지방자치단체 등에서는 고도의 전문지식과 인력이 필요한 사안에 대하여 해당 사업의 필요성과 관련 사업이 다른 법령에 따른 계획과의 연계성, 위험 요소 예측, 입지 조건, 공사의 규모와 공사 시행이 환경에 미치는 영향, 기대효과 등을 검토하여 실행 방안을 마련하고자 용역을 수행하게 됩니다. 예를 들어 도로 건설계획을 수립하면 그 도로에 차량이 얼마나 다닐지, 주변의 인접 도로에는 어떤 변화가 있을지, 소요되는 사업비용과 비교하여 어느 정도의 개선 효과가 있을지에 대한 다양한 검토가 필요하죠. 이 과정에서 기본계획을 수립하거나 용역을 발주하게 되고 기술을 응용하여 새로운 사업이나 시설물에 대한 조사, 설계, 감리 등 기술적 활동을 통해 경제성 및 기능의 최적화를 구현하는 데 있습니다. 이러한 과업에는 일정 수준 이상의 인력을 갖춘 회사가 수행하는 것이 원칙이며, 용역의 책임자는 대부분 기술사이기 때문에 회사에는 기술사가 꼭 필요합니다.

그리고 교통기술사는 기술자격의 취득만으로도 엔지니어링 혹은 기술사사무소를 개설하거나 관련업종의 영업허가를 받을 수 있습니다.

교통과 관련된 과업 중에 교통영향평가 용역이 있는데, 이는 교통기술사 자격을 가진 사람이 있어야 사업추진이 가능합니다. 평가책임자는 교통기술사가 되고 직접 검토하고 확인되어 직인이 찍힌 보고서여야만 공공기관에 접수할 수 있습니다. 물론 기술사가 없는 사람도 관련 회사에서 기술적인 업무가 가능하지만, 교통기술사 자격증은 그 자격이 있는지가 교통 분야에서 높은 수준을 보증해 주기 때문에 일반 기사/산업기사 등의 자격증과는 확연한 차이가 있습니다.

교통기술사는 도시와 인간, 자연에 대한 종합적인 이해를 바탕으로 장기적인 안목을 통해 도시와 교통의 미래를 분석하고 예측할 수 있는 능력이 있어야 합니다. 그리고 해당 도시의 성격을 고려해서 교통의 미래상을 제시할 수 있는 창의적 사고가 필요합니다. 또한 사업추진 과정에서 다양한 이해 당사자를 설득하고 이견을 조율해야 하므로 의사소통 능력과 협상 능력 역시 요구됩니다.

교통기술사 자격증을 취득한 후에는 교통 담당, 교통안전 지도원, 교통관리자 등으로 정부기관이나 지방자치단체, 공기업, 연구소, 설계사, 건설회사 등에서 좋은 조건으로 근무할 수 있으며, 그 밖에 부동산개발 및 컨설팅으로 진출할 수도 있습니다.

③ 기술사 시험 준비 동기

기술사에 관한 이야기는 사실 대학교에 다닐 때도 많이 들었습니다.

공대를 나와 취직을 하고 커리어를 지속해서 쌓아 나가는 와중에 기술사는 필수요소라고 생각했습니다. 2000년 한양대학교 교통공학과를 졸업하고 엔지니어링회사에 근무하면서 일도 너무 재미있었고 보람도 됐기 때문에 오랫동안 일을 하고 싶은 마음이 나날이 커졌습니다. 하지만 회사 일은 늘 바빴고 야근도 잦았기 때문에 공부할 시간이 턱없이 부족했죠. 물론 일하면서 공부하는 사람이 대부분이기 때문에 핑계였을지도 모릅니다.

비교적 성실히 일한 덕분에 회사에서 인정받긴 했지만, 회사에는 정해진 연차에 따른 연봉계획이 있고 군대를 다녀온 남자 직원들보다 대여섯 살이 어리기도 해서 회사 대표님은 저에게 추가적인 인센티브나 연봉을 올려주는 데에는 한계가 있다고 말씀하셨습니다. 그러면서 기술사 시험공부를 하라는 얘기도 자주 하셨던 거 같습니다. 회사 내에서뿐만 아니라 협업하는 다른 회사나 관공서에 계신 분들은 저보다 대부분 나이가 있으신 (남자)분들이라서, 제 의견이 잘 전달되지 않는 것도 불편했습니다. 하지만 기술사가 되려면 업계에서 최소 10년 이상 일해야 하고 나이와 경력이 꽤 있는 사람이 합격할 것이라고 생각해서 당장 기술사 시험이 급하다고 판단하지는 않았습니다. 물론 지금도 평균 10년 내외를 근무한 분들이 합격하는 게 일반적이기는 합니다. 실제로 주변에는 제 나이에 기술사를 공부하는 사람이 거의 없었는데, 회사 사장님께서는 빨리 준비하는 게 좋다고 계속 얘기하셨고, 시험 접수 기간이 되면 은근한 압박을 주셔서, 자격이 되지 않았음에도 불구하고 20대 중반에 처음 기술사 시험을 보러 가게 되었습니다. 그때 다니던 회사 사장님께서 기술사 공부하는 데 쓰라며 (책을 사서 보라고) 현금이나 상품권도 여러 차례 주셨고 시험 직전에는 휴가도 허락하시면서 아낌없는 배려를 해주셨습니다. 그러나 사실 공부도 별로 안 했고 그냥 시험문제가 어떻게 나오나? 하는 마음에 시험을 보러 간 게 컸던거 같습니다. 게다가 시험시간은 교시당 100분으로 상당히 길었고, 아는 것도 없어서 맨 처음 시험 보러 갔을 땐 1교시 시험만 대충 쓰고 나온 기억이 있습니다. 그러면서 나는 왜 시험을 보러 이곳에 왔는가? 하는 회의적인 생각도 들었고 고민이 많았습니다. 당시 경력은 얼마 되지 않았지만 나름 학교에서 전공했고 회사에서 열심히 일하고 있었지만, 기술사 시험은 그 이상의 무언가를 요구하고 있다는 생각이 들기도 했습니다. 기술사가 되는 것을 목표로 한다면 일찍 준비하는 게 좋다는 사장님의 말씀이 그제야 공감이 되었습니다.

기술사 시험은 한 번에 합격하는 시험이 아니라는 생각으로 그 후에는 계속 시험을 보러 갔습니다. 지방에 있는 회사에 다니고 있고, 주변에 교통기술사도 몇 분 안 계셔서 시험 관련 정보도 턱없이 부족했지만 그래도 그냥! 무조건! 계속! 도전했습니다. 회사 일을 하면서 전공 도서나 원론, 관련 법령 등을 자세히 지속해서 보게 되었고, 교통 관련 최신 동향들에 관해서도 관심을 갖게 되었습니다. 마침내 저는 30살의 나이에 기술사 시험에 합격했고, 이후에는 더욱 안정적으로 일하고 있습니다.

④ 기술사 시험 준비 과정

기술사 시험은 한국산업인력공단이 주관해서 시행합니다. 연초에 시험 일정이 공고되는데, 사이트를 통해 확인할 수 있습니다. 교통기술사는 1년에 두 번 시험을 치릅니다. 1차 필기시험과 2차 면접시험으로 구성되는데, 관련 통계를 찾아보니 1988년부터 2023년까지 1차 필기시험의 합격률은 8.5%, 2차 실시시험의 합격률은 74.7%였습니다. 기사 시험을 포함한 대부분 자격시험이 그렇듯이 1차 필기시험을 통해 기본 개념과 지식을 쌓게 되고 2차 면접시험으로 이를 응용한 것들을 테스트받습니다. 기술사 시험은 한두 달 집중적으로 공부해서 합격하는 자격증이 아니기 때문에 적절한 준비 과정이 필요하다고 생각합니다.

저는 기술사 시험 준비에 있어서 기본 학습자료를 선정 후, 대학 시절에 공부했던 책을 위주로 기초부터 다지기로 했습니다. 예를 들면 '교통량'이란 기초적인 단어 설명에도 거기서 내포하고 있는 여러 가지 의미를 정리하고 활용하는 방안까지 기술해 보았습니다. 기본 학습자료를 선정하기 위해서는 인터넷에서 '교통기술사' 키워드의 도서들을 구매했고 내용을 꼼꼼히 읽어봤습니다. 『교통공학원론(상, 하)』, 국토부의 도로용량편람과 도로구조령 등을 중심으로 공부했고, 새로운 교통 정책 동향을 파악하기 위해 한국교통연구원과 대한교통학회에서 발간하는 책을 구독하기도 했습니다. 그리고 국토부의 홈페이지를 통해 법령 개정이나 보도자료 등을 정리했답니다. 교통기술사 시험에 대한 출제기준은 한국 산업인력공단의 Q-Net에 올라와 있으니 참고하면 좋을 거 같습니다.

제가 기술사 시험을 준비할 당시에는 교통기술사와 관련된 학원이 없었습니다. 책도 몇 가지 없어서 순전히 독학으로 시작했죠. 평상시에는 회사에 다니며 일을 했고, 관련 업무를 하면서 그 과업이 가지는 법적 근거, 주요 내용과 검토 사항, 해당 계획이 갖는 의의와 한계점 등을 일목요연하게 정리하려고 노력했습니다. 용역을 수행하는 과정에서도 법적인 기준뿐만 아니라 그러한 기준이 생겨난 공학적 배경지식 등을 확인하는 노력도 별도로 했죠. 비교적 시간이 많은 주말이나 퇴근 이후에는 중·고등학생들이 다니는 독서실에 가서 기본 학습자료를 여러 차례 반복해서 읽고 쓰는 연습을 많이 했습니다. 가급적 모든 이슈 사항에 대해 3단 논리로 구성하도록 했고, 나름의 기준으로 특징, 장단점, 활용 방안과 한계점 등을 두세 장으로 정리하여 저만의 노트를 만들었습니다. 특히 컴퓨터 활용이 익숙해지면서 볼펜으로 글씨를 쓰는 연습이 되지 않아 힘들었던 기억이 있습니다. 답안 작성이야 어떻게든 했는데, 손으로 글을 쓰는 게 진짜 힘들었습니다.

처음에는 책을 보면서 읽는 연습을 하고 두 번째부터는 이슈 사항에 대해 일반적으로 정리했습니다. 세 번째에는 최신동향과 법령 개정 등을 서론과 결론 등에 포함하여 최적의 답안지를 작성할 수 있도록 노력했지요. 시험 직전에는 최근 인구나 자동차 대수, 사고 건수, 도로 연장, 도시 면적, 국민총생산, OECD 관련 순위 등의 통계를 일괄 정리해서 외웠고 시험답안 작성 과정에 활용하도록 했습니다.

시험을 여러 차례 보긴 했는데, 제 기준에 상당히 쉽게 나왔던 적이 있어 그때 합격하는 줄 알았습니다. 그런데 시험에 떨어졌고 약간의 마음의 상처를 입었습니다. 그래도 그다음 시험에서 진짜 합격할 수 있어 다행이었답니다.

⑤ 기술사 시험 준비 과정에서 어려웠던 점과 극복 방법

기술사를 준비하는 동안 저는 광주광역시에 있는 회사에 다니고 있었습니다. 제가 기술사 시험에 합격한 것은 비교적 오래전 일이라 지금과는 준비하는 방법이 맞지 않을 수도 있습니다. 당시 기억으로는 교통기술사 관련 책이 두 종류밖에 없었고 학원도 없었으니까요. 지금 공부하는 분들의 이야기를 들어보니 수도권에 학원이 있다고 합니다. 그런데 저는 순수하게 독학으로 기술사 공부를 시작했습니다. 다른 분야는 잘 모르겠지만, 교통 분야는 기술사가 아닌 기사 시험도 관련 책이 부족하여 거의 혼자 공부하는 사람들이 대부분이었습니다. 대학교 4학년 때 기사 시험을 봤을 때도 적당한 교재가 없어서 친구들끼리 기출문제를 공유 후 답안작성을 함께했던 거 같아요. 그래서 독학으로 공부하는 것에는 나름 익숙했습니다. 아마 학원이 있었대도 학원에 다닐 여유는 없었을 거예요. 독학으로 공부했어도 답안지 작성에 필요한 갖은 요령에 대해서는 알아야 했습니다.

주변에 기술사 준비에 필요한 사항을 물어볼 수 있는 기술사님은 저희 회사 박주원 대표님(㈜원우기술개발, 교통기술사)이 유일무이(唯一無二)했기에 사장님께 여러 조언을 들었습니다. 어차피 공부는 스스로 하는 거지만 답안작성, 예상문제 선별 등 선배님께 요령을 배우는 것은 큰 도움이 되었답니다. 여러분도 시험을 준비하게 되면 주변의 가까운 기술사님께 조언을 들어보는 것도 좋은 방법입니다.

❻ 교통기술사로서 현재 수행하고 있는 업무 소개

교통기술사는 교통 분야에서 관련된 전반의 일을 다 한다고 볼 수 있습니다. 저는 교통기술사를 취득하고 나서 엔지니어링회사에도 있었고, 시청에서 근무한 적도 있지만, 지금은 기술사사무소(전문

분야: 교통)를 운영 중입니다. 현재 회사에서 진행하고 있는 일을 살펴보려고 매주 작성하고 있는 주간업무계획을 다시 한번 열어 보았는데, 참으로 다양한 일을 하고 있다는 걸 새삼 느끼게 됩니다.

도시교통촉진법에 따른 교통정비기본 및 중기계획, 국토계획법의 도시관리계획 변경 교통성 검토, 버스노선 개편 및 운영 방안, 교통영향평가, 회전교차로 설치계획, 도로 건설 관련 타당성 검토, 어린이보호구역 실태조사 등 여러 가지가 있네요.

이 중에서 중요한 과업 하나를 꼽아보자면 '버스노선 개편'과 관련된 사업입니다. 해야 할 일이 너무 많은 것은 물론이거니와 행정기관에서도 관심이 매우 높고 최종적으로는 실제 시민의 생활과 밀접하게 관계가 있어서죠. 예전에도 버스노선 개편과 관련된 일을 한 적은 있습니다. 그때는 비교적 작은 시·군 단위의 도시에서 시행하던 것이었고 관련 자료도 없어서 그야말로 설문조사, 대면조사, 운수업체의 자문, 민원 등으로 사람들의 통행을 개략적으로 가늠할 수밖에 없었죠. 버스노선은 그야말로 그물과도 같은 교통망입니다. 최적화나 최적 교통망을 구축하는 데에 한계가 있죠. 불합리한 측면이 있지만, 현재 이용하는 사람의 패턴도 반영해야 한답니다. 그래서 노선 개편을 시행하면 불평 민원이 급격하게 늘어나죠. 심지어 민원 때문에 조정된 버스노선이 원래대로 회귀하기도 합니다. 불확실성을 내포하던 일이 (이제는 교통카드 이용률이 95% 이상을 넘어서) 빅데이터를 활용한 통행패턴 분석으로 점차 체계화되고 자리를 잡아 가고 있습니다. 지금은 고령화와 인구감소, 개인 승용차 선호 등으로 인해 지방의 대중교통 이용 수요는 지속해서 감소하고 있습니다. 대중교통의 운영 적자가 큰 폭으로 증가하면서 적정 수준의 대중교통 공급을 검토해야 하는 시점이 되었기도 하고요. 대중교통 이용자에게는 교통의 편의를 제공하고 운수업체에는 운영의 효율화를 위한 적정 수준의 균형을 찾는 것이 이제는 본 과업의 목표가 되어 점점 복잡해지고 있답니다. 이럴 때 우리 기술자는 과연 적정 수준이 어느 정도인지 균형을 잡고 과학적 근거와 방향성을 가지고 전문가적 판단을 해야 합니다. 교통기술사인 저도 참으로 고민이 많습니다.

가장 최근에 시작한 일은 '어린이보호구역 실태조사'입니다. 90년대 초반 우리나라는 인구 10만 명당 교통사고 사망률이 32명으로 세계 1위 수준이었습니다. 그런데 최근 국토연구원이 내놓은 '도로정책 Brief(제159호)' 보고서에 따르면, 우리나라의 인구 10만 명당 교통사고 사망자 수를 OECD 회원국과 비교해 보면 2020년 기준 OECD 평균 4.7명보다 다소 높은 5.9명을 기록했습니다. 이는 OECD 회원국 36개국 중 29위에 해당합니다. 여전히 우리나라의 교통사고 지표는 하위권에 머물러 있지만, 지난 30년간 모든 지표에서 30% 이상의 교통사고가 감소 패턴을 보여줬다는 점에서 의미를 찾아볼 수 있었습니다. 이 과정에서 최근에는 교통사고 취약계층인 어린이와 고령자의 사고 감소를 위해 보호구역에 대한 실태조사가 전국적으로 이뤄지고 있습니다. 어린이보호구역에서 어린이 교통사고가 빈번하게 일어나는 것은 아이러니하면서도 어린이가 많아서 발생하는 요인이 되기도 합니다. 어린이 보호구역 실태조사는 어린이의 안전한 보행환경 조성과 교통사고 예방을 위해 보호구역 내 교통시설에 대한 개선 사업을 적극 추진하려는 사업입니다. 현재 학교 주변으로 조성된 어린이 보호구역 내의 노란색 신호등과 횡단보도, 방호울타리, 보호구역 기종점 표시, 무인 단속 CCTV 설치 등 안전한 어린이 통학환경 조성을 위해 설치된 교통안전 시설물을 조사, 분석하고 문제점을 도출하여 개선 방안을 수립하고자 합니다. 2024년 유난히도 긴 여름에 현장 조사를 하려니 힘든 점도 없지 않지만, 다양한 교통 정책을 개발하고 교통체계의 효율성을 높이고 교통안전을 향상하는 등 다양한 목표를 달성하기 위해 달리는 하루하루가 즐겁고 보람차기도 합니다.

⑦ 업무 중 경험한 기술사의 장점

기사를 취득해서 교통공학과를 졸업하고 취직하면 초급기술자에서 시작하게 됩니다. 건설기술인협회에서는 건설기술자를 초급, 중급, 고급, 특급으로 등급을 구분하고 건설기술인으로서 기술 능력을 증명하는 중요한 도구로 사용합니다. 다양한 평가 방법으로 역량 지수를 측정하고 등급에 따라 현장대리인으로 활동하거나 종합건설 면허를 발급하기도 하죠. 이러한 경력은 이직과 승진, 취업 등에 큰 도움이 됩니다. 등급에 따라 하는 일도 달라지고 좋은 대우와 높은 연봉도 받을 수 있게 되니, 학점관리하듯이 경력관리 노력도 해야 합니다. 물론 시간이 흐르면서 경력이 쌓이고 등급이 자동으로 올라가기도 하지만, 기술사를 취득하면 그 등급이 바로 고속 성장하게 됩니다.

과거에 저도 경력 6년 내외의 초·중급에 해당하는 일반 기술자였어요. 그런데 기술사 합격 후에 바로 기술사 등급으로 상승했죠. 회사에서는 바로 명함이 바뀌었습니다. 특진과 더불어 연봉도 많이 올랐습니다. 주변으로부터의 축하 전화도 많이 받았고요. 기술사 자격증을 가지고 은행에 가면 무보증 대출도 가능합니다. 그리고 나름 소위 '사'자가 들어가게 되면서 무엇보다 업무할 때 저의 얘기를 더 귀담아 주는 걸 느낄 수 있습니다. 의사결정 과정에서 중요한 역할을 하게 되는 것도 알게 되죠. 관공서에서 구성하는 위원회에 직접 참가하여 내 생각과 의견을 얘기하고 그것이 실행되는 과정도 직접 지켜볼 수 있습니다. 다만 의사결정에 대한 책임감도 같이 가져가야 한다는 것도 배우게 될 겁니다. 권한과 책임은 동전의 양면이며 따로 떨어질 수 없거든요. 권한이 있는 만큼 책임이 생기고,

책임을 지는 만큼 권한을 부여받게 되죠. 특히 우리가 하는 일은 더욱 그렇습니다. 교통체계 구축을 위해서는 항상 비용의 문제가 발생하고 잘못된 계획과 실행은 교통혼잡을 유발하는 것은 물론이고 사고의 위험까지 내포하여 그 파급효과가 큰 만큼 조심스러움이 있어요. 그래서 기술사가 된 이후에 더욱 책임감을 느끼고 열심히 공부하고 있답니다.

⑧ 기술사의 활용과 미래 전망

요즘은 '교통'이라는 말보다 '모빌리티'라는 말을 더 자주 쓰고 있습니다. 앞에서 얘기한 전통적인 공급자 관점의 교통을 포함하면서 교통수단이나 기반 시설, 일련의 서비스를 수행하는 포괄적인 이동으로 수요자 관점으로 변하고 있어요. 현재 '모빌리티'가 세계적으로 중요한 이슈로 떠오르고 혁신 산업으로 주목을 받으면서 대규모 자본 투자가 집중되고 있답니다.

그동안 경제발전을 목적으로 효율적인 이동만을 위해 구축된 교통체계가 한계를 드러내고 있고, 이를 재정비하는 과정에서 새로운 가치를 기대하고 있기 때문입니다. 경제적 풍요는 우리가 중요하게 생각하는 가치의 변화를 가져왔고 개인의 요구가 점차 다양해지고 안전·환경·건강에 대한 관심이 높아졌습니다. 특히 코로나 팬데믹을 거치면서 개인의 보건환경과 영역을 중요한 가치로 여기게 되었습니다.

개인의 안락함을 추구하기 위해 이용자들이 기꺼이 높은 비용을 지급할 용의를 보이고 있죠.

기술의 향상, 고령화와 인구감소 등 인구구조의 변화, 사회의 양극화, 교통 행태의 변화, 기후 위기의식의 고조 등 기존의 교통 시스템을 업그레이드하여 새로운 모빌리티 서비스의 도입이 가속화되고 있는 시점입니다. 신교통수단의 도입과 자율주행차의 개발 등은 변화하고 있는 사회를 먼저 생각하고 교통에서의 역할이 무엇인지 고민해 봐야 하죠. 그래서 앞으로 교통기술사의 쓰임은 더욱 확장될 것으로 예상합니다. 다른 분야와의 협업과 칸막이를 없앤 교통 분야에서의 다양한 도전과 기회에 대비하세요. 스마트도시, 자율주행, 환경친화적인 교통 시스템 등 다양한 부분에서 이바지할 수 있을 겁니다.

교통 분야는 개인의 요구와 사회적 통합을 만족시켜 주기 위해서도 지속해서 발전하고 변화하고 있으니, 교통기술사로서의 전문성과 가치는 미래에도 빛날 겁니다. 교통 시스템의 효율성과 안전성, 지속가능성을 향상하는 주요 임무를 수행할 것이며, 우리의 전문 지식과 기술은 도시 및 교통 시스템 향상에 이바지할 테고, 교통 관련 정부기관과 자동차 제조업체, 연구기관, 컨설팅 회사에서 폭넓게 활용할 것으로 보입니다.

⑨ 기술사를 꿈꾸는 후배들에게 남기는 글

아직도 주변에서 어떻게 기술사 시험에 합격했냐고 물어보는 사람들이 있어요. 그러면 저는 항상 "우선 시험을 보세요."라고 대답합니다.

'기술사'라는 꿈을 가진 사람들은 현재 본인이 몸담은 분야에 만족하고 있고, 앞으로도 계속 이 일을 하고 싶다는 마음가짐이 기본적으로 있다고 생각합니다. 그러면 더 늦지 않게, 바로 지금부터 시작하는 게 좋다고 봅니다. 저는 운이 좋아 비교적 일찍 기술사 시험에 합격한 경우인데요, 주변을 살펴봐도 꾸준히 기술사에 관심을 두고 관련 공부와 연구를 지속하면서 도전하는 사람들이 언젠가는 기술사가 되더라고요. 물론 현재의 본업도 열심히 해야 하고, 종종 친구들도 만나야 하지만, 손을 놓지 않고 계속 도전하면 반드시 합격의 날이 옵니다.

저는 일하는 것과 기술사 시험을 준비하는 것이 별개가 아니라고 봅니다. 기술사를 준비할 때 본인이 진행하는 업무와 잘 연관시켜 놓으면 관련 과업의 수행에서 수준도 높일 수 있고 자신감도 향상될 겁니다.

기술사가 된다고 해서 로또같이 대박이 나는 건 아니지만, 내 이력서에 또 한 줄 쓸 수 있는 내용이 생긴 것이고, 새로운 사람과 경험들에 대한 기회가 마련되니 우선 시작해 보라고 얘기하고 싶습니다.

2.2

도로및공항기술사

인천국제공항공사 차장 김지은

2.2

도로및공항기술사

❶ 도로및공항기술사의 세부 분야 소개

'도로 및 공항'은 국가 거시경제의 날개이다. '도로및공항기술사(Professional Engineer Road & Airports)' 소개에 앞서, 교통 인프라(Transportation Infrastructure)의 중요성과 국가 경제에 미치는 영향 및 정책적 방향, 그 체계에 대한 이해가 필요할 것이다.

도로 및 공항은 '교통' 인프라로, 대한민국 경제성장에 중요한 역할을 담당한다. 먼저, '공항'은 글로벌 무역과 인적 교류의 핵심 허브로 국가 간 경제적 연결성을 강화하며 항공 운송을 통해 고부가가치를 창출하고 국제 관광과 비즈니스 성장에 기여한다. 또한 공항 주변 산업클러스터 형성을 통해 일자리를 창출하고 관련 산업 발전을 촉진하며 이를 통해 지역과 국가 경제의 지속 가능한 성장을 견인하는 중요한 역할을 한다. '도로'는 지역 간 물류와 인적 자원의 원활한 이동을 지원하며 경제 활동의 근간을 형성하고, 특히 농업, 제조업 등 다양한 산업의 시장 접근성을 높여 지역 경제 활성화에 기여한다. 도로망(Road Network)은 소비시장과 공급망을 연결하여 경제 전반의 효율성을 증대시키고 사회 통합 촉진 등 국가 경제의 균형 발전과 지속 성장을 뒷받침한다.

따라서 도로와 공항은 국가 경제가 더 빠르고 효율적으로 성장할 수 있도록 돕는 날개 역할을 하는 등 국가 경제 및 지역균형 발전에 미치는 영향이 크기 때문에, 국가적으로 '전략적 중장기 개발계획'을 수립 후 체계적인 건설이 필요하다.

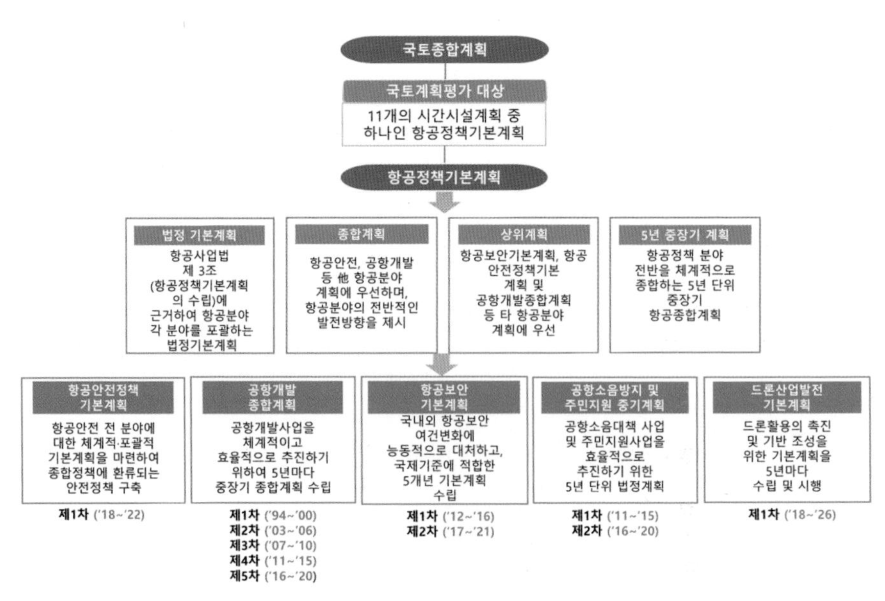

[그림 12] **공항계획의 위계**

(출처: 제3차 항공정책기본계획(2020~2024)(국토교통부, 2019))

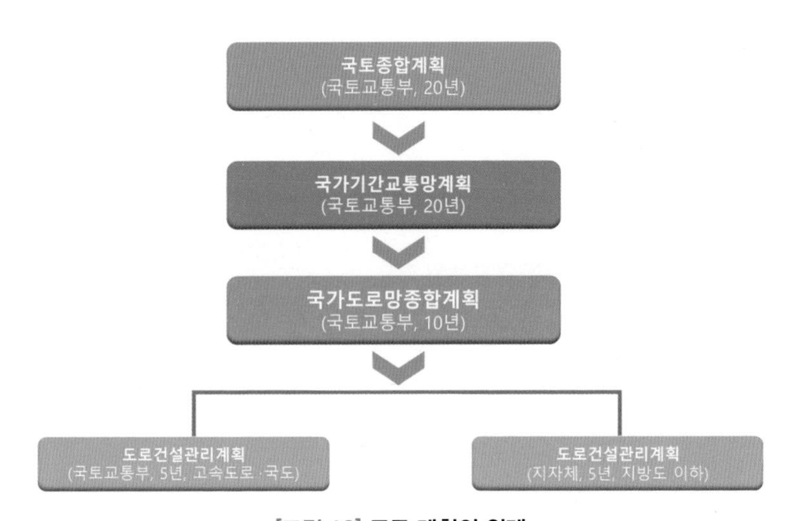

[그림 13] **도로 계획의 위계**

(출처: 제2차 국가도로망종합계획(2021~2030)(국토교통부, 2021))

'도로및공항기술사'는 건설 추진 방향성과 전략적 사고를 바탕으로 인프라 정책을 지원하고 기술 자문 제공 등을 통해 정책 수립에 기여하는 역할을 하며, 작게는 도로 및 공항 계획-설계-인허가-발주·입찰-건설-유지보수 등 일련의 인프라 건설 과정에 기술 전문가로 참여함으로써 대규모 프로젝트의 성공적 추진을 지원한다.

'도로및공항기술사' 자격제도는 종합적인 국토개발과 국토건설 사업의 조사, 계획, 연구, 설계, 분석 및 평가 등의 업무를 수행하는 데 필요한 전문적인 지식과 풍부한 실무기술을 겸비한 인력을 양성하기 위하여 제정되었으며, 자격 취득 후에는 도로 및 공항 분야의 토목기술에 관한 고도의 전문지식과 실무경험에 입각한 계획, 연구, 설계, 분석, 시험, 운영, 시공, 평가 또는 이에 관한 지도, 감리 등의 기술 업무를 수행하게 된다.

[표 11] **'도로및공항기술사' 명칭 변천 과정**

해당 기간	1974.10.~1991.10.	1991.10.~현재
자 격 명	토목기술사(도로 및 항만)	도로및공항기술사

따라서 전문 기술사 취득 기준에 걸맞게 도로 및 공항에 관련된 전문지식 및 응용 능력, 기술사로서의 지도감리・경영관리 능력, 자질 및 품위를 평가하는 항목이 출제된다. 기출문제를 분석하면 알 수 있듯이 아래의 세부 항목을 기본으로 하되, 도로 및 공항 정책과 사회적 발전 방향에 대한 전문가적 입장과 제언을 유도한다. 출제 분야는 크게 ①도로, ②공항, ③도로 및 공항 건설 분야로 구분되며, 이 세 가지 중 어느 하나도 소홀히 할 수 없다. 모든 분야가 상호 유기적으로 연결되어 있어 균형 있는 이해와 접근이 필수적이다.

[표 12] **'도로및공항기술사' 필기 출제 항목**

<table>
<tr><th>필기 과목명</th><th>주요항목</th><th>세부항목</th></tr>
<tr><td rowspan="3">도로 및 교통,
도로구조물,
도로부대시설,
공항계획 및
공항부대시설,
그 밖에 도로와
공항에 관한
사항</td><td>1.
도로관련
분야</td><td>1. 도로설계와 관련된 교통사항
2. 도로설계기준
3. 도로망구축
4. 도로 노선선정
5. 도로 횡단구성
6. 도로 유・출입시설
7. 도로 기하구조
8. 도로 안전시설
9. 도로 부대시설
10. 도로 관련법 및 기준, 규정 기타 지침
11. 도로계획 및 도로건설에 관한 최신동향</td></tr>
<tr><td>2.
공항관련
분야</td><td>1. 항공수요예측
2. 공항용량 및 시설규모결정
3. 공항입지선정
4. 공항 마스터플랜
5. 비행공역기준
6. 신공항의 개발
7. 기존공항의 확장
8. 항행안전시설
9. 항공등화시설
10. 항공기소음대책
11. 비행장시설 설계기준
12. 여객청사의 계획
13. Landside 시설에 관한 사항
14. 공항지원 및 부대시설
15. 공항관련법, 기준, 규정, 지침에 관한 사항
16. 공항계획 및 건설에 관한 최신동향</td></tr>
<tr><td>3.
도로・공항
건설 분야
(공통)</td><td>1. 계획 및 설계에 관련된 조사 사항
2. 건설 전반의 정책
- 저탄소녹색성장, 경관보호, 경관설계 등
3. 교통(교통영향평가,교통성검토,교통수요예측 등)</td></tr>
</table>

필기 과목명	주요항목	세부항목
		4. 타당성조사 및 경제성분석 5. 토공-토공량, 다짐, 비탈면 보호, 동상방지 등 6. 지반 - 토질조사 및 시험, - 포장의 하부 - 연약지반분류 및 처리 7. 포장 - 포장재료 및 공법의 특성 - 특수포장 - 포장설계 - 포장의 시공 및 관련장비 - PMS 및 유지보수 - 신재료, 신공법 8. 배수 및 수문사항 9. 환경(환경영향평가, 환경성검토 등) 10. 건설재료 - 콘크리트 및 기타 도로와 공항건설용 재료 11. 품질관리(시험포함) 12. 교량에 관한 기본 사항 13. 터널에 관한 기본 사항 14. 옹벽 등 토공구조물에 관한 기본 사항 15. 건설관련정보활용 16. VE기법, 등 새로운 기법 17. 건설관련제도 18. 해외사업활성화 19. R&D의 활성화 20. 도로 및 공항 시설의 유지보수 및 관리에 관한 사항

(출처: 한국산업인력공단)

'도로및공항기술사'는 도로 및 공항 건설 전체 생애주기에 거쳐 국민의 안전과 기술 혁신을 바탕으로 인프라의 미래를 펼치는 분야의 자격증이다. 전문자격증에 대한 두려움을 이겨내고 상기와 같이 큰 틀에서 방향성을 잡고 접근한다면 '도로및공항기술사' 시험 준비는 수월할 것이며, 미래의 국가간선도로망 체계(10×10+6R^2) 및 전국 15개 공항과 6개 신공항 등 교통 인프라의 과거-현재-미래까지 머릿속에 펼쳐지게 될 것이다.

바로 여러분이 '도로및공항기술사' 시험에 도전하여 거시경제를 움직이고 미래를 그리는 주역이 되길 응원한다.

❷ 기술사의 가치와 쓰임

기술사는 단순한 기술자가 아닌, 그 이상의 사회적 책임을 지니며 공공 안전과 국가 발전에 기여하는 자이다. 기술사의 사회적 가치는 기술사 관련 법률에서 규정하고 있으며, 국가 기술인력 양성, 자격 인증뿐만 아니라 사회적·경제적 역할 등에 대하여 명시하고 있다.

[표 13] **대한민국의 기술사 관련 법 현황**

구분	주요조항
기술사법	• 제2조(정의), 제3조(기술사 자격), 제5조(기술사의 직무), 제11조(기술사의 윤리의무)
건설기술 진흥법	• 제6조(건설기술자의 자격 및 업무), 제48조(품질 및 안전관리), 제64조(기술자의 업무 및 책임)
산업기술혁신 촉진법	• 제7조(기술 혁신 연구 지원), 제18조(기술 자문 및 교육)
국가기술자격법	• 제8조(국가기술자격 취득의 요건), 제14조(기술 자격 관리)

상기 법률을 토대로 기술사의 가치와 역할을 정리해 보면, ①공공의 안전과 복리 증진(기술사법 제11조), ②국가 기술력 발전(건설기술 진흥법 제6조, 제48조), ③기술자문 및 정책 지원(국가기술자격법 제8조, 산업기술혁신 촉진법 제18조), ④지속 가능한 기술 발전과 후진 양성(산업기술혁신 촉진법 제7조)의 크게 4가지로 요약할 수 있다.

이는 기술사 취득이 전문엔지니어 가치취득의 개인적 측면이 아니라, 국가적・공공(公共)적 차원에서의 활동 가치가 크다고 말할 수 있으며, 이러한 측면에서 '도로및공항기술사'는 인프라 분야

구분		시험현황								자격 취득자 현황
		필기시험				실기시험				
연도	성별	접수	응시	합격	합격률 (%)	접수	응시	합격	합격률 (%)	
소계	**전체**	**24,740**	**17,207**	**1,399**	**8.1**	**1,898**	**1,843**	**1,409**	**76.5**	**1,426**
1975 ~2018	전체	22,600	15,483	1,184	7.6	1,593	1,539	1,192	77.5	1,209
2019	전체	458	388	68	17.5	90	89	63	70.8	63
	여	**2**	**2**	**0**	**0.0**	**0**	**0**	**0**	**0.0**	**0**
2020	전체	436	353	51	14.4	80	80	53	66.3	53
	여	**2**	**1**	**0**	**0.0**	**0**	**0**	**0**	**0.0**	**0**
2021	전체	445	355	37	10.4	60	60	40	66.7	40
	여	**4**	**0**	**0**	**0.0**	**0**	**0**	**0**	**0.0**	**0**
2022	전체	382	290	28	9.7	40	40	30	75.0	30
	여	**2**	**0**	**0**	**0.0**	**0**	**0**	**0**	**0.0**	**0**
2023	전체	419	338	31	9.2	35	35	31	88.6	31
	여	**9**	**7**	**1**	**14.3**	**1**	**1**	**1**	**100.0**	**1**

[그림 14] 연도별 '도로및공항기술사' 취득자 현황

(출처: 2024 국가기술자격통계연보 (고용노동부, 한국산업인력공단))

전문기술사로서 교통체계의 효율적 운영과 국민 안전 확보 등에서 핵심적 가치를 지닌다고 볼 수 있다.

국가기술자격 통계 연보에 따르면 국내 기술사는 총 59,881명이다. 그중 토목 분야는 약 34%인 20,742명이며, '도로 및 공항 기술사'는 1,426명으로 전체 기술사의 약 2%에 해당하여 그 수가 매우 적음을 알 수 있다. 또한 도로 및 공항 분야의 여성 기술사는 총 4명으로, 최근 5년간 여성 합격자가 1명(필자)뿐이라는 사실은 희소가치가 있다고도 볼 수 있지만, 실상은 도로 및 공항 분야에서 여성의 진출이 어렵다는 것을 표명한다. 이러한 의미에서 본 에세이집 발간이 '도로및공항기술사'를 준비하는 많은 여성 엔지니어에게 동기 부여와 큰 힘이 되길 기대한다.

나는 현재 공공기관에 재직 중이다. 다양한 발주 과정을 겪으며 '도로및공항기술사' 등의 공항 전문가가 부족함을 뼈저리게 느끼고 있다. 설계, 시공, 감리 입찰 과정에서 기술사는 '사업 책임' 또는 '분야별 책임' 등에서 가점을 받음에도 불구하고 기술사가 부족하다는 현실은 국가적 인프라 구축과 발전에서도 중요한 도전 과제일 것으로 본다.

특히 가덕도 신공항을 비롯한 여러 신공항 프로젝트 및 도로 건설 등 교통 인프라 확충이 단계적으로 진행되고 있어 도로 및 공항 전문 기술자의 수요는 더욱 확대되고 있다. 국가 경제 및 기술 발전을 위해 '도로및공항기술사'를 양성함으로써 중장기적 관점에서 전문 기술인력을 육성하는 것이 중요하다. 이를 통해 대규모 도로 및 공항 프로젝트에서 정확한 기술적 판단을 내리고, 첨단기술 변화에 대응할 수 있을 뿐 아니라, 미래 인프라의 청사진을 제시하여 미래 건설 가치를 증진시키는 것이 '도로및공항기술사'의 역할이 될 것이다.

'도로및공항기술사'는 상기 국내 발주・입찰의 과정뿐 아니라 해외사업 진출, 공공 기술 자문 및 평가, 전략과제 수립 등 다방면으로 중대한 역할을 한다. 나아가 개인적으로는 회사와 가정에서의 지위・신뢰・가치 상승, 대외적 네트워크 강화 및 프로젝트 전문성 향상 등 많은 변화와 책임을 안겨주었다.

❸ 기술사 시험 준비 동기

'기술사'는 모든 엔지니어에게, 그 목표치가 먼 미래일지라도 반드시 도달하고자 하는 궁극적 목표일 것이다. 이는 전문성을 완성하고 경력의 정점을 찍는 과정에서 가장 큰 성취감을 선사하는 자격이기 때문이다. "인생의 기회, 그 타이밍을 잡길 바란다."

그 도전을 시작하게 되는 순간은 각기 다르다. 경력의 정점을 향한 갈망이 느껴질 때, 또는 대규모 프로젝트의 총괄책임을 맡으며 기술적 리더십의 필요성을 느낄 때 더 이상 선택이 아닌 필수로 다가온다. 또한 기술 혁신과 변화에 선제적으로 대응하기 위해 첨단기술을 연구하는 과정에서, 본인의 전문성을 확립하려는 결심이 결정적 동기가 될 수도 있다. 경력 성취, 리더십 역할 강화, 기술적 도전 등 다양한 동기 중 나에게 기술사 공부를 시작하게 된 결정적 전환점은 '시간'과 '기회'의 포착이었다.

기술사 공부는 젊은 시절 시작하는 것이 이상적이지만 현실적인 삶의 무게가 도전적 목표 시기를 미루게 한다. 야근과 남모를 주말 근무 등 바쁜 업무 중에도 가정과의 균형을 유지하기 위해 아이가 잠든 후 노트북을 켜는 일은 일상이 되었으며 이렇게 직장과 가정에서 책임을 다하며 달려온 13년의 시간 속에서 노력에 대한 보상, 실무경력과 전문성 증명, 스스로 한 단계 도약의 필요성을 절실히 느끼며 기술사 취득에 대한 갈망은 더욱 커졌다.

그러던 2023년 1월, 마치 세상의 모든 기운이 모이듯 가정과 회사로부터 나에게 소중한 기회가 찾아왔다. 나의 노력과 성과를 늘 격려해 주시던 팀장님께서 기술사 공부를 시작하는 데 정신적 멘토로서 강력한 동기를 유발하셨고, 가정에서는 남편의 육아휴직 덕분에 소중한 시간적 기회를 얻게 되었다. 나는 인천공항 4단계 건설사업을 담당하며 바쁜 업무 중에도, 이번 기회는 다시 언제 올지 모르는 순간이라는 생각이 강하게 들었기 때문에, 남편과 초등학교 입학 예정인 아들에게 사전에 양해를 구한 후 바로 기술사 준비에 돌입했다.

회사에서는 실무책임자로서, 가정에서는 배우자와 어머니로서, 양가에선 딸과 며느리로서 많은 역할이 존재하는 나에게, 시간은 귀중한 자원임을 잘 알고 있었기에 주어진 기회를 잘 포착하여 계획을 실행에 옮겼고 효율적 시간 관리에 집중하며 최상의 결과를 얻기 위해 노력했다.

기술사 공부는 짧게는 1년, 길게는 평생을 바쳐야 한다고들 한다. 나는 다행스럽게도 단기간인 한 해 안에 합격의 성과를 이룰 수 있었으며, 이러한 성과의 바탕에는 가족의 헌신과 배려라는 든든한 기반이 있었음을 깨닫게 되었다.

누구나 각자의 자리에서 최선을 다해 삶을 살아간다. 그 과정에서 노력의 열매를 맺는 결정적인 순간과 기회는 언젠가 반드시 찾아오게 된다. 중요한 것은 이러한 결정적 타이밍을 놓치지 않고 도전의 기회로 삼는 것이다. 기회를 맞이하는 순간을 대비하여 철저한 계획과 실천으로 자신의 목표를 이루어 나가길 응원한다.

④ 기술사 시험 준비 과정

앞서 기술사 시험에 합격하신 선배들의 밤낮을 가리지 않는 열정을 지켜본 경험으로 일정시간 이상의 꾸준한 공부시간 확보가 기술사 합격의 필수적인 요소임을 알고 있었다. 따라서 나에게 주어진 한 해 안에 반드시 기술사를 취득해야 한다는 목표는 곧 가족의 희생과 아들과 함께하는 시간에 대한 절실함이 바탕이 되어 공부의 효율성을 극대화하는 원동력이 되었다.

이와 동시에 건설 프로젝트를 담당하는 제 역할에 충실해야 했기에, 회사 업무에 어떠한 영향도 미쳐서는 안 된다는 나만의 중요한 전제 조건을 가지고 목표를 달성하기 위해 최적의 공부 방법을 모색했다.

나만의 기술사 준비 과정의 첫 번째 과정은 '일상 루틴의 단순화' 였다.

업무시간을 제외한 모든 시간을 오롯이 공부에 몰입했고, 그 결과 필기시험 준비기간 동안 평일 하루기준 최소 6시간 공부 시간을 확보할 수 있었다. 필기시험 합격 전까지 단 하루도 이 루틴에서 벗어난 적이 없었으며, 가족이 잠든 시간에 집을 나와, 취침한 후에야 집으로 돌아오는 생활의 반복에 체력적으로나 심적으로 지치는 순간들도 있었지만, 규칙적인 생활과 일정 수면시간을 확보한 덕분에 이를 극복할 수 있었다. 특히 주말에는 9 to 9 원칙을 고수하며 최대한 집중력을 발휘해 학습에 몰두하고자 했다. 체력적인 한계에 부딪히는 고비들이 있었음에도 주말은 학습 진도를 나갈 수 있는 소중한 시간임을 반드시 염두에 두어야 하며 이를 기회로 삼아야 한다는 다짐이 나를 다시 일으켜 세웠다.

[표 14] **기술사 시험 준비 기간 일과표 (예시)**

시 간	내 용	비 고
07:00~09:00 (2hr)	공부	회사 내 빈 회의실
09:00~12:00	업무	
12:00~12:30	중식	구내식당 활용
12:30~13:00 (0.5hr)	공부	회사 내 빈 회의실
13:00~18:00	업무	
18:00~19:00	퇴근 후 이동(영종→서울)	
19:00~19:30	석식	간편식
19:30~23:30 (4hr)	공부	스터디카페 또는 독서실
12:00~5:40	취침	

또한, 업무는 단위시간으로 세분화하여 관리함으로써 업무시간 내에 최대한 집중하고 효율적으로 처리하고자 했다. 설계 과정에서는 기술사 공부를 통해 습득한 지식을 적극 활용하여 가장 합리적인 방향으로 인터페이스 문제를 해결할 수 있었다. 이를 통해 업무와 학습 간의 상호 보완적 시너지를 낼 수 있었다.

둘째, 'Top-Down 방식'으로 개념을 이해했다.

개념 이해 및 해결 방안 제시에 있어서 상위개념에서 시작하여 점차 세부 사항으로 내려가는 방식으로 정리했다. 큰 틀에서부터 분석하고 점차 구체화하면서 문제의 핵심을 해결하는 데 중점을 두었는데, 광범위한 도로 및 공항 전문 분야를 체계적으로 그룹화하여 정리함으로써 더욱 깊이 있는 이해가 가능해졌다.

셋째, 정책적 방향성 고심과 최근 동향 등을 참고하며 '진취적 해결 방안'을 모색했다.

국토교통부 보도자료, 토목학회 학술논문, 국내외 동향 파악, 최근 개·제정된 법률에 대한 이해를 바탕으로 사고의 폭을 확장하고, 이를 예상 답안 노트에 녹여내어 건설의 방향성을 제시하고자 노력했다. 이러한 과정은 실무에서도 사고의 폭을 한층 넓혀 주었으며 다양한 측면에서 기술을 검토하고 도입할 수 있는 중요한 계기가 되었다.

넷째, 실무경험을 최대한 반영한 '나만의 예상 답안 노트'를 만들었다.

일반적으로 기술사 준비 과정에서 학원을 수강하거나 동영상 강의를 먼저 시작하는 경우가 많지만, 나는 기출문제를 먼저 그룹화하고 분석하는 데 주력했다. 이어서 Top-Down 방식으로 예상 답안 노트를 작성했고 이 방법이 나만의 체계적인 학습 전략으로 자리 잡게 되었다. 예상 답안 노트는 크게 ①개요, ②개념 및 특징, ③사례 및 개선 사항, ④결론 및 제언 등의 구성으로 체계적으로 정리했으며, 최대한 나의 ⑤실무경험과 연계하여 구체적이고 현실적인 내용을 담아내어 이론과 실무가 조화를 이루는 답안을 작성할 수 있었다. 실무적으로는 공항 및 도로 시설의 설계, 발주, 인허가, 건설, 유지보수에 이르는 모든 과정에서의 경험이 크게 도움이 되었으며, PDCA(Plan-Do-Check-Act) 분석 내용을 녹아내는 등 체계적 방법으로 정리할 수 있었다. 본 정리과정은 나만의 모범답안이 최종적으로 완성되기까지 문항별로 수차례 업데이트되었다.

답안 작성 과정에서는 관련 법령, 매뉴얼, 종합계획, 기준 및 지침 등을 비롯한 기본 자료를 적극적으로 활용하고 인터넷 블로그나 동료들과의 기술 관련 토론 등을 통해 다양한 관점을 접하며 올바른 방향을 제시하려고 노력했다. 다각적인 접근은 문제 해결 과정에서 깊이 있는 분석과 최적의 해결책을 도출하는 데 큰 도움이 되었다.

수십 차례 업데이트한 약 800페이지에 달하는 나의 노트는 현재 실무에서도 매우 유용한 참고 자료로 자리 잡아 중요한 지침과 통찰을 제공함으로써 업무 효율을 높이고 더욱 전문적인 판단을 내릴 수 있는 근거이자 비밀병기가 되었다. 나의 노트 정리 노하우는 이제 '도로및공항기술사'를 준비하는 선후배들에게도 유익한 참고 자료가 될 것이다. 내가 쌓아온 경험과 지식이 다른 동료들의 경험과 맞물려 모두의 성장에 도움을 줄 수 있다고 생각하니 매우 뿌듯하다.

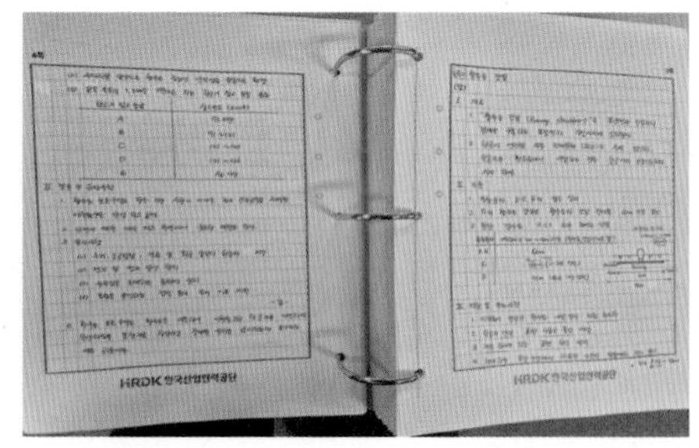

[그림 15] 기술사 시험 준비 기간 중 공부하는 모습(왼쪽)과 모범답안 작성 사례(오른쪽) (출처: 저자 제공)

기술사 시험은 고급 기술 전문성을 평가하는 고난도 과정으로 이를 준비하는 동안 시간 관리, 학습 내용의 방대함, 체력적·정신적 피로, 가족과 사회적 책임 등 다양한 측면에서 어려움이 있다. 그러나 이러한 어려움을 극복한 후에 느끼는 성취감과 그로 인해 찾아오는 삶의 변화는 이루 말할 수 없을 만큼 크다. 이는 단순한 자격증 취득 이상의 의미를 지니며, 자신의 한계를 넘어선 도전의 결실을 경험하게 해준다. 따라서 동기부여를 지속적으로 유지하고 인생의 새로운 도전을 반드시 극복해 내길 응원한다. 준비 과정과 결과에서 얻는 성장과 성취는 앞으로의 삶에 큰 전환점이 될 것이라 믿는다.

⑤ 기술사 시험 준비 과정에서 어려웠던 점과 극복 방법

기술사 준비는 오랜 시간에 걸친 도전 과정이기 때문에, 초기의 다짐을 끝까지 유지하며 끈기 있게 밀고 나가는 힘이 필요하다. 대부분 지원자들이 다양한 현실적 어려움을 맞닥뜨리면서 중도에 포기하게 되는데, 이는 기술사 취득의 어려움을 더욱 가중하는 요인이 된다. 꾸준히 포기하지 않는 의지만 있다면 성공적인 결과를 낼 수 있다.

기술사 준비 과정에서 나 역시 많은 어려움을 겪었다. 첫 번째로 다가온 어려움은 '가족에게 미안한 마음'이었다. 필기시험 준비기간 동안 업무와 기술사 공부에만 시간을 몰두하느라 가족과 소중한 시간을 함께하지 못했다. 특히 이 기간은 우리 가족에게도 큰 변화의 시기였다. 아들의 초등학교 입학, 거주지 변경으로 인한 적응, 그리고 남편의 육아휴직과 남편의 독박 육아 스트레스 등 여러 가지 책임이 겹쳤다.

아들이 초등학교 입학 후 학교 행사, 친구들과 어울림, 학업 등 다양한 적응의 시간이 찾아왔지만, 남편이 나를 대신해 그 모든 역할을 훌륭히 맡아주었다. 엄마가 보고 싶다는 아들에게 충분한 설명을 함께 해주었고, 이러한 남편과 아들의 배려와 지지 덕분에 나는 공부에 집중할 수 있었으며, 그로 인해 가족의 균형을 유지할 수 있었다. 가족에 대한 미안함과 고마움이 늘 마음 한편에 자리했고 동시에 이 모든 지원과 희생에 보답하기 위해 시험 합격에 대한 심리적 압박감이 더욱 크게 작용할 수밖에 없었다. 가족의 헌신이 나에게는 더욱 큰 책임감으로 다가왔다. 그 덕분에 목표를 이루겠다는 의지는 더욱 강해졌으며, 그러한 책임감과 압박감 속에서 노력과 열정의 온 힘을 집중한 결과, 목표한 바대로 최단기간 내 필기 합격(제130회)이라는 성과로 이어졌다.

기술사 취득 과정에서 겪었던 두 번째 어려움은 '회사 업무와의 병행'이었다. 회사 내에서 더욱 중요한 역할을 맡게 되고 승진 시기 또한 가까워지고 있었다. 특히 대형 건설 프로젝트의 실무 책임을 맡으며, 연속적인 발주가 이어지는 가운데, 설계와 공사가 동시다발적으로 진행되었다. 건설 피크 시기와 맞물려 촉박한 일정 관리가 필요했고, 민원과 내・외부 감사 대응 등 문제 해결의 주도적 역할과 많은 책임이 따랐다. 고된 업무 속에서 기술사 준비를 병행하는 것은 절대 쉽지 않은 도전이었다. 하지만 직장동료들의 아낌없는 지원과 응원 덕분에 이 도전 또한 나에게 또 다른 기회로 다가왔다. 실무적으로 여러 난관을 극복한 경험은 기술사 시험 준비 과정에서도 큰 도움이 되었으며 나의 문제 해결 능력과 전문성을 한층 강화할 수 있는 중요한 자산이 되었다. 이는 '3급 특별승진'이라는 영예스러운 결실로 나타났다.

이 외에도 육체적, 정신적, 환경적 어려움이 많았지만 힘듦보다 다양한 감정들이 교차하는 걸 느꼈다. 기술사 시험 준비 과정에서 지나온 삶을 되돌아보게 되었고 앞으로의 미래를 그려보는 계기가 되기도 했다. 기술자의 커리어에 귀중한 이정표가 될 '기술사'는 우리가 언젠가 맞닥뜨려야 할 도전 과제이자 더 큰 성장을 이룰 수 있는 중요한 인생의 과정이 될 것이다.

❻ 도로및공항기술사로서 현재 수행하고 있는 업무 소개

'공항'은 기능과 역할에 따라 중추공항(Hub Airport), 거점공항(Base Airport), 일반공항(Regional Airport)으로 구분된다. 그중 중추공항은 전 세계 항공시장을 대상으로 주요 허브공항의 역할을 하며, 인천국제공항(Incheon International Airport)이 이에 해당한다.

'인천국제공항'은 세계적인 허브공항으로 자리매김하며 공항 운영 및 관리, 시설 확충 및 개발, 서비스 향상 및 글로벌 경쟁력 강화, 환경 및 사회적 책임의 역할을 하고 있다. 또한 단계별 건설공사를 통해 공항 수용 능력을 강화하고 공항 운영 효율성을 극대화하는 등 세계 공항 경쟁력 강화를 위한 지속적인 노력을 기울이고 있으며, 현재는 제2여객터미널 확장 등 4단계 건설사업의 완공을 앞두고 있다.

나는 3단계 건설사업에 이어, 현재 4단계 건설사업 프로젝트에 참여하고 있으며, 이 가운데 '비행장시설(활주로, 유도로, 계류장 등)에 대한 계획 • 설계 • 인허가 • 발주 • 공사'를 담당하고 있다. 비행장시설은 항공기의 이착륙을 위한 필수시설로써 전문성 있는 기본계획과 더불어 ICAO (International Civil Aviation Organization, 국제민간항공기구) 기준 등에 적합한 설계 및 철저한 공사 관리를 통한 여객 안전 확보가 요구되는 전문 분야이다.

공항시설은 A/S 지역과 L/S 지역으로 구분하여 관리되고, 다양한 시설과 공종이 복합적으로 구성되어 운영되며, 운영과 건설 단계가 동시에 진행되는 복잡한 공간으로 각종 인터페이스가 공존하는 특징이 있다. 고도의 복합적 구조의 설계 및 시공에 있어서 공항 경력과 전문성 확보는 상당히 중요하다고 볼 수 있으며, 특히 공항 및 도로의 계획, 사업관리, 설계에서 '도로및공항기술사'는 다양한 기술적 과제와 프로젝트 관리에서 핵심적인 역할을 할 수 있다.

나는 '도로및공항기술사'로서, 상기 일련의 건설 과정 중 발생하는 다양한 이해관계자와의 인터페이스를 적기 해결하고, 목표 공정을 달성하는 동시에 사업비 절감과 리스크 선제적 해결 등 원활한 사업 추진을 도모한다. 또한 중간관리자로서 끊임없이 협력하고 리더십을 발휘하여 최적의 해결 방안을 제시함으로써 성공적인 프로젝트를 이끌어가는 나의 역할에 보람을 느끼며 매 순간 감사함과 열정으로 임하고 있다.

7 업무 중 경험한 기술사의 장점

도로및공항기술사 자격을 취득 후 업무를 수행하며 여러 가지 이점을 경험했다.

[그림 16] **인천공항 4단계 건설사업 진행 시 회의 모습(왼쪽)과 건설사업 전경**
(출처: 저자 제공)

먼저, '전문성과 신뢰성 증대'는 기술사 자격 보유의 큰 장점 중 하나이다. 프로젝트 진행 과정에서 국토교통부, 서울지방항공청, 지자체 등 다양한 인허가 기관뿐 아니라, 학계, 설계 • 시공 • 건설 사업관리자 등 여러 이해관계자와 소통하고 협의하는 일이 많다. 이 과정에서 기술사 자격은 전문성을 인정받고 신뢰도를 높이는 중요한 요소로 작용한다.

기술사 자격은 단순히 이론적 지식뿐만 아니라 실무경험과 문제 해결 능력을 종합적으로 평가한 결과이므로, 자격 보유자는 문제에 대해 거시적 판단과 논리적 설명을 제공할 뿐만 아니라, 심도 있는 전문적 분석을 할 수 있다. 이러한 역량은 원활한 사업추진에 큰 도움이 되며, 특히 여러 관계자와의 협의 과정에서 결정적 신뢰를 형성하여 프로젝트 진행을 더욱 원활하게 이끌어 가는 데 기여한다.

두 번째로, '업무 효율성 향상'이다. 기술사 자격을 통해 폭넓은 관점과 판단력을 갖게 되었으며, 국가정책 방향에 맞게 경제 • 포용 • 안전 • 혁신성장을 가치로 미래건설을 바라볼 수 있게 되었다. 이러한 과정에서 창의적인 아이디어에 대한 수용 능력 또한 넓어졌으며, 실무에서 다양하게 적용할 수 있었다. 본 능력은 특히 복잡한 건설 프로젝트나 긴급한 상황에서 발휘되었는데, 빠르고 정확한 판단으로 공사 지연 요소를 해결했다. 이렇게 기술사로서 쌓은 전문 성과 경험은 업무의 전반적인 효율성을 크게 향상하고, 프로젝트의 원활한 진행을 가능하게 했다.

세 번째로, '나 자신과 조직의 성장에 기여'했다는 점이다. 개인적으로는 기술사 취득 후 승진이라는 영예를 안았고, 사내에서 운영 중인 직무 전문가 등급이 상승하여 전문성이 더욱 인정받을 수 있었다. 조직적으로는, 해외 사업추진 및 해외기업 유치(GE 등) 과정에서 전문기술인으로서 역할을 할 수 있게 되었으며, 이를 통해 나의 성장이 곧 회사의 발전으로 이어질 수 있게끔 직접적으로 기여할 수 있게 되었다. 입사 당시 다짐했던 '나의 발전이 곧 회사의 발전'이라는 목표를 실현하고 있다.

네 번째로, 공공 기술 자문 및 심의 등을 통해 세계와 국가변화에 발맞춰 선도적 방향성을 제시할 수 있으며, 다양한 정책적 제언 역할도 수행할 수 있다는 점이다.

마지막으로, 윤리적이고 청렴한 마음가짐을 유지함으로써 기술사로서의 사회적 책임을 강화한다. 기술사법은 기술사가 사회적 책임과 윤리적 기준을 충족하지 못할 경우, 법적 책임을 부과할 수 있도록 규정하고 있다. 정직성과 투명성을 바탕으로 항상 공정성을 유지하며, 사회적 책임을 다하도록 자신을 끊임없이 체크하고 행동하게 한다. 기술사의 무게감이 더욱 책임감 있는 행동과 마음가짐을 불러일으킨다고 볼 수 있다.

나에게 기술사는 개인과 조직, 그리고 내면과 외면의 모든 측면에서 전 방위적인 이점을 발휘해 주었다. 전문성 강화, 사회적 신뢰

구축뿐만 아니라 윤리적 책임과 리더십 발휘에 이르기까지 다각도로 그 가치를 발휘하며 기술사 개인과 조직의 발전에 동시에 기여하는 중요한 나의 자산으로 작용했다.

8 기술사의 활용과 미래 전망

'도로및공항기술사' 자격증은 인생의 무한 발전 가능성을 제시해 줄 것이다.

앞서 언급한 바와 같이 '2024 국가기술자격통계연보'에 따르면, 도로및공항기술사는 총 1,426명(여성 총 4명)으로 전체 기술사(59,881명)의 약 2%에 해당하며, 토목 분야 기술사(20,742명)의 약 6.8%이다.

[표 15] **연도별 '도로및공항기술사' 남성과 여성 합격자 수 현황**

구 분	합계	~2018년	2019년	2020년	2021년	2022년	2023년
남 자	1,422명	1,206명	63명	53명	40명	30명	30명
여 자	4명	3명	0명	0명	0명	0명	1명
계	1,426명	1,209명	63명	53명	40명	30명	31명

(출처: 한국산업인력공단)

상기 수치를 토대로 판단해 보면, 첫째, 전문성의 희소성이 있고, 둘째, 중요한 국가 인프라의 핵심 인력이 될 수 있으며, 셋째, 공항 및 도로 인프라에 대한 수요를 충족시키기 힘들 수 있기에 유망한 커리어로 떠오를 수 있으며, 넷째, 기술사 자격 취득이 상대적으로 까다로울 수 있다고 예측할 수 있다.

도로 및 공항 인프라는 중장기 로드맵을 기반으로 추진 과제별 세부 액션플랜에 따라 체계적으로 관리된다. 이러한 인프라 계획의 일관성 있는 정책 성과관리가 매우 중요하며, 이는 미래 도로 및 공항 인프라의 지속 가능한 발전을 보장한다.

'제2차 국가도로망종합계획'과 '제6차 공항개발 종합계획'에서도 이 같은 필요성을 명시하고 있으며, 중장기적 관점에서의 계획 수립과 체계적인 관리를 통해 국가 인프라의 경쟁력을 높이기 위한 지속적인 노력이 필요하다.

건설 패러다임이 급격히 변화하고 있다. 스마트 건설 활성화 정책, UAM(도심항공모빌리티) 및 자율주행과 같은 신(新)개념 모빌리티 혁신 로드맵이 추진되고 있으며, 이러한 변화 속에서 사람과 안전을 최우선으로 생각하는 가치 실현이 더욱 중요해지고 있다. 이에 따라 변화하는 인프라 환경에 유연하게 대응할 수 있는 미래형 도로 및 공항 구축에 역량을 집중해야 한다.

좀 더 구체적으로 살펴보면, 국가 간선 도로망 체계는 2030년까지 격자형 간선도로망 개편과 방사형 순환망 완성을 목표하여, 정부 차원의 지속적인 투자와 관리가 이루어지고 있다. 이동성, 접근성,

안전성을 강화하는 정책적 종합계획이 차질 없이 이행될 필요가 있다.

아울러, 공항은 항공시장 불확실성에 대비하기 위해 체계적인 대응 방안을 마련하고 있으며, 미래 공항 이슈에 선제적으로 대응하기 위해 포용과 혁신을 바탕으로 사람 중심의 공항을 구현하는 정책을 추진하고 있다. 이러한 정책 추진 방향에 따라, 전국적 총 15개 공항 운영성을 강화하고, 6개 신공항 건설계획도 수립하여 추진 중이다.

이처럼 도로 및 공항 분야에서 기술사의 역할과 전망은 무한한 가능성을 지니고 있으며, 변화하는 미래에 선제적으로 대응하기 위해 많은 기술사 배출은 필수적이다. 이를 통해 국가 경쟁력을 강화하는 데 중요한 역할을 할 것이며, 지속해서 발전하는 인프라 환경에서 핵심적 역할을 할 것이다. 기술사는 앞으로도 미래 인프라 혁신을 주도하며, 국가와 사회의 지속 가능한 발전에 기여하는 전문 인력으로서 더욱 중요한 위치를 차지하게 될 것이다.

⑨ 기술사를 꿈꾸는 후배들에게 남기는 글

도로및공항기술사로서, 특히 여성 기술사로서 대한토목학회 여성기술위원회 에세이집 집필에 참여할 수 있게 된 것은 나에게 큰 영광이다. 이 과정은 지난 기술사 준비 과정과 기술사의 가치를 다시 한번 깊이 돌아보는 계기가 되었고, 앞으로 나아가야 할 방향을 재정리할 귀중한 기회가 되었다. 공동 집필 기술사분들의 글을 읽으면서 깊은 존경심을 느끼는 동시에, 나 역시 앞으로 나아갈 수 있는 새로운 동기도 얻게 되었다.

기술사 준비 과정에서 시작과 노력이 중요한 것은 사실이지만, 합격까지 오랜 시간이 걸리면 많은 경우 지치고 포기하는 모습을 보아왔다. 그래서 누군가가 나에게 조언을 구할 때면, 항상 가장 효율적인 공부법을 선택하고 절대 포기하지 않는다면 반드시 합격할 수 있다는 말로 조언을 시작하곤 한다. 그리고 구체적인 방향성을 제시하며 현실적이고 실질적인 조언을 해주려 노력한다.

이번 에세이집 집필 과정에서도 도움이 될 만한 생각들을 담을 수 있었기에 더욱 의미가 깊고 보람찼다. 나는 '후배들이 가보지 않은 험난한 길을 먼저 닦아줌으로써 그들을 인도해 주는 선도자 역할'을 가장 가치 있는 소명으로 삼아왔다. 누구보다 앞서 그 길을 닦아주는 것은 단순한 도전이 아니라, 함께 성장하고 발전할 수 있도록 길을 밝혀주는 중요한 역할이라고 믿어왔다. 이러한 의미에서 이번 에세이집이 힘겹게 노력하며 자기계발에 매진하는 많은 토목인에게 작은 힘과 의지가 되었으면 하는 진심 어린 바람을 담았다.

기술사 자격의 취득 여부가 인생의 모든 걸 결정짓지는 않지만, 삶의 뿌리를 깊게 내려줄 수는 있다. 뿌리 깊은 나무가 어떤 바람에도 흔들리지 않듯이, 강한 기반과 깊은 지혜를 갖춘다면 어떤 어려움이나 변화에도 흔들리지 않을 것이다. 기술사 자격은 단순한 자격증을 너머 내적 성장을 촉진하는 기회이자, 인생의 어려움을 극복하는 힘을 길러준다. 이 과정을 통해 자신의 변화를 이끌어낼 뿐 아니라, 가정과 조직, 더 나아가 국가의 변화로까지 이어질 수 있다는 자부심을 느껴보길 바란다.

직장 생활 중 정신적 멘토가 되어주신 팀장님께서 "너라는 원석을 반짝이는 다이아몬드처럼 잘 다듬어 보라."고 말씀 해주신 적이 있다. 자신의 가치를 높이는 과정은 '철저한 계획'과 '주저하지 않는 실천'에서 시작된다. 변화의 출발점에서 자신의 잠재력을 믿고 과감하게 행동하기를, 변화의 첫걸음을 꼭 함께 해보기를 바란다.

나의 글이 다른 이들의 길을 밝히는 작은 등불이 되기를 희망하며, 이 과정을 통해 후배들에게 긍정적인 영감을 줄 수 있기를 기대한다.

2.3

도시계획기술사

㈜한국종합기술 전무이사 최혜란

2.3

도시계획기술사

① 도시계획기술사의 세부 분야 소개

도시계획이란 도시의 정치 · 경제 · 문화 등의 활동이 가장 합리적으로 발휘될 수 있도록 함과 동시에 이들 활동을 가능하게 하는 생활환경을 양호하게 보존하기 위한 인위적이고 체계적인 종합 학문이에요. 경제적이고 편리하며 아름다운 도시가 되도록 토지이용에 질서를 부여하고, 건축물 · 시설물을 합리적으로 배치하고자 하는 기술 또는 그 과정 및 방법을 찾는 분야가 도시계획이랍니다. 도시민이 더욱 인간답게 살 수 있는 생활환경을 만들어 가기 위해서는 도시계획은 불가결한 것임이 틀림없어요.

산업화와 도시화를 거치면서 수도권은 도시인구를 감당할 수 없을 정도의 과밀화로 주택, 교통, 환경, 질병 등의 도시문제를 야기하고 있고, 농촌은 상대적으로 지방소멸의 큰 위기를 코앞에 두고 있죠. 도시민의 삶에 직접적인 영향을 주는 도시의 주택, 교통, 환경, 안전, 빈곤, 토지이용, 지방소멸 등의 제반 문제를 해결하기 위한 전문가가 곧 도시계획기술사랍니다. 도시계획기술사는 도시 및 지역계획 관련 이론 및 이론의 현실적 응용에 관한 내용을 학습함으로써 급변하는 도시환경에서 도시계획 분야의 전문적인 능력과 소양을 갖춘 최고급 기술자죠.

도시계획기술사의 업무영역은 도시계획 분야에 관한 고도의 전문 지식과 실무 경험에 입각한 계획, 연구, 설계, 분석, 시험, 운영, 시공, 평가 또는 이에 관한 지도, 감리 등이 있어요.

② 기술사의 가치와 쓰임

현대는 인구가 대부분 도시에 집중함에 따라 도시 디자인이 굉장히 중요해졌어요. 도시 디자인과 도시계획을 실행하는 도시계획기술사에 관한 호기심과 관심도 높아졌고요. 도시계획기술사는 오늘날 종합적인 도시계획을 실행하는 데다가 낙후된 지방 도시를 개선하는 중요한 역할도 해요. 도시의 발전을 계획적으로 유도하고, 질서 있는 시가지를 형성하며, 시민의 건강, 문화생활, 지적인 활동을 지원하는 목적으로 자원의 효율적인 이용을 극대화할 수 있는 전문인력의 필요성이 대두되면서 자격시험이 도입 및 시행되었답니다.

최초(1974.10.16.) '국토개발기술사'로 출발하여 '도시계획기술사'로 변천(1991.10.31.) 후 2024년 현재까지 810명의 도시계획기술사가 배출되었답니다.

도시계획기술사 자격을 취득하면 다양한 분야로 진출할 수 있어요. 대표적으로 정부기관 및 지방자치단체의 도시계획직/교통직 공무원 또는 한국토지주택공사 도시개발공사, 한국도로공사, 한국관광공사, 수자원공사, 지하철공사 등 정부 투자기관 등 다양한 공사로 취업할 수 있죠. 더불어 도시설계를 담당하는 사기업이나 교통 정보화와 관련된 업체로도 진로가 열려 있어요. 이뿐만 아니라 국토개발연구원, 교통개발연구원 등의 연구기관, 학계와 민간 건설회사의 개발사업팀, 주택사업팀으로도 진출할 수 있고요.

우리나라는 소득수준의 향상에 따른 전원주택, 실버타운, 레저 및 관광시설을 위한 개발사업과 그동안 정부 주도로 이루어졌던 대규모 택지개발사업, 공업단지조성사업, SOC사업 등의 이유로 도시계획기술사의 고용 증가 요인이 많았죠. 요즘은 우리나라의 도시화율이 선진국의 그것에 거의 육박하고 있어서 도시화는 조금 더 진전되다가 멈출 것으로 예상돼요. 고용은 현 수준을 유지할 전망도 있으나, 그동안의 급진적 도시화로 인한 도시관리, 도시재생, 노후 도시계획 등의 또 다른 문제가 발생하면서 향후 이에 대비한 도시계획기술사의 전망은 좋은 편에 속해요. 특히 자격증을 취득하면 도시계획 분야에서 채용 시 유리하답니다. 자격증 소지자를 우대하며 6급 이하 및 기술직 공무원 채용시험 시에는 가산점을 주고 있어요. 시설 직렬의 도시계획, 일반토목, 교통시설, 도시교통설계, 디자인 직류에서 채용

계급이 8급과 9급, 기능직 기능 8급 이하와 6급과 7급, 기능직 7급 이상일 때 모두 5%의 가산점이 부여된답니다. 그러기에 응시 자격에 엄격한 제한이 따르죠. 기술자격 소지자이거나 관련학과 졸업자 또는 순수 경력자이어야만 해요.

③ 기술사 시험 준비 동기

1995년 충북대학교 도시공학과를 졸업할 때까지만 해도 취업을 위한 도시계획기사 자격증은 필수라고 생각했어요. 회사에 다니면서 알게 되었어요. 당시 기술사를 취득하기 위한 자격 기준이 실무경력 9년 이상이어야만 한다는 사실을요. 먼 나라 이야기로만 생각되더군요. 기술사에 대한 도전은 생각지도 못했네요. 당시 30대 초반이던 저는 직장, 집안일, 그리고 육아 등으로 바쁜 생활에 치여 저만을 위한 미래 계획 따위는 생각할 겨를도 없었어요. 그 당시 엔지니어링회사(설계사)의 근무 환경은 매우 열악해서 야근과 철야를 줄기차게 했죠. KTX 개통 전이라 2박 3일의 장거리 출장도 매우 잦았기에 일과 가정을 건강하게 양립하는 게 불가능했어요. 그러기에 더욱더 엔지니어가 여성보다는 남성들만의 영역이라는 고정관념이 컸을지도 몰라요. 여성의 업적은 남성의 경우보다 평가절하되었고, (대부분) 열악한 근무조건으로 인해 동료 여성들은 결혼 및 출산과 동시에 사직하는 게 다반사였어요. 저 또한 비슷했어요. 갑자기 아이를 갖게 되었는데요,

야근과 출장 등의 고된 생활을 어렵게 버텼지요. 임신한 열 달 동안에요. 임신기간 막판에 출산 휴가 계획을 제출하니 회사로부터 이를 거부 받고 이상한 방식의 비비 아니꼬운 말로 권고사직 비슷한 말만 통보받게 되었답니다. 전혀 생각지도 못한, 계획에도 없던 갑작스러운 권고사직 요청과 출산 후 산후우울증까지 겹쳐 참으로 어려운 몇 달을 보냈던 악몽이 지금까지도 생생해요. 오늘날처럼 근로자의 권리보호를 위한 노동법이나 근로자의 부당한 대우(해고 등)를 개선하기 위한 「근로기준법」 등의 사회 전반적 인식이 열악했고, 부당한 대우를 받았더라도 감히 노동부에 고발하거나 진정서를 제출할 정도의 배짱이 당시에는 없었네요.

나이 서른에 집에서 아이와 둘만의 시간을 보내는 게 행복하지 않았어요. 쥐뿔 가진 게 하나 없는 경제적인 어려움, 내가 아무것도 할 수 없다는 절망적인 현실이 더 괴로웠기도 했죠. 때마침 우수한 기술사를 적극 양성 및 활용하기 위해 기술사의 응시 자격을 7년으로 완화한다는 소식을 듣게 되었어요. 저에게 딱 맞는 조건이었죠. 기술사 시험에 도전하는 건 특별한 사람만이 치를 수 있다는 선망이 있었기 때문에, 제가 도전하리라고는 감히 엄두도 못 냈던 터였죠. 그러나 당시의 상황이 모든 걸 새롭게 바꿔놓았어요. 제 삶을 개척해야만 했던 시기였기에 무조건 "이거다!"라는 생각이 들었죠. 당시 도시계획기술사는 1년에 두 번 정도 시험이 있었어요. 합격자도

1년에 10명이 채 넘지 않는 매우 어려운 시험으로 들었고요. 실제로 직장 대선배조차 기술사 시험에 매번 떨어지는 것을 바로 옆에서 지켜봐 왔기에 '당연히 나에게도 어렵겠지?'라는 생각이 들었죠. 그래도 벼랑 끝에 몰린 상황이었고, 목구멍까지 차오른 위기감을 느꼈기에 일단 시작을 해봤어요. 그러자 제 삶에 있어서 절망에서 무엇인가 실낱같은 희망이 보이기 시작했고 (합격도 안 했지만) 삶의 목표가 생기니까 공부가 재밌어지면서 그 후로는 하루하루가 참으로 행복해지더라고요. 신기한 경험이었어요. 실무를 7년 넘게 했어도 막상 기술사 공부를 하니, 그제야 '아! 이래서 그때 그랬구나!'라는 뒤늦은 배움과 깨달음도 있었네요. 모르는 걸 조금씩 알아가는 재미도 쏠쏠했어요.

인생사(人生事) 새옹지마(塞翁之馬)라는 말이 있고, 비슷한 말로 전화위복(轉禍爲福)이라는 사자성어도 있죠. 출산으로 인해 경력이 단절되는 뼈아픈 시련이 있었지만, 그때 포기하지 않고 오래도록 꿈을 위해 준비하고 달리며 끝까지 이겨내는 시간을 버텨낸 것이 참으로 잘한 일이 아닐 수 없어요.

④ 기술사 시험 준비 과정

도시계획기술사는 다른 자격증과 다르게 필기시험만 시행하고 실기는 구술형 면접시험으로 평가하고 있어요. 시험은 도시구성,

토지이용, 도시개발 및 각종 단지의 계획과 설계, 기타 도시 및 지역의 계획, 통제에 관한 과목 안에서 진행돼요. 도시계획에 관한 실무경험, 일반지식, 전문지식 및 응용 능력과 기술사로서의 경영관리・지도 감리 능력, 자질 및 품위 등의 내용을 물어봐요. 모든 기술사 시험과 마찬가지로 도시계획기술사도 4교시, 교시당 100분씩 총 400분 동안 시험을 봅니다. 1교시는 단답형이고 2교시부터 4교시까지는 논술형인데요, 단답형이라 해도 반 페이지 분량의 설명을 써야 하므로 거의 논술과 비슷하죠. 논술형은 매교시당 4문제가 출제되는데 100분이 주어져요. 보통 한 문항당 3페이지 이상, 즉 총 12페이지 이상을 써야 해서 문제를 보고 생각하고 쓰기에는 시간이 부족해요. 시작종이 울림과 동시에 한치의 쉼도 없이 써야 100분 동안 12페이지를 쓸 수 있어요. 그래서 정확한 암기는 필수랍니다. 제 기억으로는 아침 9시부터 오후 5시까지 점심시간 빼고 하루 종일 써 내려가 오른손 셋째 손가락에 굳은살이 뱄던 기억이 나네요.

도시계획 분야의 기술사 시험이 1년에 2~3회 진행되는 것을 고려하면, 1회에 100명이 넘지 않는 인원이 응시하는데, 합격률은 1년에 10명 안팎으로 매우 낮은 편이에요. 이렇듯 시험도 어렵고 합격률도 낮기에 처음에는 혼자 배우기보다는 기술인들의 자격 요람인 서초 수도토목학원에 등록해서 주 8회 도시계획기술사 강의를 수강했어요. 당시에는 KTX도 없던 터라 광주에서 4시간 버스를 타고

3~4시간 수업을 받은 뒤 또 4시간 동안 광주로 되돌아와야 하는 일정이었어요. 수업받으러 오가는 게 지옥이었네요. 지금 기억해 보면 학원에서의 도움은 첫날 시험출제 방식과 답안지 쓰는 요령, 어디서 어떻게 공부해야 할지 등의 방법뿐, 실질적인 시험공부는 사실 스스로가 하는 것이었죠. 이론은 전공자가 책을 보면 다 알 수 있는 것들이었기에 이에 대한 강의는 큰 도움이 되지는 않았던 거 같아요. 그랬기에 아마도 총 8회 중 2회만 다니고 말았던 게 아니었을까요?

도시계획은 토목, 건축, 교통, 환경 등의 방대한 종합학문이에요. 공부할 양도 꽤 많죠. 앞서 말했듯이 기술사 시험은 문제를 본 순간부터 바로 써 내려가야 하기에 정확한 암기와 이해가 필수여서, 공부할 때 요약 노트가 매우 중요해요. 처음에는 대한국토도시계획학회에서 발간된 『국토・지역계획론』, 『도시계획학원론』, 『도시개발론』 등 8권의 책을 통해 기출문제를 중심으로, 한 주제당 5페이지 정도의 요약 노트를 만들었어요. 그리고 최근 도시계획 동향을 파악하기 위해서 대한국토도시계획학회의 월간지인 『도시정보지』를 완독하고 이 또한 5페이지 정도의 요약 노트를 만들었죠. 그러고 나서는 종합해서 3~4페이지의 핵심 총요약 노트를 다시 만들었고, 진짜 시험에 대비해서 그걸 100% 달달 암기했어요. 주중에는 4시간, 주말 7시간을 정해놓고, 잡다한 애경사도 될 수 있으면 줄여서 정말 열심히 공부했네요. 지식을 외우고 이해하기 위해 소니

카세트 테이프에 제 육성을 녹음했어요. 들리거나 말거나 밤에 잠잘 때 틀어놓고 자면서 꿈속에서도 공부했고요.

결과는 합격! 나이 50이 넘어 지금 다시 그때를 반추해 보니, 그때만큼 열정을 가지고 노력해 본 적도 없었던 거 같네요. 그만큼 값진 자격증이기에 합격을 계기로 평범한 주부에서 도시계획전문가로 뒤바뀌며 인생(人生)역전(逆轉)이 시작되었답니다. 자격증 하나를 따기 위해 긴 시간이 걸렸어요. 중간에 포기하고 싶은 어려움이 여러 번 있었죠. 목표나 꿈을 실현하려면 인내와 꾸준한 노력이 꼭 필요하다는 것을 알았기에 묵묵히 참고 해냈답니다.

❺ 기술사 시험 준비 과정에서 어려웠던 점과 극복 방법

도시계획이란 학문 자체가 건축, 토목, 환경, 교통 등을 포함한 종합학문이다 보니, 공부하는 양 자체가 방대하고 어려워요. 도시계획 하나도 이해하기 어려운데, 연관 분야까지도 전문영역이라 더 힘들었어요.

당시 저는 지방에서 30대 초반에 기술사를 공부했기 때문에, 시험에 관한 정보에 어두웠어요. 또 같이 공부할 공부 소모임도 없어서 혼자 준비해야만 하는 어려움도 있었고요. 혼자 공부하다 보니 공부할 양이 많아 진도가 나가질 않았어요. 다람쥐 쳇바퀴 돌듯 제자리인 것 같았네요. 애경사도 있고, 놀고도 싶고, 육아까지도 발목을 잡아서 기술사 시험 준비를 포기하고 싶은 마음이 들 때가 한두 번이 아니었어요. 그래서 스스로 주중 4시간, 주말 7시간을 정해놓고, 동네 인근 독서실을 등록했죠. 저녁 7시부터 밤 11시까지, 주말에는 아침 9시부터 오후 5시까지 무조건 독서실로 갔어요. 독서실에 가서 자는 한이 있더라도 우선은 독서실로 갔어요. 그렇게 꼬박 1년을 준비하면서, 나중에는 습관처럼 공부하게 되었죠.

기술사 시험을 준비할 때 가장 어려웠던 점은 결국 '저 자신과의 싸움'이었어요. '목표(합격)를 잊지 말고 나 자신을 끝까지 믿고 포기하지 않으면서 최선을 다하자. 결과는 배신하지 않는다. 불합격한 것은 나의 능력의 반의반도 투입되지 않은 결과일 뿐, 잘 정리한 노트를 무한 반복하여 충실히 외우고 끝까지 포기하지 않는다면 결과는 합격으로 보답할 것이다.'를 주문처럼 웅얼거리기 일쑤였네요.

⑥ 도시계획기술사로서 현재 수행하고 있는 업무 소개

저는 현재 주식회사 한국종합기술 도시계획부에서 근무하고 있어요. 가족들이 광주에 있어서 제 근무처도 광주에 있답니다. 광주전남의 도시계획 일을 맡아서 하고 있어요. 그동안은 광주전남 시군의 도시기본계획, 도시관리계획재정비, 지구단위계획 등을 주로 했는데요, 최근에는 민간의 용도변경을 위한 사전협상 용역도 담당해요.

광주 도시계획을 약 30년 가까이 기본계획부터 관리계획까지

해오다 보니, 어느덧 광주 도시계획에 대하여 공무원보다 제가 더 산증인이 되었네요. 가장 최근에 했던 일은 옛 전남·일신방직 부지에 대한 공업지역을 상업지역으로의 도시계획 변경을 위한 사전협상 용역이었어요. 현재 이 업무는 사전협상이 마무리되어 지구단위계획까지 심의가 통과되어 최종 건축심의만을 남겨두고 있죠. 지금은 광천도시재개발 정비계획 업무를 수행하고 있어요. 광주의 가장 노른자 땅인 광천동 일대 42만여㎡에 약 5,600세대가 입주하는 광주 최대규모의 주택단지 재개발사업이랍니다.

과거에는 공공에서 성장지향의 도시기본계획과 도시관리계획 업무가 많았는데요, 현재는 인구감소 및 고령화로 도시가 점점 축소되면서 공공영역은 줄고, 민간 영역에서의 지속가능성, 교통체계의 혁신, 주거환경의 다양성, 문화와 예술의 통합, 디지털 기술의 적용 등 다양한 측면에서 세부적인 계획을 통해 주민제안용역 및 사전협상 용역, 지구단위계획 등으로 업역이 확대되고 있어요.

❼ 업무 중 경험한 기술사의 장점

도시계획기술사 자격은 도시계획 분야에서 전문적인 업무를 수행하는 데 필요해요. 도시의 발전과 계획에 이바지하기 위해 도시계획, 토지이용, 교통, 환경 등 다양한 측면을 고려하여 도시의 발전 방향을 제시하고 계획을 수립한답니다. 도시계획기술사는 국가에서 인정하는 전문자격으로서 대외적인 도시계획 분야에 대한 자격 인정 및 대우, 국가에서 시행하는 개발사업에 대한 각종 계획의 직간접적 참여(위원회 등)가 가능해요. 다른 기술사 자격증에 비해 연간 배출 인원이 매우 적어 희소가치가 크며, 최근 남녀 성평등 경향으로 각종 위원회의 의무적 선임 등 남성 중심의 기술 분야에서 여성 참여 기회가 많아지고 있어요. 저 역시 여성 도시계획전문가로서 광주시 도시계획위원, 전라남도 도시계획위원을 꾸준히 하고 있는데요, 저의 실무경험을 토대로 공공에의 직간접적으로 사회 발전에 기여하고 있다고 생각한답니다.

여성이다 보니, 대관업무를 볼 때 약간의 이점은 있어요. 무릇 관에서의 감독들은 대부분 남성이기 때문에 여성 기술사를 대할 때 조금 더 부드럽고 편의를 봐주는 것도 있거든요.

8 기술사의 활용과 미래 전망

'산림기술사'를 흔히들 '나무의사'라고 불러요. '도시계획기술사'는 주거지역, 상업지역, 공업지역에 따라 도시계획을 다르게 세우고 도로, 공원, 학교 등 도시기반시설의 적절한 공급을 위해 토지의 통제와 유도를 하는 '도시의사'에요. 잘못된 도시계획으로 인해 병들고 부정적인 도시가 될 수도 있어요. 긍정적이고 건강한 도시로 치유하기 위해서 도시계획전문가가 수립하는 도시계획이 필요해요.

소득 수준의 향상에 따른 전원주택, 실버타운, 레저 및 관광시설을 위한 개발사업과 그동안 관 주도로 이루어졌던 대규모 택지개발사업, 산업단지조성사업 외에 민간에서의 지구단위계획, 사전협상용역 등 도시계획기술사의 활용 범위가 넓어지고 있어요.

도시계획 분야에서 채용 시 자격증 소지자를 우대하고 있으니, 전문화되고 업그레이드된 도시계획을 하고 싶다면 기술사에 대한 도전을 권하고 싶어요. 자격증 취득 후 취업하면, 경제적 단순 이득 외에도 본인이 수립한 도시계획이 향후 반영되고 실현되었을 때 느낄 수 있는 그 뿌듯함은 이루 말할 수 없는 보람과 자긍심으로 다가 온답니다.

9 기술사를 꿈꾸는 후배들에게 남기는 글

저에게는 세 자녀가 있어요. 첫째는 대학 졸업 후 공채로 취업했고요, 둘째와 셋째는 현재 대학생이에요. 2024년 8월 4일 JTBC 뉴스에 의하면, 올해 상반기 월평균 만 15세 이상 대졸 비경제활동인구(고학력 대졸 백수)가 우리나라에 약 405만 8천 명이 있다네요. 1999년 이래 상반기 기준 가장 많다는데, 취업을 앞둔 자식을 가진 부모로서 남 얘기가 아닌 것 같아서 걱정이 많이 됩니다.

세상은 엄청나게 빠르게 변하고 있어요. 이럴수록 분야별 전문직 수요는 더 많아지죠. 전문직 자격이 자유시장경제 체제에서 그저 남들보다 몇 걸음 앞서나가는 것에 불과하더라도, 그 몇 개 발자국이 활용하기에 따라선 큰 차이를 불러오기도 해요. 대체로 남들보다 앞서서 시작하는 사람이 더 빨리 치고 나가서 그 격차를 벌리곤 하거든요.

도시계획을 전공했다면 도시계획기술사인 전문자격증을 꼭 취득하라고 권하고 싶어요. 일단 취직하면 나태해지고, 30대에 결혼·출산·입학 등 여러 가지 일들로 인해 새롭게 기술사를 공부하기가 정말 쉽지는 않을 거예요. 그러나 미래 성장을 위해서 한 걸음 내딛는 결단과 용기가 필요해요. 시작한다면 절반은 성공이랍니다. 옛 속담에 "시작이 반이다."라는 말은 참말이에요. 지금, 바로 시작하세요!

2.4

상하수도기술사

㈜도화엔지니어링 전무 장근영

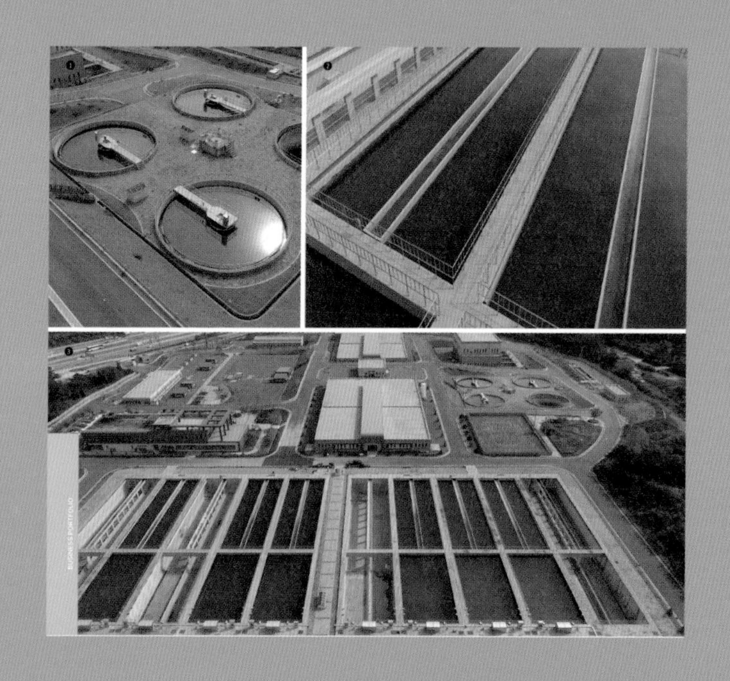

2.4

상하수도기술사

① 상하수도기술사의 세부 분야 소개

안녕하세요? 반갑습니다. 상하수도기술사 장근영입니다.

제가 첫 문장에서 인사와 함께 취득·보유하고 있는 기술사 종목을 언급했는데요, 대한민국 전체 기술사 종목 개수가 많다 보니 바로 상하수도기술사라고 인사드리게 됐습니다.

상하수도기술사에 대한 세부 소개를 하기 이전에 대한민국 전체 기술사 종목이 얼마나 있는지 먼저 알아볼까 합니다.

대한민국 전체 기술사 종목은 84개, 그중에 건설 직무 기술사 종목은 21개, 건설 직무 내 토목 부문 기술사 종목은 14개입니다. 상하수도기술사는 토목 부문 14개 종목 안에 포함되어 있습니다. 생각보다 기술사 종목 개수가 많지 않나요? 저도 이 글을 작성하기 전까지는 이렇게 많은지 몰랐답니다.

기술사는 공학 분야만이 아닌 이과, 즉 과학을 다루는 이공계 분야가 모두 해당되기 때문에 종목 개수가 많은 것 같습니다. 토목

부문만 해도 14개 종목이니 토목을 전공으로 공부하거나 진로를 앞둔 입장에서는 종목 선택의 폭이 넓은 편이지 않을까 합니다.

[표 16] 건설 직무 분야 기술사 종목

직무	세부 직무	기술 구분
건설	건축	건축구조
		건축기계설비
		건축시공
		건축품질시험
	도시·교통	교통
		도시계획
	조경	조경
	토목	농어업토목
		도로 및 공항
		상하수도
		수자원개발
		지적
		지질 및 지반
		철도
		측량 및 지형공간정보
		토목구조
		토목시공
		토목품질시험
		토질 및 기초
		항만 및 해안
		해양

(출처: 국가기술자격법 시행규칙 [별표2]〈개정 2023.11.14.〉)

저는 건설엔지니어링의 상하수도 분야로 사회에 첫발을 내디뎌 현재는 28년 차 되는 건설엔지니어링 기술인입니다. 상하수도기술사는 2010년에 취득하여 기술사 경력은 14년 되었습니다.

기술사란 제1장의 '1.1절 기술사란 무엇인가?'에서 소개된 것처럼 「기술사법」 제2조에 따라 해당 기술 분야에 관한 고도의 전문지식과 실무경험에 입각한 응용 능력을 보유한 사람으로서 「국가기술자격법」 제10조에 따라 기술사 자격을 취득한 사람을 말합니다. 따라서 저는 상하수도 분야에서 전문성을 인정받은 상하수도기술사 자격을 취득한 사람이 되겠죠?

가끔 상수도 기술사나 하수도 기술사가 따로 분류되어 있지 않나는 질문을 받기도 합니다. 또는 상수도 기술인과 하수도 기술인이 구분되어 있다고 생각하는 사람들이 생각보다 많기도 합니다. 상하수도 분야는 국토교통부 고시로, 건설 기술 직무 분야 ⇒ 토목 분야 ⇒ 상하수도 분야로 지정되어 있습니다. 이에 따라 상하수도는 하나의 분야이고 하나의 단일 기술사 종목으로 정해져 있답니다. 이제 상하수도가 하나의 단일 분야이고, 하나의 단일 기술사 종목이란 점 이해되셨죠?

한 가지 더, 국토교통부는 상하수도 분야를 왜 토목 부문에 포함했는지 의문이 가실지도 모르겠습니다. 상하수도가 환경 분야에 더 가깝다고 생각할 수도 있으니까요. 실생활에 필요한 물(상수)을 만들고, 사용 후 버리거나 강우 시 유출되는 물(하수)을 다루는데 말이죠. 정확한 이유는 확인되지 않았지만 제가 생각하기에는 자연 상태의 물(호소수, 하천수 등)을 상수로 생산하고 사용자에게 공급하거나, 강우 시 유출수를 이송하고 처리하여 공공수역에 배출하기 위해서는 막대한 토목 구조물이 필요하기 때문입니다.

■ 상수에 필요한 주요 토목 구조물
- 취수시설 : 취수보, 취수탑, 취수문, 취수틀, 취수관거
- 도수시설 : 도수관, 도수거, 원수조정지
- 정수시설 : 착수정, 혼화지, 응집지, 침전지, 여과지, 정수지
- 송수시설 : 송수관, 송수거, 조정지
- 배수시설 : 배수지, 배수탑, 고가탱크, 배수관로
- 기타 그 밖의 시설 : 가압장 등

■ 하수에 필요한 주요 토목 구조물
- 하수관로 : 오수관로, 우수관로, 합류식관로, 차집관로
- 하수처리시설 : 유량조정조, 침전지, 반응조, 슬러지처리시설
- 기타 그 밖의 시설 : 펌프장 등

■ 중수도 등 기타 주요 토목 구조물
- 중수처리시설, 우수저류조 등

상하수도 분야 엔지니어는 다루고자 하는 물(상수, 하수)의 특성과 그 수량을 정확하고 정밀하게 파악하는 일과 함께 너무 커서도, 작아서도 안 되는 토목 구조물과 부대 시설물을 공학적으로 고도의 기술을 접목하여 설계를 합니다.

■ 설계(건설엔지니어링)란 「건설기술 진흥법」에 따라 기본구상, 기본계획, 타당성 조사, 기본설계, 실시설계, 사후 유지관리 등 건설공사의 시공(시공, 보수, 철거)을 제외한 모든 건설공사 과정에 해당합니다.

위의 설계 과정에서 상하수도 기술 분야에 관한 고도의 전문지식과 실무경험에 입각한 응용 능력이 요구될 때가 많습니다. 상하수도 기술사는 이러한 능력과 전문성을 바탕으로 문제를 해결해 나가는 핵심 역할을 수행한다고 보면 됩니다. 또한 계획의 규모라든지 방향성, 타당성 여부에 대해서도 면밀한 검토 후, 최종 결정을 내리게 됩니다. 상하수도 분야 엔지니어는 어떠한 프로젝트를 진행(설계)하는 데 있어서 구체적으로 수행해야 할 내용과 범위, 기술적으로 적용하는 세부 사항 등에 대해서 상하수도기술사의 합리적이고 효율적인 검토와 판단, 결정이 필요하답니다.

상하수도기술사는 상하수도 분야 건설엔지니어링(설계) 업무에 대해서 방향 설정, 공학적인 기술 검토 및 판단, 최종 결정이 주된 역할과 책임이라 말할 수 있겠네요.

상하수도 분야에 대한 총괄적이고 세부적인 소개는 상하수도공학 전문 서적을 참고하세요. 이상으로 상하수도 분야에 대한 개론, 상하수도기술사의 역할에 대해 짧은 소개를 마칩니다.

② 기술사의 가치와 쓰임

상하수도 분야 기술인으로서 많은 프로젝트를 수행해 왔고, 업무와 관련된 여러 사람을 만나오면서 나름 상하수도기술사로서 자부심을 느끼고 살아왔는데요, 막상 이 자리를 통해서 상하수도기술사의 가치와 쓰임에 대해 언급하려 하니 스스로 다소 민망합니다. 그래도 상하수도기술사의 역할과 그에 따른 가치에 대해 보고 느낀 바를 적어보겠습니다.

기술사는 「기술사법」, 「국가기술자격법」 등 관련 법에 따라 해당 기술 분야의 고도 전문지식과 실무경험에 입각한 응용 능력을 보유하고 있다는 걸 기술사 자격증으로 말해주고 있습니다. 제가 이런 설명을 일일이 하지 않아도 주변 사람들은 저를 상하수도기술사 건설엔지니어링 기술인으로 인식하고 존중하면서 제 가치를 인정해 주기 때문에 상하수도기술사로서의 가치가 있다는 것을 간접적으로 표현할 수 있겠습니다. 그러나 앞선 설명만으로 기술사의 가치나 쓰임에 대해 논하는 것은 너무나도 표면적이고, 주관적이겠죠? 저는 설계 업무 외에 대외적으로도 상하수도기술사에게 '역할'과 '책임'이 있다고 말하고 싶습니다.

한국기술사회에서는 기술사를 다음과 같이 정의합니다.

■ 기술사는 법령에 따라 기술사 자격을 취득한 사람으로서 과학기술의 진흥과 공공의 안전 확보 및 국민경제의 발전을 위해 운영되는 공학 분야 전문가입니다.

여기서 눈에 들어오는 문구는 바로 '전문가'입니다. 기술사는 공공의 목적과 책임 의식을 가지고 본연의 역할을 수행하는 전문가(PE; Professional Engineer)라 말할 수 있습니다. 건설 부문에서 전문가는 이공계열의 과학 및 공학 기술자가 대학교나 연구기관에서 주로 활동하는 박사와, 산업 현장에서 기술을 주도하는 기술사로 분류할 수 있습니다.

산업 현장에서 기술을 주도한다는 것은 어떻게 보면 표면적인 기술사의 가치라고 말할 수 있는 부분입니다. 그런데 앞 문구를 보면 '과학기술의 진흥과 공공의 안전 확보 및 국민경제의 발전을 위해'라고 목적이 적혀있죠?

저는 기술사의 가치와 쓰임을 이야기할 때 이 점을 말하고 싶습니다. 해당 분야의 공학 전문가인 것은 누구나 인정해 주는 가치입니다. 그러나 무엇을 위한 전문가인가를 생각해 보면 공학 전문가인 기술사의 가치와 쓰임에 대해 좀 더 가깝게 이해할 수 있을 겁니다.

우리는 이 책에서 과학기술의 진흥과 공공의 안전, 국가 경제 발전을 위한 산업 현장을 주 무대로 삼는 건설 부문의 기술사에 대해서 다루고 있습니다.

상하수도기술사는 앞 절에서 말씀드린 것처럼 상하수도 분야 건설엔지니어링 설계를 수행하는 데에만 핵심 역할을 수행하는 것은 아닙니다. 끊임없는 연구와 노력으로 기술을 발전시키고, 국민의 일상생활에 대한 만족도와 미래지향적 현실에 부응하면서, 관련 법 개정과 상하수도 정책을 수정·개편하는 데에도 관련 전문가와 함께 기술 자문 역할도 합니다.

상하수도기술사는 기술개발 측면으로 국민이 안심하고 마실 수 있으며 마음껏 사용할 수 있도록 깨끗하고 안전한 물을 생산·공급하는 상수도 분야와 사용 후에 버려지는 물을 하천이나 해역 등 공공수역의 수질이 보존될 수 있도록 깨끗하게 정화 처리하여 배출하는 하수도 분야 설계 과정에서의 역할을 합니다. 그뿐만 아니라 자연환경을 보존하고 삶의 질적 향상을 위해 과거부터 축적된 상하수도 분야 기술을 지속해서 개선하고 그 기술이 고도화되도록 기술 발전에도 힘써왔습니다. 박사를 포함한 학계 및 관련 분야 전문가와 함께 산업계에서의 전문가인 상하수도기술사가 협업하여 성과를 냅니다. 앞으로도 계속 진행될 기술 발전이라고 자부할 수 있습니다. 또한 대한민국 국민의 위생, 건강, 삶의 질 향상에 부응하여 안심하고 마실 수 있도록 먹는 물 수질기준을 강화하며, 상하수도가 국민 생활에 더욱 가까워질 수 있도록 수도법이나 하수도법 등의 관련 법을 개정하여 물을 통한 복지 개선 및 확대에도 관심을 두는 중입니다. 이를 위한 상하수도 관련 법률과 지침을 개정하고 개편하는 데에도 그 역할을 합니다.

마지막으로 상하수도 분야 기술이 발전하고 상하수도 보급과 물

복지 확대를 위한 제도화 및 법제화가 추진되면 상하수도 정책을 정비하고 예산을 반영하기 위한 기술적인 부분을 맡아왔습니다.

이렇게 다양한 측면에서 준비가 되면 상하수도 분야 건설엔지니어링 사업이 구체적으로 시행되고, 건설엔지니어링 사업 수행 과정(설계 등)에서 앞 절에서 말씀드린 기술전문가 입장에서 상하수도 기술사의 소임을 수행케 되는 겁니다.

정리하자면 상하수도기술사의 가치와 쓰임은 ①건설엔지니어링 과정에서의 판단과 결정, ②기술 발전, ③제도화 및 법제화, ④정책 개편과 정책 시행의 근거 마련, 크게 네 가지로 분류할 수 있겠습니다.

- 첫째, 상하수도 기술 적용의 적정성 검토, 판단 및 결정(건설엔지니어링)
- 둘째, 상하수도 분야의 고도 기술 발전
- 셋째, 발전된 기술을 시행할 수 있는 근거인 관련 지침 제도화 및 법제화
- 넷째, 시행 계획 과정에서 더욱더 개선된 상하수도 정책 정비, 예산 확보를 위한 공학조직과 정부 조직과 협업 및 노력

이젠 단순히 설계 업무에서만 상하수도기술사의 가치가 활용되는 것이 아니란 점 이해되셨나요?

③ 기술사 시험 준비 동기

저는 남성들이 대부분 종사하고 있는 토목직군 건설엔지니어링의 선두를 달리고 있는 ㈜도화엔지니어링 물산업부문(상하수도부)에

임원으로 재직 중입니다. 전문 분야는 '상하수도'랍니다. 1997년에 입사해서 28년째 근무 중입니다.

상하수도 분야 기술인으로서 상하수도기술사 취득을 준비하게 된 동기에 관해 이야기하려니, 직급별로 생각의 차이가 있었던 걸 상기시키게 되었습니다. 사원·대리 직급일 때와 과장·차장 직급일 때, 기술사와 기술사 취득에 관한 생각이 달랐고, 부장(또는 부장 위 직급)일 때 생각이 크게 달라졌던 경험이 있습니다.

저는 부장 직급일 때 상하수도기술사를 취득했습니다. 대략 상하수도 분야 건설엔지니어링을 수행하기 시작한 지 13년이 훌쩍 지나서 기술사가 되었습니다.

기술사는 관련 학과를 졸업했다고 해서 시험 응시 자격이 바로 주어지는 것은 아닙니다. 기사 자격증을 소지한 조건으로, 해당 분야 실무경력 4년 이상의 전문 분야 기술인에게 기술사 시험 응시 자격이 부여되기 때문입니다. 기술사 시험은 단순하게 이론적인 공부만으로는 치르기 어렵고 실무경험이 녹아있는 답변을 작성해야 하므로 실무경력이 4년이 되었다고 바로 시작하기 어려운 것도 현실입니다. 따라서 사원 직급일 때에는 기술사 시험 응시 자격에 미달되기 때문에 아예 기술사 취득에 대한 구체적인 실행 계획을 실천할 수 없습니다. 참고로 건설엔지니어링 업계에서는 보통 사원에서 대리 진급 시까지 3년 정도 소요됩니다. 또한 대체로 기술적인 업무보다는 데이터 정리 및 분석, 계획평면도 작성(설계 도면이 아니고 업무보고를 하거나 사업 전체의 대략적인 현황, 계획을 보여 주는 도면), 통계자료 정리, 그 외 잡무(잡무의 범위는 생각보다 크고 많습니다.) 등 전체 프로젝트의 부분 업무를 수행하다 보니 그만큼 찾는 선배들도 많아 하루가 정신없이 지나갑니다. 응시 자격도 미달이고 회사에 다니는 동안 단순 업무와 잡무가 많아 상하수도기술사 취득에 대한 계획조차도 생각하기 힘든 시기입니다. 대리 시절에는 단순 업무와 잡무가 줄어드는 대신에 기술 검토와 보고서 혹은 설계도면 작성 등에 많은 시간을 쓰게 되어서 기술사 취득에 대한 목표는 설정할 수 있지만, 충분한 공부 시간을 확보하기 어려운 시기입니다. 과장 혹은 차장 때에는 기술사 응시 자격이 확보됩니다. 충분히 프로젝트의 실질적인 실무자 역할을 할 수 있는 시기죠. 동시에 기술사 취득을 위한 구체적인 실행 계획을 실천할 수 있기도 합니다. 이때의 실무 내용은 기술사 준비에도 직접적인 연관이 있기에 기술사 취득에 대한 욕심이 생길 수도 있답니다.

저는 차장 마지막 연차에 기술사 준비를 해야겠다고 마음먹고 처음으로 공부를 시작했습니다. 기술사 시험 응시는 본 절의 주제에 나온 것처럼 '동기'가 확실해야 계획을 세우고 꾸준히 준비를 해나갈 수 있습니다. 회사 업무를 수행하면서 기술사 시험 준비를 하는 동안 포기하지 않고 '완주'하기 위해서는 "내가 왜 기술사가 되고 싶은가?"

에 답할 수 있어야 합니다. 물론 무슨 일이든지 '동기'만으로 이루어 내기엔 부족하죠. 그러나 시작은 '동기'에서부터 나오고, 확고한 '동기'는 끝까지 실행할 수 있도록 버팀목 역할을 한다고 생각합니다.

저는 대부분 남자가 종사하고 있는 '토목' 업계에서 기술적으로나 사회적으로 더 잘할 수 있는 여성 기술자의 모습을 종종 그려 봤습니다. 상상했죠. 그 모습을요. 그리고 먼저 길을 걸어가는 선배 여성 엔지니어로서 저의 행동이 후배들의 앞길을 막아서는 안 된다는 책임감도 느꼈습니다. 회사 내에서는 치열한 업무 경쟁에 밀려나지 않기 위해 자신의 가치를 높이겠다는 각오도 했습니다. 제가 생각하는 토목 기술자는 평생 공부해야 하는 사람입니다. 특히 여성 엔지니어가 갖추어야 할 첫 번째 역량은 '기술력'이죠. 이건 기본입니다. 여성이기에 기술적인 면에서 남성들보다 못하다는 평가를 받아서는 안 됩니다. 기술력에 대한 신뢰감을 높여줄 수 있는 손쉬운(누구나 인정해 주는) 조건으로 '상하수도기술사'라는 시험이 있기에 도전하게 됐습니다. 또한 입사 때부터 매일 듣던 말이 있었는데 "언제까지 다닐 거야?"였습니다. 그때마다 제 대답은 "임원은 달아야죠."였고요. 지금은 회사 내 규정이 많이 완화되어 기술사가 없으면 진급 연차가 늦어지기는 해도 임원이 될 수 없는 건 아닙니다. 하지만 제가 진급을 준비하던 당시에는 임원으로 진급하려면 기술사를 꼭 갖추어야 했습니다. 임원의, 임원이 되기 위한,

필수 조건이었습니다. 저는 제 말에 책임을 졌고, 현재 임원이 되어 회사에 열심히 잘 다니고 있습니다.

대외적으로도 기술사를 갖추고 있어야 기술적인 신뢰감을 줄 수 있습니다. 그래서 반드시 상하수도기술사가 되어야겠다는 저만의 '동기'가 세팅되었답니다. 결국 자신(저)의 사회적 · 상업적 가치를 끌어올리겠다는 다짐이었죠. 한 가지 덧붙이자면 회사 내 동료들의 상하수도기술사 합격 소식도 저에겐 큰 자극이 되었습니다. 대부분이 저보다 업계에서 더 오래 근속하신 회사 선배들이었지만 그중에는 후배도 있었는데요, 이 점이 더 크게 자극을 주었습니다. 회사 내에서의 경쟁 대상은 저와 동급인 동료뿐만 아니라 회사 선후배 모두 해당됩니다. 회사 내 경쟁 상대(사실상 상하수도 분야 기술인 모두를 의미하죠.)의 상하수도기술사 취득은 제 '동기'를 더욱 확고하게 했고, 과정에서도 포기하지 않는 원동력 중 하나가 되었습니다.

토목공학의 상하수도 분야는 경제 발전을 위한 사회기반시설 구축뿐만이 아니라 '물'을 다룸으로써 인류의 삶의 질을 높이고, 쾌적하고 깨끗한 환경을 보존하는 역할을 합니다.

회사에서 기술자로 인정받기 위해서는 설계 업무에만 매진하며 성과를 도출하는 것이 전부가 아닌 것처럼, 토목 기술인 그리고 상하수도 전문 기술자로서 대한민국 국민의 건강과 삶의 질 향상과 환경보존을 위해 애쓰는 사람이라는 자각(自覺)도 필요하다고 봅니다.

건설엔지니어링 업무(설계)에서부터 더 나아가 국가 차원에서의 발전된 정부정책과 지침, 관련 법 개정 등에도 토목 분야 전문가의 역할 역시 중요하다고 생각합니다. 기술자로서의 목소리를 충분히 내기 위해서는 누구나 객관적으로 인정해 주는, 최소한의 자격 요건인 '상하수도기술사'라는 전문기술 자격증이 필요했던 거죠.

아직도 인생을 겪으면서 배우고 있는 상태지만 무슨 일을 하든 '동기'는 매우 중요하다고 생각합니다. 확고한 '동기'가 있어야만 그 과정에서 포기하지 않으니까요. 여러분만의 '그것'을 꼭 찾으시길 응원합니다.

4 기술사 시험 준비 과정

저를 포함해서 12인 모두 전문 기술사 종목이 각기 다릅니다. 사회적인 소속이 다르고 지금까지 맡아 온 기술 업무도 다양하므로 각자의 해당 분야 기술사 시험 준비 과정도 역시 다르리라 생각합니다. 한 가지 공통점이 있다면 12인 모두 기술사 자격증을 우연이라든가 행운으로 취득한 건 아니라는 점이겠죠? 그만큼 기술사 시험 준비 과정은 혹독하고 생각보다 시간도 오래 걸리기 때문입니다.

보통 회사에 다니면 회사 업무만으로도 시간이 부족해서 개인 시간을 가질 여유가 없었을 겁니다. 지금은 그나마 주 52시간 근로 시행 등의 법과 규칙으로 노동 시간을 제한하고 있지만요, 예전에는 야근이라던가 휴일 근무 등 잔업(殘業)이 빈번했고 많았습니다. 여기에 2020년부터 2022년까지의 코로나 팬데믹(Pandemic) 영향으로 개인의 인식과 사회적 변화가 매우 커서 사회·문화가 바뀌기까지 했죠. 회사 업무, 회식 문화, 음주 문화, 야유회 등 모든 문화가 바뀌었습니다. 비대면, 혼밥, 혼술, 재택근무 등이 그것입니다. 소위 공동체, 단체, 정서적 연결, 커뮤니티(Community), 공유 등의 문화가 상당 부분 없어졌죠. 이것은 반대로 생각해 보면 바로 개인, 나 혼자만의 시간이 그만큼 많이 늘어나 나만의 시간을 더 충분히 확보할 수 있게 되었다고도 볼 수 있습니다. 따라서 기술사를 취득하기 위한 준비를 하는 데에 있어서 예전과 현재는 시간을 활용하는 측면에서 매우 다를 거로 생각됩니다.

저는 코로나 팬데믹 이전의 사회적 문화 배경을 기준으로 상하수도기술사 시험을 준비하는 과정을 이야기해 보겠습니다. 제가 ㈜도화엔지니어링 물산업부문에 소속되어 설계를 수행할 때는 정시(저녁 6시) 퇴근을 했던 기억이 없을 정도로 거의 매일 야근을 했습니다. 표현(말)이 야근이지 일찍 업무 정리하는 시간이 밤 9시였고, 대부분 밤 10시에서 12시까지도 일을 했을 정도로 업무량이 적지 않았습니다. (건설엔지니어링 업계에 취직을 준비하는 후배들한테는 왠지 떳떳하지 못한 이야기로 느껴지지만, 새벽까지 철야 업무를 한 적도 많았어요. 요즘에는 그렇지 않으니 걱정하지 마세요.)

야근은 적당히 마치고 하루에 쌓인 스트레스를 풀기 위한 회식 자리도 많긴 했습니다. 그렇게 회사 생활을 하다가 차장 직급이 되었을 때, 상하수도기술사 취득을 생각하게 됐습니다. 그 동기는 앞에서 충분히 설명되었을 거로 생각합니다.

모든 기술사 자격증 취득 준비 과정이 그렇겠지만 상하수도기술사 역시 그 양이 방대합니다. 상수도 분야와 하수도 분야로 구분하여 토목공학, 환경공학, 기계공학(전기 및 계측제어 포함)까지도 상하수도기술사 범위에 포함될 뿐만 아니라 공부를 해야 하는 아이템(소주제)은 수백 가지가 넘고 기본적인 공식만 하더라도 복잡한 수식이 백 가지 이상입니다. 상수도 처리와 하수도 처리의 공정 기본 원리와 화학적 처리를 이해해야 하고, 최근의 상하수도 분야 정책에 대한 배경과 목적, 기술적 시행 방법 등의 이슈도 숙지해야만 합니다. 이 모든 걸 이해하고 암기할 순 없지만 최소한 70~80% 이상 상당 부분 머릿속에 담아두어야만 비로소 상하수도기술사 응시를 위한 기초적인 준비가 완성되었다고 말할 수 있습니다.

이 정도의 준비를 하는 과정에서 회사 업무가 많아지고, 매일 바쁜 일과를 보내느라 시간이 없어 기술사 공부를 게을리할 수밖에 없다고 생각하면 기술사 시험 준비를 위한 기회는 영영 사라질지도 모릅니다. 기술사 응시 자격이 기사 취득 후 실무경력 4년 이상으로 되어 있지만 실제 기술사 시험에 응시해서 답변을 잘 작성하려면 실무경력이 거의

10년 가까이 되어야 수월한 답변 작성이 가능합니다.

기술사 공부를 따로 시간을 내어 준비해야 하는 것도 맞지만 매일 회사에서 하는 업무도 기술사 준비에 직접적인 도움이 된다는 사실을 인지하고 있을 필요가 있습니다. 가장 바쁠 때가 가장 두뇌를 많이 사용할 때이고, 기술사를 공부할 황금 시간(골든 타임; 가장 최적의 시기)이기도 하답니다. 본인이 하고자 한다면 충분히 없는 시간을 쪼개고 만들어서라도 할 수 있다는 사실을 여러분들도 잘 알고 있고 공감할 것이라 믿어 의심치 않습니다.

상하수도기술사 시험은 1차 필기시험과 필기시험 합격자에 한정하여 일정 기간(2년)과 횟수(상하수도기술사의 경우에는 6회) 이내에서 2차 면접시험을 볼 수 있습니다. 기술사 시험 1차 관문인 필기시험을 통과하면 2차 면접시험은 필기시험 때 준비했던 내용에 실무경험을 추가하여 구술로 치르는 것이기 때문에 부담감은 절반 이하로 줄어들죠. 따라서 1차 필기시험이 관건입니다. 1차 필기시험을 준비하는 과정은 2차 면접시험 준비를 상당 부분 포함하고 있습니다. 서로 연관되어 있기 때문입니다.

저의 1차 필기시험 준비 과정 위주로 이야기해 보겠습니다. 저는 차장 때 또래 동료들과 당시 팀장님이 만든 공부 모임(스터디 그룹)에 들어가서 1주일에 한 번 월요일 아침마다 모여서 팀장님의 강의를 듣는 것으로 기술사 시험 준비를 시작했습니다. 앞서 설명한 것과 같이 상하수도기술사의 범위가 워낙 방대하고 공부해야 할 분량이 많아서(책자로 1,500페이지 정도) 혼자서는 엄두가 안 나고 있었는데요, 동료들과 함께하니 약간의 경쟁심리와 혼자 포기할 수 없다! 라는 자존심 덕분에 기술사 책자를 한번 전체적으로 공부할 수 있었습니다. 상하수도 분야는 크게 상수도와 하수도로 나뉘어 있는데요, 저는 입사 후 시험 준비를 시작한 차장 때까지 상수도 설계만 담당해서 하수도 분야에 대해서는 자신감도 없었고 실무경험도 전무(全無)한 상태였죠. 동료들과 함께 공부하지 않았다면 기술사 취득까지 더 오랜 시간이 걸렸을 겁니다. 6명이 함께 공부했는데, 3년 정도 걸려서 3명이 합격을 했고 나머지 3명은 중도에 포기했습니다.

시험에 빨리 합격하는 사람은 한두 번 만에 합격하기도 합니다. 이런 사람들은 처음 공부를 시작해서 1년 정도 집중적으로 공부에 시간 투자를 아끼지 않습니다. 2~3년 안에 합격한 경우는 그래도 양호한 편이고, 더 오래 걸리는 경우도 많이 있습니다. 여러 경우를 살펴보면 '집중력'의 차이가 아닌가 싶습니다. 어차피 방대한 분량을 공부해야 해서 절대 필요한 시간이 확보되어야 하는데('만 시간의 법칙' 같은 거죠.) 그 시간을 짧은 시간에 집중해서 하느냐 아니면 조금씩 오래 하느냐의 차이가 있는 거죠. 기술사는 공부해야 하는 범위에 대한 절대량이 있어서 한두 달 만에 합격하는 건 어려운 시험이고 자신과 시간과의 싸움이랍니다.

1차 필기시험은 모두 서술형으로 4교시로 구성되어 있으며, 교시별로 100분의 시간이 주어집니다. 1교시는 13개 문제 중에서 10개를 선택해서 서술합니다. 답안을 보통 문항당 1페이지 정도씩 작성하죠. 2~4교시는 교시별 6개 문제 중에서 4개를 선택합니다. 1교시보다 더욱 상세하게 문항당 3~4페이지 정도씩 서술형으로 답안을 작성합니다.

기술사 시험은 전문가를 뽑는 시험이기 때문에 공부량이 방대하다 보니 깊은 것이 아닌 넓은 게 중요하다고 생각합니다. (보통 박사 학위는 특정 분야의 특정 부분을 깊게 공부한 사람들이 받죠.) 1교시에 합격의 승패가 좌우되는 경우가 빈번합니다. 대부분 실무경력이 10년 넘는 사람들이 합격하다 보니 2~4교시는 실무 경력이 담겨있는 답변으로 작성할 수 있어서 점수 확보가 유리합니다. 1교시는 10개 문항에 대해서 빠르게 정신없이 써야 해서 충분히 공부가 되어 있지 않으면 곤란해집니다. 그래서 저는 후배들한테 1교시 공부에 시간을 충분히 가지라고 조언합니다. 여기서 저의 노하우(know-how)를 살짝 말씀드리자면, 문제는 하나여도 답안 작성 시에는 앞서 표현한 '기초적인 준비'를 수 가지에서 수십 가지까지 활용하는 겁니다. 서술형 답안 작성 시에는 고도의 전문 지식을 토대로 한 판단과 결정을 요구하기 때문에 전문가답게 다각도의 지식을 활용하여 현상과 원인을 빠르게 파악하고, 이에 따른 문제점과 대책을 '기술적 요소'를 중심으로 논리정연하게 답안을 작성하는 연습을 끊임없이 해야 한답니다. 더불어 기술적 제언으로 답안을 마무리하면 더욱 세련된 답안 작성의 모범 틀이 구성됩니다. 단순 암기 내용만을 기술하는 것은 지양합니다. 완벽하게 암기한 내용으로 답안을 작성해도 출제자는 질문의 의도를 충분히 이해하지 못해서 암기 내용만을 기술했다고 생각할지도 모릅니다. 답안 내용이 기대에 못 미쳐 좋은 점수를 획득할 수 없을 가능성도 있습니다.

상하수도기술사 합격을 위한 준비 과정은 아래와 같이 요약할 수 있습니다.

첫 번째, 이해와 암기의 단계입니다. 상수도, 하수도의 공정 원리, 화학적 기작 등 이론과 기술을 충분히 습득하는 단계겠죠. 상하수도 분야에서는 이 단계에서 상수도와 하수도 시설기준을 통독해서 전체 내용을 파악해야 합니다.

두 번째, 첫 번째 단계를 활용하여 현상을 진단하고, 예상되는 문제점이 무엇이며, 예방할 수 있는 대책과 함께 기술사의 입장에서의 제언・제안을 하나의 Flow로 정리하는 것입니다. 이 단계에서 저는 선배들한테 물려받은 노트 등을 활용해서 저만의 것으로 새롭게 만들었습니다.

마지막으로, 두 번째 단계가 익숙해지도록 답안지에 펜으로 반복해서 작성하는 연습을 시험 당일 직전까지 반복하는 겁니다.

준비가 제대로 된 상태라면 생각보다 답안지를 채워나가는 데 주어진 시간이 짧습니다. 답안지도 부족해서 추가로 답안지를 수령하여 작성하게 됩니다. 답안을 작성하는 데 활용할 준비된 아이템이 많기 때문이죠. 따라서 생각 먼저 하고 답안지를 작성하면 시간이 부족하므로 생각과 동시에 답안을 작성해 나가는 연습이 충분히 되어야 합니다. 제가 말씀드리는 상하수도기술사 시험 응시 준비 과정 세 가지 속에는 큰 노력과 고된 연습이 필요합니다. 노력할 수 있는 시간을 먼저 확보하는 게 기술사 준비의 시작이라 생각합니다. 제가 말하고자 하는 취지에 감이 오시나요?

다음은 실행을 위한 구체적인 계획을 세우는 것입니다. 회사에 근무하면서 사회적・경제적 활동과 동시에 진행해야 하는 공부인 만큼 생각보다 어려울 수 있는데요, 시작이 반이라는 말이 있듯이 마음속 깊이 다짐을 하고 일단 출발하면 여하튼 앞으로 나아가게 된다는 것은 진리입니다.

'기술사 시험 합격'이라는 목표를 설정하여 온 마음을 다해 공부하다 보면 본인만의 방법과 방식이 생길 겁니다. 논리적으로 타당한, 소위 기술사다운 답안 작성을 위한 요령을 터득하게 될 테니 본인을 믿고 전진하면 됩니다.

⑤ 기술사 시험 준비 과정에서 어려웠던 점과 극복 방법

저의 경우 기술사 시험 준비 과정에서의 어려움은 크게 네 가지였습니다. 모든 기술사 시험 응시자가 비슷한 어려움을 겪었을 겁니다.

첫 번째로는 '오로지(Only)'가 아닌 '동시에(At the same time)'입니다. 오로지 상하수도기술사 시험 준비를 위한 상황과 시간이 주어지지 않았습니다. 회사 생활과 가정 운영을 동시에 해가면서 기술사 공부를 해나가야 한다는 것은 누구에게나 큰 어려움일 것입니다. 특히나, 기술사 시험 응시 자격이 부여되는 때는 최소한 4년 이상의 실무경력이 확보된 시기이기 때문에 사회적으로도 본연의 역할이 바쁜 상황이 됩니다. 야근이나 특근이 없는 주말이나 휴일에도 집안일 포함 최소한의 가정생활을 하기에도 빠듯했습니다. 새로운 것을 하지 않을 때는 시간이 참으로 많이 남아돌더니, 무언가를 시작하려고 하니 시간이 없었습니다. 시간이라는 건 참 묘한 구석이 있는 것 같습니다.

본인에게 주어지고 갖추어진 생활을 지속하는 것과 동시에, 상하수도기술사 합격을 목표로 공부해야 했죠. 이를 극복하는 방법은 딱 한 가지밖에 없다고 생각했습니다. 바로 상하수도기술사 시험 공부를 하는 시간을 확보하기 위해서 잠을 줄이기. 평상시에도 고된 회사 업무와 장거리 출퇴근으로 잠자는 시간이 5시간 정도였는데요,

하루에 한두 시간 정도 잠을 줄인다면 그 시간 동안만큼은 시험 공부를 할 수 있겠다고 생각했습니다. 그리고 하루에 단 한 시간을 하더라도 꾸준히 지속하려고 노력했습니다.

A4용지 한 묶음은 약 500매입니다. 이 한 묶음의 A4용지를 열흘 만에, 한 달 만에 모두 다 사용하기는 힘들 것입니다. 그러나 하루에 5장, 10장씩을 꾸준히 사용한다면 두세 달이면 모두 쓸 수 있습니다. 다행히 공부를 하루도 빠짐없이 꾸준히 했던 것이 효과가 있었습니다. 주로 새벽에, 회사에 일찍 출근해서 업무시간 전 시간을 확보 후 공부했습니다. 어느 정도 기간이 경과되면 하루 한두 시간 공부한 내용이 연속되고 언젠가부터 머릿속에 더 선명하고 오랫동안 남아있게 되더군요. 보통 직장인들이 기술사 시험을 준비하는 기간은 특별한 경우를 제외하곤 2년에서 3년 정도 소요됩니다. 이를 참작할 때 3년만 하루에 한두 시간을 덜 자야겠다고 다짐하는 겁니다. 물론 1년 365일을 지속한 건 아니랍니다. 솔직한 심정으로 자신에게 다짐하고 약속하는 거죠. '나는 1년에 명절 연휴 등을 제외하고 330일 정도를 잠을 줄여서 시간을 확보해야겠다.' 이렇게요? 제 경우는 시험 응시 2, 3주 전까지는 평일만 잠을 줄여 시간을 확보했습니다. 회사에 출근하지 않는 주말에는 부족했던 잠을 보충하고 집안일을 돌보고 개인 정비를 했습니다. 대신에 평일만큼은 자신에게 혹독할 만큼 주어진 일을 모두 수행함과 동시에 잠을 줄여 하루 한두 시간을

확보하며 이른 아침 새벽이든, 한밤중이든 그 시간을 활용하여 꾸준히 공부했습니다.

상하수도기술사는 1년에 3번의 시험이 있는데요, 저는 9번째 시험에서 합격했습니다. 3년이 걸렸죠. 물론 첫 시험은 전체 범위를 겨우 한번 대충 보고 나서 응시해서 40점대의 점수를 받고 좌절을 맛보았습니다. 너무 충격을 받고 절치부심(切齒腐心)해서 두 번째 시험부터는 50점 후반대를 받았는데요, 59점대를 여러 번 받고서야 합격했으니 그 과정이 좌절의 연속이었습니다. 그래도 첫 시험 응시 후 연속해서 시험에 도전했습니다. 선배들이 시험이란 것은 본인에게 잘 맞는, 본인이 좋아하는 유형의 문제가 언제 나올지 모르니 준비가 부족하다고 생각해도 시작했으면 멈추지 말고 될 때까지 계속 도전하라고 조언해 줬거든요. 실제로 일이 너무 바빠서 많이 공부하지 못하고 응시했던 시험에서 합격했으니, 선배들 말씀이 어느 정도는 맞았던 거 같습니다.

두 번째는 지식을 습득하는 게 문제였습니다. 어렴풋이 알고 있는 기술 지식이라든가 실무에서는 잘 활용하지 않아 생소한 기술적 사항을 모두 숙지하고 암기해야 하는데, 정확하고 정밀하게 이해하고 파악하면서 암기하는 게 참 어려웠습니다. 나이가 30대 후반이었긴 하나, 아무래도 공부를 위한 공부를 안 한 지 대학교를 졸업하고 10여 년이 지났으니 뇌 회전 속도가 빠르지 않았습니다. 그만큼 처음에는 적응도 어려웠고 중도에 포기하고 싶은 마음도 생겼죠. 그러나 이를 극복하는 방법이 있었습니다. '꾸준함'과 '반복'이었죠. 꾸준함으로 중간에 끊기지 않고 연속된 효과를 봤고, 열 번, 백번의 반복으로 단순한 단기간의 암기가 아닌, 이해와 파악까지 가능한 장기간의 암기 효과를 봤습니다. 머릿속에 제가 공부했던 내용들이 단어나 문구 단위가 아닌 서술 내용 자체로 암기되었고 오랫동안 기억하게 됐습니다. 실제로 제 머릿속에 암기되어 있던 문장이나 문단, 기술한 내용 전체를 떠올리며 적정한 내용으로 각색하면서 답안지를 작성했답니다. 이렇게 글을 쓰다 보니 저라고 특별한 상황이나 방법이 있었던 건 아닌 거 같습니다. 그러나 제가 강조하고 싶은 부분은 꾸준함과 반복이 여러분들에게 기술사 취득이라는 영광을 가져다줄 거라는 점입니다.

세 번째, 습득한 지식을 논리정연하게 작성하는 게 쉽지 않았습니다. 기술사 시험장에서 답안을 작성할 때는 머릿속으로 습득이 다 되어 있다고 해서 바로 플롯팅(Floating)되듯 나오지 않습니다. 펜을 손에 쥐고 여백을 채워나가는 것은 컴퓨터 키보드로 여백을 채워나가는 것과도 큰 차이가 있고요. 머릿속으로 알고는 있는데, 어떻게 서론, 본론, 결론과 제언까지 정리해 나갈지, 어떻게 표현해 나갈지는 또 다른 문제라는 걸 알아야 합니다. 기출문제든, 임의의 문제든, 주제를 정하고 직접 답안을 작성하면서 출제자의 의도에 맞는 답안을 논리적이고 기술적으로 작성하는 연습이 필요했습니다. 내용은 맞는데 풀이 과정과 구성이 어수선하다던가, 깔끔한 결론을 맺지 못하면 아무래도 기술사로서의 역량이 부족해 보일 수 있겠죠? 좋은 점수도 획득하지 못하겠고요? 그래서 선배들이 물려준 노트들을 참고해서 저만의 노트를 작성하고 숙지하는 데 많은 시간과 공을 들였습니다. 간혹 다른 사람의 노트로 공부했다는 예도 들었는데요, 저는 제가 직접 서론, 본론, 결론 및 제언을 저만의 생각으로 작성해야 오래 기억되어서 시험 시 수월하게 답안을 작성할 수 있었습니다. 게다가 시험장에서는 문제에 대한 답변을 어떻게 구성할지 머뭇거리거나 생각에 빠지게 되면 주어진 시간이 경과되어 답안 작성을 마무리할 수 없게 됩니다. 스스로가 알고 있는 지식을 그럴듯한 구성으로 자필로 답안지를 채우는 것은 생각보다 쉽지 않답니다. 반드시 정해진 시간 내에 직접 펜을 손에 쥐고 충분한 답안을 작성하는 게 숙달되어야 합니다. 이 또한 반복 연습이 필요한 항목이며, 답안 작성 연습은 두 번째로 언급한 지식을 습득하는 또 다른 공부이기도 합니다.

마지막 네 번째, 포기하고 싶은 마음을 다잡는 것이 어려웠습니다. 워낙 긴 호흡으로 준비해야 하는 시험이다 보니, 많이 지치고 포기하고 싶은 순간들이 종종 있었습니다. 회사 업무에서도 제일 바쁘고 힘들게 일했던 시기이기도 했으니까요. 그럴 때마다 같이 공부하고, 서로의 자료를 공유하고, 고민했던 동료가 있어서 어려운 시간을 잘 버티어 낼 수 있었습니다. 그 시절에 동료와 함께 공부했던 남산도서관이 추억의 장소로 남아있습니다. 지금도 그곳을 떠올릴 때마다 고생했던 씁쓸한 기억이 재생되기도 합니다.

사회초년생 시절부터 어느 정도 커리어가 쌓이며 안정이 되기까지 힘든 순간마다 고비를 잘 넘길 수 있었던 건 저를 가장 잘 이해해 주는 여성 엔지니어들이 함께 있어서였다고 생각합니다. 문제를 해결하는 것이 아닌, 그냥 대화하며 스스로가 풀리는 마법 같은 경험도 했지요. 힘들 때 공감해 주고 지지해 주는 동료(여성 선후배 또는 남성 선후배)가 곁에 있다는 것은 축복입니다.

6 상하수도기술사로서 현재 수행하고 있는 업무 소개

저는 토목직군의 상하수도 분야 설계를 약 28년간 수행해 왔습니다. 지금도 현재진행형이고요. 토목공학을 전공했습니다. 국내뿐만 아니라 해외 상하수도 분야 프로젝트 수행을 대비하여 글로벌 건설엔지니어링 대학원 과정도 마쳤습니다. 과거에는 국내의 상하수도 부문 프로젝트가 많았고, 한창 상하수도 시설물 건설을 많이 했습니다. 물론 지금도 새로운 국내 프로젝트가 많지만, 회사 차원에서 시장을 확대해서 해외로 눈을 돌리고 있답니다. 상하수도 분야뿐만 아니라 도로 및 공항, 철도, 도시개발, 플랜트 등 모든 토목직군 분야에서 해외 프로젝트 참여를 많이 하고 있습니다.

상하수도 분야의 건설엔지니어링 업무는 국내든, 해외사업이든 그 절차나 방법이 국가별로 특성에 따라 다를 뿐이지 기술적인 내용은 같습니다. 오히려 한국의 설계 기준을 준용하는 예도 빈번합니다.

저는 두 가지 사항에 대해서 상하수도 분야 업무를 간단하고 쉽게 소개하고자 합니다. 상하수도 분야에 대한 업무와 건설엔지니어링 업무(실제 회사 내에서의 설계 업무)에 대한 것입니다. 일반적으로 상하수도라 하면 지반에 매설되어 먹는 물을 공급하는 수도관이나 더러운 하수를 운반하는 하수관로를 생각하게 됩니다. 그러나 수도관이나 하수관로는 상하수도 시설의 일부분에 불과하며 정수장(Water Treatment Plant), 하수처리시설(Sewage Treatment Plant)과 같은 수질 환경 기초시설과 이와 관련된 모든 시설을 포함하고 있습니다. 상하수도 분야는 공공 지역 내의 먹는 물 생산과, 배출되는 물을 정화 처리하는 수질 문제 전반을 다루는 분야이기 때문에 순수 토목 부문(토질·지질역학, 구조역학, 철근콘크리트역학 등)뿐만 아니라 수질 환경공학도 함께 포함되어 있습니다. 인류는 항상 물이 있는 곳에 삶의 터전을 두고 문명을 발전시켜 온 만큼 물은 곧 생명이기 때문에 맑고 깨끗한 물을 생산하는 것과 함께 공공 수역의 물이 오염되지 않도록 유지하는 것이 주된 목적인 분야입니다. 상수도 시스템은 수원, 취수와 도수, 정수처리, 송·배수 및 급수, 이렇게 4개 요소로 구성된다고 말할 수 있습니다.

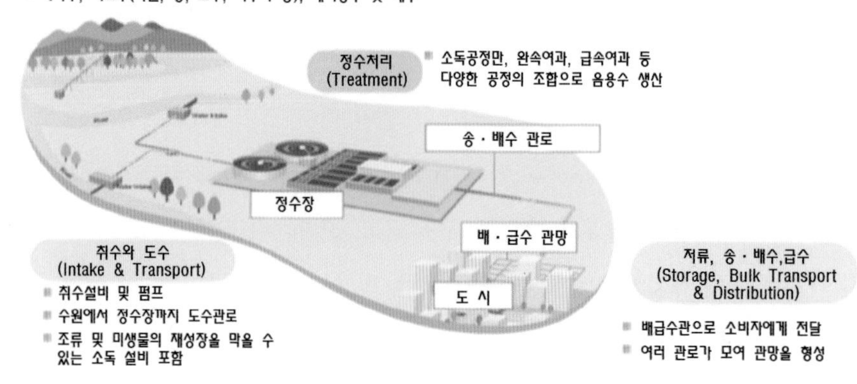

[그림 17] **상수도 시스템 개념도** (출처: 환경부 홈페이지)

위의 그림 17은 상수도 시스템에 대한 개략적인 개념도입니다. 사람들이 밀집되어 형성된 도시는 필수적으로 물이 필요합니다. 그 물을 얻을 수 있는 수원이 멀지 않은 곳에 도시가 발달합니다. 상수도 시스템은 물을 확보할 수 있는 하천, 저수지로부터 정수처리 시설까지 물을 끌어오는 취 · 도수 시설이 있습니다. 끌어온 물을 마실 수 있는 수준까지 정수 처리하는 정수장, 정수된 물을 도시까지 운반하는 송 · 배수시설과 가정까지 연결되는 급수시설로 구성되어 있습니다. 어느 곳에 얼마만큼의 물이 필요한지의 적정성 검토, 구체적인 시설계획 수립, 이에 따른 상수도 시스템 전반에 대한 상세 설계가 제가 수행하고 있는 업무입니다. 하나의 상수도 시설물을 건설하기 위해서는 그에 따른 타당성 검토, 기본계획 수립, 기본설계, 실시설계 과정을 수행해야 하는데요, 이 모든 범위가 설계(건설 엔지니어링)에 해당됩니다. 제가 이 업무를 하고 수행하고 있습니다.

하수도 분야도 상수도 분야와 시스템만 다를 뿐이지 업무 범위는 같습니다. 다만 하수도 시스템은 상수도 시스템과는 다르게 하수배제 방식이 합류식과 분류식으로 구분되고, 이에 따라 하수도 시설 시스템에 차이가 있습니다. 하수도는 빗물을 배제하는 우수(雨水) 시스템과 각 물 사용처(가정, 공장, 상가 등)에서 상수도 사용 후 배출되는 오수(汚水)시스템이 있습니다. 우수와 오수를 하나의 시설로 배출, 처리하는 방식이 '합류식 시스템'이고 각각의 시설로 배출,

[그림 18] **하수도 시스템 개념도** (출처: 환경부 홈페이지)

처리하는 방식이 '분류식 시스템'입니다.

위의 그림 역시 사람들이 밀집해 생활하는 지역에서부터 사용된 물이 하수처리시설을 거쳐 공공수역으로 배출된다는 것을 알 수 있습니다. 이렇듯 우리가 사용하고 버리는 물도 우리가 살고 있는 근처의 공공수역에 배출되므로 우리 스스로 깨끗하게 처리하고 관리해야만 생활 환경이 좋아지고 유지가 됩니다. 상수도와 마찬가지로 하수도 분야의 업무에서도 하수도 시스템 적용 대상 지역이라든가 규모의 적정성 검토, 기본계획 수립, 기본설계, 실시설계 수행을 하게 됩니다.

상수도와 하수도는 개념은 정반대지만, 위와 같이 인류의 생명과 건강, 삶의 질 향상이라는 목적이 있는 각각의 전문 분야입니다. 세부적으로는 상하수도 시설을 신규 개발하는 것뿐만이 아니라 노후화된 기존 시설을 현대식으로 개선하는 개량 사업, 필요에 따라 상하수도 시설을 더 큰 규모로 키우는 증설 사업 등이 포함되어 있습니다.

이 정도로 상하수도 분야에 대한 업무 소개는 마무리하고, 다음은 실제 회사 내에서의 건설엔지니어링 업무 내용을 소개해 보겠습니다. 지금은 회사 조직 내에서 임원과 팀장이라는 직급과 직책을 맡고 있어서 제가 직접 설계 실무를 담당하고 있진 않습니다. 설계 담당자로서 설계 실무, 팀 전체 수행 프로젝트의 검토 및 체크와 같은 팀

운영 모두 상하수도 설계 업무에 속합니다. 직급, 직책마다 역할이 다를 뿐이에요. 회사는 조직이고 조직 내에서의 역할 분담은 당연하기 때문입니다. 신입사원 때부터 설계를 수행해 본 경험을 바탕으로, 임원급의 관리자가 되면 설계 검토 및 체크가 훨씬 수월해집니다. 직접 겪어본 일들이니까요.

본 절에서는 관리자가 아닌, 설계 담당자의 눈으로 본 상하수도 분야 건설엔지니어링 업무 소개가 적절할 것 같습니다. 앞서 말씀드린 타당성 검토, 기본계획 수립, 기본설계나 실시설계 등이 회사 내에서 실제 수행하는 프로젝트입니다. 타이틀은 단순해 보이지만 각각의 프로젝트 안에는 수많은 검토 사항을 포함하고 있습니다. 또한, 여러 관련 기관의 검토 및 승인 절차도, 실시설계 단계에서의 공사 시행을 위한 인가 사항, 허가 사항도 많습니다.

설계를 수행한다는 것은 엑셀이나 오토캐드 등의 컴퓨터 프로그램으로 자료를 뽑아내고, 도면을 그리는 게 절반 정도이고, 각 프로젝트 단계마다 관련 기관, 관련 부서와 각종 보고, 협의를 거쳐야 하는 업무가 나머지 절반 정도를 차지합니다. 사무실에서 설계 업무를 하는 경우 외에도 출장 업무도 잦은데요, 현장 조사를 위한 출장도 있고, 상하수도 시설물 사업 대상지를 관리하는 각종 기관과의 업무 협의, 업무 회의를 위한 출장도 자주 있습니다. 회사마다 설계 업무 시스템은 차이가 있겠지만, 일반적으로는 직급별로 역할을 분담하고,

사무실에서 일을 하는 내업(內業)과 출장 업무인 외업(外業)을 적절하게 또는 필요에 따라 구분해서 수행하고 있습니다.

상하수도 분야의 개론과 업무에 대해서 너무 간단하게 쓰게 되어 독자 여러분들이 잘 이해를 못하지 않을까 염려도 됩니다만, 어떤 분야든 건설엔지니어링(설계)이라는 것은 그 깊이와 범위가 생각보다 광범위해서 한정된 페이지의 글로써는 다 보여드릴 수 없는 점 이해를 구하면서 마무리하겠습니다.

7 업무 중 경험한 기술사의 장점

본 절에서는 실제 상황별로의 체험담보다는 저 자신이 상하수도 기술사이기 때문에 느낄 수 있었던 장점에 대해서 적어보겠습니다.

상하수도기술사 취득 이후에 상하수도 분야 기술 업무를 수행하면서 경험한 바로는 '상하수도기술사'로서의 장점 체험이라고 하나씩 열거하면서 내세우는 것보다 소소하지만 그 상황과 순간이 저 자신에게 주는 기쁨과 동기부여, 성취감, 소속감 등을 느낀 부분이 더 크고 만족스러웠답니다. 일을 하면서 기쁨과 성취감을 얻게 되면 일도 더 잘 풀리고 덜 힘들게 일을 할 수 있겠죠? 또 동기부여가 저절로 일어나고 일에도 좋은 영향을 주면서 선순환(Feedback)되어 보다 효율적으로 업무에 임할 수 있겠고요.

기술사 취득 이전에도 설계 발주처 담당자들은 저를 엔지니어로 믿고 신뢰해 주었지만, 기술사 취득 후에는 기술력에 대한 검증이 되다 보니 제가 수행하는 업무에 신뢰감이 더 높아지는 걸 느꼈습니다. 기술사는 국가가 인정해 준 기술 분야의 최고 '전문가(PE; Professional Engineer)'입니다. 연구, 정책, 기술 자문, 기술심의 등 공식 석상에도 참여할 수 있으며, 기술력을 마음껏 발휘할 기회도 많습니다. 기술적 검토를 하는 경우 '기술사'의 확인 날인이 필요할 때가 있는데요, '상하수도기술사' 서명 또는 확인 날인으로 공적인 인정을 받을 때도 소소한 기쁨을 느낄 수가 있답니다. 물론 여기에는 전문직 기술사로서의 윤리 의식이 필요합니다. 전문가에 대한 사회적 기대는 전문성과 올바른 가치에 기초한 신속·정확한 판단과 실행력에 있습니다. 일반인들이 인지하지 못하는 부분에 있어 해악을 방지하려는 지속적인 노력이 필요하며, 더 나은 사회에 대한 비전을 제시하고, 기술 발전에 이바지하며, 사회를 선도하려는 의지와 역할, 능력이 필요합니다. 기술사 윤리강령(아래)을 보면, 기술사는 사회적 책임에 대한 고민이 필요하다는 부분을 찾을 수 있습니다. 업무를 수행하다 보면 이런 윤리적 고민이 생기는 경우가 있답니다.

[한국기술사 윤리 기본 강령]

1. 국민의안전 • 보건 • 복지 • 환경의 보전 : 기술사는 인간의 존엄성을 존중하고 국민의 안전, 보건, 복지를 최우선으로 고려하며 환경을 보전하고 증진하는 데 최선의 노력을 경주한다.
2. 자긍심과 직무능력 : 기술사는 최고 전문 기술인으로서의 자긍심을 갖고, 지속적으로 직무 능력을 배양하여 자신의 능력과 자격이 있는 분야의 직무만 수행한다.
3. 정직, 성실, 공평성 : 기술사는 정직 • 성실하고 공평한 자세로 직무를 수행한다.
4. 사명감과 품위유지 : 기술사는 높은 사명감과 투철한 직업의식을 가지고 품위있게 직무를 수행한다.
5. 신뢰와 협동 : 기술사는 신뢰를 바탕으로 기술사 상호간에 협동하는 자세로 직무를 수행한다.
6. 비밀의 보전유지 : 기술사는 직무상 얻은 정보와 지식을 누설하거나 유용하지 않는다.

(출처: 한국기술사회 홈페이지)

상하수도기술사이기 때문에 '인정'을 받는다는 것은 저 자신에게 사회적 • 기술적 안정감을 줍니다. 이것으로부터 자신의 존재 가치가 올라가죠. 사회 발전에 한몫할 수 있다는 자신감과 셀프 동기부여로도 되돌아옵니다. 누군가가, 무엇인가가 나 자신을 찾아주고, 나 자신은 그것을 받아들이면서 연구하고 검토하는 건설엔지니어, 상하수도 기술인으로 살아갈 수 있는 필요충분한 요건이 '상하수도 기술사'인 셈이죠.

저는 상하수도기술사를 취득한 이후로 비교적 많은 정책토론, 관련 법률 및 지침 개정, 타인이 수행한 설계·기술 자문 또는 기술심의 등에 참여해 왔습니다. 회사 내에서 건설엔지니어링 설계만 수행해 오다가 공식 '전문가'가 된 이후부터는 대외 업무가 많아지고 활동 범위가 커졌습니다. 여러 학계 및 업계 '전문가'들과의 교류로 인간 관계망이 확대되었고 다양한 분야에 관한 관심과 지식도 얻게 되었습니다. 전문가답게 더 많이 고민하게 되고, 더 정밀하고 현장 상황에 적합한 기술 검토를 수행하게 되며, 다양한 사람들과 교류를 통해서 자신에게 '사회적 성공'이라는 만족감을 느끼고 성취감을 안겨주고 있습니다.

자기 삶이 일상의 틀에 갇혀 정체되지 않고 다양한 전문가와 기술 교류뿐만 아니라 사회적, 문화적 교류를 통해 더 창의적이고 의욕적인 사고를 유지하는 데 전환점(Turning Point)이 된 '기술사 취득'. 본인이 지쳐서 그만두지 않는 한 기술력으로 전문가의 삶을 살 수 있습니다. 어때요? 끌리지 않나요?

❽ 기술사의 활용과 미래 전망

기술사는 산업계 최고 지위의 전문가로서 정밀한 기술력과 정확한 판단력으로 기술 업무를 수행해 왔습니다. 또한, 기술 자문이나 기술심의, 해당 분야의 기술 발전과 관련법률 및 지침 개정, 정책 방향

설정 등에도 기술사는 다양한 측면에서 기술전문가의 역할을 도맡아 왔습니다. 그렇다면 우리 기술사들이 앞으로는 어떤 모습으로, 어떤 사명감을 가지고 미래의 다양한 '변화'에 대응할 수 있을까요?

1974년 최초 기술사 시험 시행부터 배출된 각 분야의 기술사들은 과학기술의 진흥과 공공의 안전 확보, 국민의 경제 발전에 이바지해 왔을 뿐만 아니라 특히, 상하수도기술사는 국민의 건강과 생명에 직결된 '물'을 고도의 공학과 기술을 접목하여 현재에도 맑고 깨끗한 물, 원하는 만큼 풍족하게 쓸 수 있는 물을 생산하고 공급함과 동시에 환경 개선과 삶의 질 향상에도 이바지했지요.

이제는 건설엔지니어링, 분야별 기술사가 과거부터 쌓아온 노력의 결실에 이어 미래지향적인 구상과 실행을 계획해야 할 시점입니다. 이 과정에서 상하수도기술사를 포함한 분야별 기술사는 변화되고 있는 시대 흐름과 국민에게 필요한 질적 요구 사항에 빠르게 대응할 수 있도록 준비해야 합니다. 물론 지금, 이 순간에도 미래라는 시대적 변화와 양적 · 질적 변화에 대비한 연구와 기술개발, 관련 정책 수정 및 보완 등이 진행되고 있습니다. 이와 관련하여 경제, 법률, 예산 등의 행정 부문을 제외한 기술 부문은 학계 전문가와 함께 산업계 전문가인 기술사가 주력으로 참여하고 있지요. 한국기술사회가 그렇고 특히, 한국기술사회 분회인 한국상하수도기술사회가 그렇습니다. 이러한 기술사의 참여와 역할은 하루아침에 이루어진 것은 아닙니다. 과거에서부터 꾸준히 분야별 기술사들이 책임감과 자부심을 품고 만들어 낸 노력의 결실이며, 이 관심과 노력이 현재까지 지속되면서 눈에 보이지는 않지만, 차츰 발전하고 있다는 사실을 알아주길 바랍니다.

여러분들 중에는 기술사에 대해 관심이 있는 분들이 많이 계실 겁니다. 이 책은 그런 후배들을 위해 각기 다른 분야의 기술사가 한자리에 모여 기술사의 정의부터 기술사 시험에 도움 될만한 꿀팁(꿀조언, 유용한 정보 나눔)까지 소중한 경험과 생각, 의견을 담고 있습니다.

이 책을 읽으신 후배님은 반드시 기술사가 되십시요!

'기술사의 활용과 미래 전망'은 바로 여러분들입니다!!!

여러분들이 기술사가 되어 직접 선배 기술사분들이 걸어왔던 발자취를 살펴보고, 급속도로 변화되고 있는 시대에 대비하는 것이 바로 이 절의 제목인 '기술사의 활용과 미래 전망'에 대한 제 견해입니다.

잘못된 것은 바꾸고(Change), 오래된 것은 개선하며(Improve), 필요한 것은 만들어(Make) 대한민국 국민이 더욱 안전하고 편하게 삶을 누릴 수 있도록 여러분들이 직접 참여하는 것, 바로 이것이 우리 기술사의 활용과 쓰임이고 미래의 가치이며 책임입니다.

선배 기술사분들과 힘을 합쳐 CIM(Change, Improve, Make)을 달성하는 것이 '기술사의 활용과 미래 전망'이라고 말씀드리고 싶고, 그렇게 될 거라 굳게 믿어 의심치 않습니다.

⑨ 기술사를 꿈꾸는 후배들에게 남기는 글

2024 대한토목학회 여성기술위원회 두 번째 에세이로 『Civil Women's March 2: 토목기술사의 비밀노트』 집필 참여 연락을 받고 기쁘고 설레는 마음 반, 제대로 정보 전달을 할 수 있을까에 대한 의구심 반으로 글쓰기를 시작하게 됐습니다. 토목공학과인 공대 출신에 28년간 건설엔지니어로서 설계를 수행해 온 저로서는 한 페이지 집필은 쉬운 일이 아니었습니다. 설계 보고서라든가 기술 검토서 등은 불필요한 말을 최소화하면서 각종 계산된 숫자와 결과 도표로 작성되고 채워지기 때문에 문장 구성이나 표현에 대해서는 그리 많이 고민하지 않았기 때문입니다. 기술적 검토에 따라 GOOD인지 N.G(NO GOOD)인지에 관한 결과가 중요하기 때문입니다. 집필 내용 또한 그간 다루었던 기술적 사항이 아니었기 때문에 가슴속에 품은 표현과 머릿속에 떠올린 말을 간결하면서도 조리 있게 써 내려가는 게 쉽지 않았습니다. 본업과 동시에 진행해야 하는 데다가 익숙지 않은 작업인 만큼 계획했던 것보다 집필에 오랜 시간이 소요되었습니다.

어느덧 후배들에게 한 마디 남기는 마지막 단계까지 오게 되었네요. 이번 집필 작업도 저에게는 하나의 큰 도전이었습니다. 난이도가 높아 기술적 부담이 크다던가, 부정확한 기술 검토로 잘못된 결과가 도출되어 계약 관계에 문제가 생긴다든가 하는 민감한 작업은 아니었지만, 익숙지 않은 글쓰기 작업은 신경을 곤두서게 하고 집중하게 했습니다. 그리고 이제는 조금은 어설픈 구성과 내용, 표현이었더라도 집필 작업은 끝나갑니다. 어찌 됐든 결과를 도출해야 하는 습성이 이 문장 표현에서도 어쩔 수 없이 나옵니다.

이 책을 읽는 후배들도, 또는 독자 여러분들도 지금까지 힘든 상황을 이겨내고 여기까지 온 만큼 '기술사'에 대해서도 조금 더 가까이 느껴보길, '기술사'가 되기 위해 계획을 세워 준비하는 계기가 되길 바랍니다. 자신이 원하는 토목직군 내 분야를 우선 선택하고 경력을 쌓으면서 해당 분야 '기술사'를 조금씩 준비해 나가다 보면 어느덧 제가 집필 마무리 단계에 온 것처럼 그 끝을 보실 수 있을 거라 확신합니다. 개인마다, 상황마다 차이는 분명히 있을 겁니다. 그러나 그 차이를 포함해서 끝까지 완주하는 것은 오로지 '나' 자신의 몫입니다. 여러분들은 대부분 공학도 출신일 테고, 대학교에서 전공한 분야와 연관된 일로 활동을 하게 될 텐데요, 전공을 살려 취업을 한 경우는 본인이 평상시에 하는 일 하나하나가 기술사 준비에 해당되니, 정성을 다해서 일하면 됩니다. 자기 일을 사랑하고 최선을 다하는 엔지니어라면 산업계의 최고 지위를 갖는 '기술사'에 도전하여 그 영광과 기쁨을 누리면 더 좋겠죠? 후배들이 기술사가 되어 대한민국 국민의 편의를 증대시킬 뿐만 아니라 우리 모두의 안전과 생명을 지키는 데에 함께해 나가기를 바라며 힘차게 응원합니다.

2.5

수자원개발기술사

㈜이산 수자원부 상무이사 우지연

2.5

수자원개발기술사

① 수자원개발기술사의 세부 분야 소개

'수자원'이란 인간의 생활이나 경제활동 및 자연환경 유지 등을 하는 데 이용할 수 있는 자원으로서의 물을 말합니다. 분야는 크게 치수(治水; 물을 다스려 홍수를 방어하는 것), 이수(利水; 생활, 공업, 농업 등의 수요에 의하여 물을 사용하는 것), 하천환경(河川環境; 물과 그 주변 공간 및 여기에 서식하는 생물의 통합체로 이루어진 하천 그 자체로서의 모습)으로 나눌 수 있어요. 쉽게 설명해서 ①물재해, ②물이용, ③물환경 분야로 구분할 수 있습니다.

'20년 최장기간의 장마와 섬진강댐, 용담댐, 합천댐 하류의 홍수 피해', '22년 서울 집중호우로 인한 도림천, 강남역 일대 침수 피해', '23년 주암댐 준공 이후 최저 저수율 기록으로 영산강・섬진강 권역의 심각한 물 부족 발생' 등 한 번쯤은 뉴스로 접해봤을 수자원 관련 자연재해 사진입니다.

[그림 19] **2020년 8월 섬진강**
(출처: 저자 제공)

[그림 20] **2023년 3월 주암조절지댐**
(출처: 영산강유역환경청)

우리나라는 계절별 강수량의 편차가 심해요. 기후변화로 인해 홍수, 가뭄피해가 반복되면서 그 빈도와 강도는 점점 더 강해지는 추세이고요. 물관리 여건은 갈수록 악화하고 있습니다. 수력, 수열 에너지 등은 환경에 미치는 영향을 최소화할 수 있는 미래 재생 에너지랍니다. 이렇듯 수자원 분야의 중요성은 나날이 커지고 있어요.

수자원 분야의 업무는 하천, 댐, 방재 등으로 구분됩니다. 하천 분야는 유역수자원 관리계획, 특정하천 유역종합치수계획, 하천 기본계획, 하천환경정비사업 실시설계, 유역조사 등이 있어요. 아래의 조감도는 대표적인 하천 사업의 결과물입니다.

[그림 21] **하천분야 조감도(하천환경정비사업)** (출처: ㈜이산 수행 과업, 저자 제공)

댐 분야의 업무는 댐관리 기본계획, 치수 능력 증대사업, 댐 및 수력발전 설계가 대표적이에요. 방재 분야는 자연재해 저감 종합계획, 자연재해위험지구 정비사업, 우수유출 저감 계획 및 재해영향평가, 홍수위험지도 작성 등으로 구분되고요. 아래의 조감도는 댐 사업, 우수유출 저감 사업의 결과물입니다.

[그림 22] **댐 및 방재 분야 조감도: 치수 능력 증대사업** (출처: ㈜이산 수행 과업, 저자 제공)

[그림 23] **댐 및 방재 분야 조감도: 우수 저류조(강우 시 인위적으로 우수를 지하에 침투시키거나 저류시키는 시설)** (출처: ㈜이산 수행 과업, 저자 제공)

제가 대학입시에 참고했던 30년 전 대학교 학과소개 자료에 나와 있던 문구, '토목과'로 전공을 결정하게 한 결정적인 단 한 마디는 바로 이것, "토목은 다양한 분야로 구성되어 있으며 그 어떤 적성에도 구애받지 않는다."였죠. 토목의 한 분야인 수자원 분야에서도 이는 마찬가지입니다.

수자원개발기술사 시험은 ①하천, ②댐, ③수리학(水理學; hydraulics 물의 흐름에 관한 역학을 연구하는 학문), ④수문학(水文學;

hydrology 강수, 증발, 침투 등 강우-유출 관계 분석을 위한 물의 순환 과정을 연구하는 학문), ⑤방재, ⑥건설사업관리(발주자를 대신하여 사업성 검토, 설계, 시공, 감독 관리 등을 맡는 기술 용역) 및 유지관리(완공된 시설물의 기능을 보전하기 위한 점검·정비 및 개량, 보수, 보강 등의 활동), ⑦시사 및 관계 법령, ⑧설계기획관리(기본구상, 타당성 조사 등) 8개 분야에서 문제가 출제됩니다.

전례 없는 이상기후로 홍수 및 도시침수에 대비해서 안전한 사회기반을 조성할 필요성이 대두되고 있습니다. 지속 가능하고 안정적인 물 공급, 자연성 회복을 위한 하천환경 계획수립도 중요해요. 이를 위해서는 실무경험을 바탕으로 한, 수리학, 수문학 등의 수자원 기초이론과 하천, 댐, 방재 분야의 각종 지침 및 설계기준을 이해하고 문제해결 능력을 키우는 것이 필요합니다.

기후변화 위기에 한정된 수자원을 효율적으로 활용하기 위해서는 지속적인 관리가 필수입니다. 탄소중립 시기에 차세대 에너지인 수력발전, 수열에너지(물이 간직한 열을 이용하여 냉난방에 활용하는 재생에너지) 개발은 매우 중요하죠. 첨단기술(반도체, 이차전지 등) 산업구조 변화와 데이터센터 등을 통해 용수 수요가 증가하는 추세이기도 합니다.

최근에 '강원 수열에너지 집적단지 조성사업' 착공식이 있었어요. 수자원의 가치 재발견을 통해 새롭게 진행되는 사업으로, 전국 최초

소양강댐의 차가운 심층수(深層水)를 데이터센터의 냉방에 활용하여 에너지 사용량을 줄이고 탄소중립에도 이바지하는 친환경 사업입니다.

[그림 24] **수열에너지 클러스터 데이터센터**
(출처: 환경부)

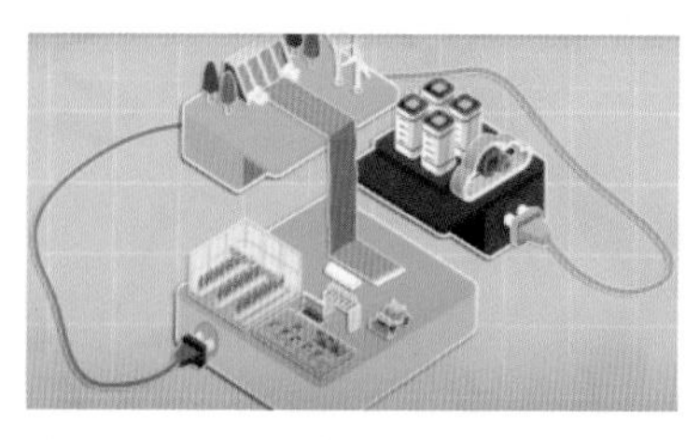

[그림 25] **수열에너지 클러스터 스마트팜**
(출처: 환경부)

물은 모든 생명의 근원이며, 인류의 역사는 물과 더불어 시작되었죠. 누구나 다 알고 있는 물의 가치입니다. UN은 올해 제32회 '세계 물의 날' 주제를 '평화를 위한 물 활용(Leveraging Water for Peace)'으로 정하고, 물의 소중한 가치 인식을 확고히 다지고 있습니다. 더불어 수자원 분야의 중요성이 날로 높아지고 있답니다.

❷ 기술사의 가치와 쓰임

'기술사'는 엔지니어로서 최고의 타이틀인 전문가로 공식적으로 인증받는 국가인정 자격이에요. 「기술사법」에 따르면 해당 기술 분야에 관한 고도의 전문지식과 실무경험에 입각한 응용 능력을 보유한 사람이라고 정의하고 있습니다.

기술사 직무와 관련된 공공사업을 발주하는 경우, 공공의 안전 확보를 위해 기술사를 우선으로 사업에 참여시킬 수 있고, 엔지니어링회사가 건설기술(건설공사에 관한 계획 · 조사 · 설계 · 시공 · 감리에 관한 기술)용역 수행 시 사업수행능력평가(PQ; Pre-Qualification 입찰참가자격 사전심사제도) 기준에 의해 평가 후 일정 점수 이상인 회사를 입찰에 참여토록 하고 있어요. 세부 평가 기준을 살펴보면 일부 사업에서 참여기술인이 기술사를 보유하고 있을 시 만점(기술사 미소지 시 10% 감점)을 받을 수 있는데요, 이는 입찰 절차에서 중요한 요소로 작용합니다.

[표 17] **방재관리대책대행자의 사업수행능력 평가기준**

<table>
<tr><th>평가
항목</th><th>평가
요소</th><th>세부평가
요소</th><th>배점</th><th>세부평가방법</th></tr>
<tr><td>참여
기술인</td><td>사업
책임
기술인</td><td>등급</td><td>6</td><td>○ 참여 평가자의 자격 및 등극에 따라 평가
- “방재전문인력 인증서”를 교부받고 보수교육을 받은 자로 한정하며, 자격 및 등급은 영 제32조의2제3항 별표 3에 따른 필수인력과 업무분야별 추가 인력 확보기준, 건설기술인 등급 인정 및 교육·훈련 등에 관한 기준(국토교통부고시)을 적용한다. 이하 분야별책임기술인 및 분야별참여기술인에 대해서도 같이 적용한다.
<table>
<tr><th>구분</th><th>해당기술사</th><th>특급기술인</th><th>고급기술인</th><th>고급기술인
미만</th></tr>
<tr><td>배점</td><td>100%</td><td>90%</td><td>80%</td><td>70%</td></tr>
</table></td></tr>
</table>

(출처: 행정안전부고시 제2024-44호)

기술사 자격을 취득하면 사회적 지위 상승, 경제적 측면에서의 수입 증가 등에서 자신의 가치가 상승하게 돼요. 자격증을 취득한 것으로 인해, 직무 소양(職群 素養; 직책이나 직업상 맡은 사무를 수행하기 위하여 평소 닦아 놓은 학문이나 지식)이 우수한 사람으로 평가받습니다. 그리고 기술사 본인의 의견은 (일반 기술자의 의견이 아닌) 신뢰와 권위가 있는 전문가의 의견이고 자문이 됩니다.

일반기업에서는 기술사에 대한 자격 수당이 보통 월 50만 원 정도가 돼요. 제가 소속된 회사에서는 1호봉 특진 혜택을 부여합니다. 승진, 연봉협상, 이직 시에도 기술사 취득 여부는 유리하게 작용하죠. 직업에 대한 안정성을 확보하는 등의 여러 가지 장점이 있으니 기술사 자격증을 취득했다는 사실 만으로도 마음이 든든해집니다.

기후 및 경제・사회적 여건 변화 등에 대응하여, 수자원의 통합적 개발・이용 및 홍수 예방, 지속 가능한 물관리 체계를 구축하기 위해 기술자의 기술력이 필요합니다. 수자원 분야별 분석과 평가를 통해 관리 목표를 설정하고 계획을 수립하기 위해, 프로젝트의 리더인 책임기술자는 전문성을 갖추고 다양한 기술・실무 도구와 적절한 경험을 바탕으로 방법을 적용할 줄 아는 능력이 요구되죠. '수자원개발기술사'는 수자원 관리와 관련된 다양한 기술적인 업무를 수행하는 전문가로서의 자격이 갖췄음을 의미합니다.

다음은 수자원개발기술사의 쓰임에 관해서 이야기해 볼게요.

기술사는 회사에서 수행하는 과업과 별도로 외부 활동도 할 수 있습니다. 수자원과 관련된 각종 계획, 평가, 설계 과업을 추진할 때, 자문 및 심의라는 행정절차를 거쳐야 하는데요, 전문가 그룹에 속하는 수자원개발기술사는 각종 자문위원회, 심의위원회, 평가위원회 등에서 활동할 수 있답니다. 홍수피해가 발생하면 행정안전부에서는 국가재난관리 정보시스템에 피해 및 복구 내역(內譯)을 작성하고, 수자원 조사기술원에서는 홍수피해 상황조사를 통해 피해 원인 및 현황을 기록해요. 이때 홍수피해 조사관으로서 활동할 수 있어요. 그 외에도 기술 컨설팅, 강의, 교육, 멘토링 등 다양한 활동을 합니다.

❸ 기술사 시험 준비 동기

'기술사'는 엔지니어라면 누구나 취득하고 싶고, 개인적으로 기술계의 소위 '사짜'라고 불릴 수 있는 자격증이라고 생각합니다. 시험 동기는 크게 두 가지 정도로 구분할 수 있습니다. 기술자로서 최고의 타이틀인 전문가로 공식적인 전문성을 인증받는 국가인정 자격을 취득하려고 하거나, 경제적인 이유를 들 수 있을 것 같아요. 자격증 수당이 설계회사 기준으로는 50만원(정부기관, 공기업 등 기관마다 수당은 다름)입니다. 제가 이렇게 분류한 이유는 자격증 수당이 2000년대 초반에도 같은 금액이었기에 결코 가벼이 여길 수 없었죠.

과거 30대 중후반에 자격증을 일찍 취득한 사람은 경제적으로 많은 도움이 되었다는 건 분명한 사실이에요.

기술사 취득에 대한 갈망은 누구나 있지만, 동기가 부여되어야 공부를 시작할 수 있는 원동력이 생기는 것 같습니다. 어느 정도 직급이 되면 프로젝트를 주도하는 책임기술자로서 갖추어야 하는 자격에 대한 압박감을 느끼게 되는데요, 일과 공부를 병행하는 건 쉬운 일은 아닙니다. 자격증을 취득하기까지의 공부 기간이 보통 2~3년 정도의 긴 기간이기 때문에, 강한 의지력을 가진 사람은 본인과의 싸움을 이겨내며 꾸준한 노력으로 공부를 할 수 있겠지만, 의지가 약한 저 같은 사람은 외부의 자극이나 어떤 특별한 계기가 있어야만 공부를 시작할 수 있게 됩니다.

회사 동료들의 기술사 시험 준비 동기를 알려드릴까요? 어떤 팀에서는 팀장의 특명으로 팀원들이 기술사 시험에 응시하게끔 조정되더군요. 성적을 공개하여 꼴찌가 밥을 사게 하는 경우까지도 있었습니다. 서로 시험점수를 공개하기에 망신스럽기도 했겠죠? 그러나 오히려 긍정적인 자극제가 되어 그 팀은 다른 팀에 비해 기술사를 일찍 취득하여 부장급 이상이 모두 자격증을 갖게 되었다는 놀라운 사실! 좋은 팀장을 리더로 만나 팀원들의 경쟁심을 독려하며 자격증을 취득하도록 유도한 사례입니다. 어떤 팀장은 대놓고 임원급들이 자격증을 못 따고 있으니 그 아래 직원들에게 "똥차 있다고 너네도 공부 안 하냐, 재네처럼 되지 말고 공부해서 기술사 빨리 따라!" 이런 식으로 모욕을 준 예도 있었죠. 이 경우, 표현 방식은 바르지 않아 보였는데요, 내심 팀원들에게 진심으로 공부를 독려한 팀장이었답니다. 또 다른 팀장은 자격증 취득에 상관없이 일만 잘하면 좋은 평가를 받을 수 있다며, "열심히 일하는 사람은 기술사가 없어도 내가 다 인정해 줄게." 호언장담(豪言壯談)하시더니, 어느 날 프로젝트 회의를 하는데 기술사를 가지고 있는 사람만 불러다 회의하고 의견을 들으시더군요. 사실 그 팀장은 기술사 자격증 취득을 중요하게 생각한 사람이었지만, 팀원들이 일하는 데 방해가 되려나 우려되어 겉과 속이 다른 말을 했던 거였죠.

개인의 의지 이외에 긍정적인 혹은 부정적인 측면의 외부 자극으로 인해 동기가 생기게 되는 것 같습니다, 저 역시 "현재에 안주하지 않고 미래를 대비해 꾸준한 자기개발을 위해 공부를 한다." 이런 당찬 포부나 거창한 동기도 없었고, 좋은 팀장을 만났던 것도 아니었어요. 부정적인 자극 때문에, 공부를 본격적으로 시작하게 되었습니다. 기술사 공부를 시작하기 전에 기술사를 취득하고 싶다는 막연한 욕심은 들었어요. 직급이 올라갈수록 보이지 않는 압박감도 느꼈죠. 외부 활동을 시작하는 데 (기술사)자격에 대한 요구도 조금 있었고요.

기술사 준비를 하는 지난하고 긴 준비기간을 버티게 하는 원동력은 필요합니다. 본인만의 공부 동기를 찾을 수 있기를 바랍니다.

④ 기술사 시험 준비 과정

기술사 준비 과정은 보통 2~3년 정도 필요합니다. 저는 기술사를 준비한 기간에 총 6년 정도를 썼는데요, 본격적으로 공부한 시간은 3년이었습니다. 시험 준비를 위한 첫 번째 준비 사항은 '나만의 서브노트(주로 공부할 때 시험 직전에 읽을 용도로 만드는 필기장)'를 만드는 것이었어요. 선배들이 작성해 놓은 노트가 많아서 그중 잘 작성되었다고 평가되는 노트 2개 정도를 골라 일단 모사(模寫; 원본을 베끼어 쓰는 것)를 하세요. 타인의 노트를 베끼는 건 시간 낭비라고 말하는 사람도 있지만요, 400분을 서술형으로 봐야 하는 시험이기 때문에 필기 연습도 할 수 있고, 일단 한번 써본 것은 일부러 외우려 하지 않아도 저절로 머리에 남는 때도 있기에 꼭 필요하다고 생각합니다. 좋은 노트를 베낀 다음에는 이해가 안 가는 부분이나 구성이 마음에 안 드는 챕터를 재작성하세요. 근래 쟁점이 된 시사, 최신 변경된 법령 및 설계기준 또는 정책 등은 보완하면서 나만의 노트를 만들어야 한다는 것을 잊지 마시고요. 아래의 사진(그림 26)은 답안지 양식을 내려받아 도서관에서 노트를 작성했던 사진과 몇 년간 작성한 노트 전체 사진입니다. 작성하다 보니 총 1,500장 정도가 되었답니다.

[그림 26] **기술사 시험 준비 기간 동안 작성한 서브 노트** (출처: 저자 제공)

본인만의 서브 노트 작성을 완료 후 제본하세요. 반복해서 보십시요. 다른 사람의 노트보다는 본인이 만든 익숙한 글씨의 가독성 좋은 노트로 공부하는 게 집중이 더 잘 될 수도 있습니다. 키워드에는 형광펜을 칠하고, 추가 내용은 포스트잇을 붙여가며 보완하세요. 이렇듯 서브 노트는 한번 작성한 것으로 끝내는 것이 아닌, 지속해서 부족한 것을 채워나가야 합니다. 그 많은 걸 다 외우는 건 불가능해요. 반복적으로 읽기, 쓰기를 통해 머리에 남기세요.

시험 직전에는 작성한 서브 노트에 기출 빈도가 높은 문제 위주로 반복 공부를 합니다. 기출문제는 어느 정도의 비율로 똑같이 출제되더군요. 일부는 변형되어 출제되기도 합니다. 앞서 자격증을 취득한 수자원개발기술사에게 기출문제 자료를 받아 그 후에 출제된 문제를 보완하여 정리하세요. 저는 기출 자료를 엑셀로 작성해서 과목별로 만들었습니다. 맨 오른쪽에는 출제 빈도를 집계해서, 3회 이상 출제된 문제에는 빨간색으로 표시했답니다.

[표 18] 엑셀로 작성한 기출문제

문제	125회 '21 하	123회 '21 상	122회 '20 하	120회 '20 상	119회 '19 하	117회 '19 상	116회 '18 하	114회 '18 상	113회 '17 하	111회 '17 상	110회 '16 하	108회 '16 상	107회 '15 하	105회 '15 상	104회 '14 하	소계
Froude Number, 하천흐름						①										1
수리학적 상사				①		①				①	①			①		5
표준축차법, 직접축차법						①					②			②		3
수위-유량관계곡선, loop형, 연장방법				①		①					④					3
수위표영점표고, GZF, 영수위						①				①				①		3
수면곡선형	③								①		②					3
지배단면									①							1

(출처: 저자 제공)

기술사 자격시험을 접수할 때 이용하는 큐넷(https://www.q-net.or.kr) 인터넷 사이트에 접속하면 그간 기출문제와 과목별, 세부 항목별로 수자원개발기술사 출제 기준 자료가 들어 있습니다. 반드시 참고하세요. 환경부 홈페이지에서 현행 법령자료, 수자원 관련 정책 자료, 보도자료 등을 통해 시사 및 관계 법령에 필요한 자료도 찾아 보시고요.

함께 공부하는 파트너도 중요합니다. 저는 대학교에 다닐 때 C.C.(Campus Couple)였어요. 3학년 2학기 토목기사를 준비할 때, 학기 중에는 남자친구(현재는 남편이랍니다)와 학교 도서관에서, 방학 중에는 임용고시를 준비하던 친구와 동네 도서관에서 같이 공부했습니다. 혼자서 공부하면 의지가 약해져서 제대로 집중하지 못하겠더라고요. 기술사를 공부할 때는 온 가족이 같이 공부했습니다(그림 27). 전 엉덩이가 가벼워서 50분 공부하면 무조건 10분은 쉬어야 했는데요, 남편은 한번 집중하면 몇 시간씩 그냥 앉아 있거든요. 그래서 제가 집중을 안 하고 딴짓할 때마다 남편이 제게 주의를 주곤 했답니다. 한참 도서관에 다닐 때는 아이와 공부했습니다. 아들이 중학생이었는데요, 자녀에게 엄마와 아빠가 공부하는 모습을 보여주는 것도 교육적으로 좋다고 판단했습니다. 일부러라도 아이 앞에서는 더 열심히 공부했고요.

[그림 27] **도서관에서 온 가족이 열심히 공부를 하고 있는 모습** (출처: 저자 제공)

회사 근처 도서관에서 회사 동료들과 함께 아침 · 저녁으로 공부하는 예도 보았습니다. "어느 날은 누가 안 나왔네", "어느 날은 누가 더 늦게까지 공부했네." 서로를 관리 감독하는 모습이 참 보기 좋더라고요. 함께 공부할 파트너를 만드는 것도 좋은 방법의 하나이니 참고하세요.

필기도구인 '볼펜'도 저에겐 중요했습니다. 일반적으로 많이 사용되는 펜이 있었는데요, 저도 처음에는 기술사 시험에 유명하다는 그 펜을 사용했습니다. 그런데 어느 날 우연히 판촉물로 받은 볼펜이 너무 잘 써지는 거예요. 열심히 검색해서 찾아봤죠. 방울니들펜이라는 국산 볼펜인데요, 추천합니다. 필기감이 좋습니다.

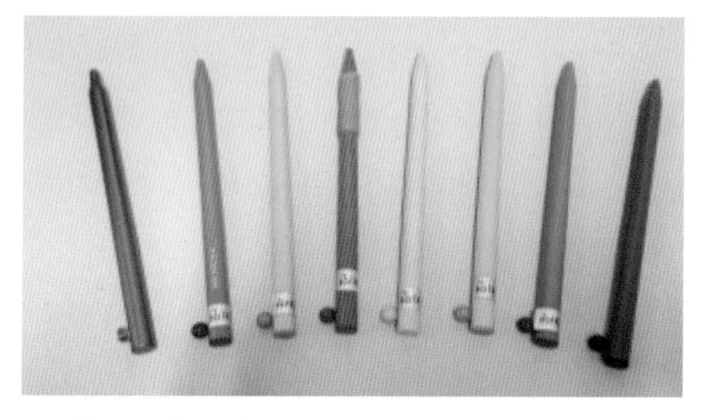

[그림 28] **공부할 때 사용했던 볼펜** (출처: 저자 제공)

서브 노트를 만들면서 볼펜 심이 하나씩 닳을 때마다 느껴진 그 뿌듯함을 잊을 수가 없네요. 마지막으로 강조하고 싶은 건 볼펜이라기보다는 '공부에 도움이 되는 환경조성'이라고 생각합니다. 공부가 잘되는 장소, 분위기, 소품(볼펜 포함)을 하나씩 체크하며 본인만의 최적의 환경으로 세팅하세요.

❺ 기술사 시험 준비 과정에서 어려웠던 점과 극복 방법

기술사 시험을 준비하면서 누구에게나 공통적이었겠지만, 일과 병행하며 공부한다는 게 쉽지는 않았습니다. 특히 나이가 들수록 기억력은 더 쇠퇴하는 것 같아서 힘들었죠. 그래서 차장(일반기업의 직급은 사원 ⇒ 대리 ⇒ 과장 ⇒ 차장 순으로 진급) 정도 되는 친구들에게 미리미리 준비하라고 늘 이야기합니다.

수자원개발기술사는 보통 시공사보다는 설계사를 다니거나, 수자원 관련 직종에 근무하는 사람들이 많이 취득합니다. 실무경험을 통해서도 학습이 될 수 있답니다. 그 이유는 업무를 수행하기 위해 관련 법령, 하천 설계기준, 하천공사 실무요령 등을 참고하여 어느 정도 파악하게 되거든요. 검토서를 많이 작성하기 때문에 답안지 작성 요령도 익숙해서 기본적인 점수는 받을 수 있습니다. 방대한 학습 범위 때문에 시험 준비기간은 3년 정도로 잡아야 합니다. 서브 노트 작성은 1년에 1,500페이지 정도로, 하루에 5장씩 만드세요. 저는 공부 시간을 길게 잡기보다 하루에 3~4장씩 또는 한두 문제 정도의 답안을 작성하는 것으로 목표를 잡고 밀리면 주말에 보완하는 방향으로 해서 서브 노트 작성에만 2년이 넘게 걸렸네요.

이렇게 작성한 서브 노트 내용을 모두 외우는 건 불가능합니다. 앞에서도 언급했지만, 최고의 암기 방법은 '반복 읽기' 그리고 '되뇌어 보는 것'이라고 생각합니다. 저는 서브 노트 작성 완료 후에 제본해서 여러 번 읽거나 쓰면서 암기했습니다. 스캔을 떠서 PDF 파일로 만들어 핸드폰에 넣어 다니면서 어디서나 꺼내볼 수 있게 했습니다. 시험 날짜가 다가올수록 자연스럽게 집중도는 올라가요. 그때는 정말 암기가 잘 되더군요. 이런 시간이 누적되면서(빌드업이라고 하죠.), 결국에는 합격하게 됩니다.

'기술사 10관왕'이라는 분의 유튜브를 본 적이 있는데요, 제일 기억에 남는 부분이 "절박 지수가 지능을 이기기 때문에 공부하게 된다."라는 거였어요. '간절함'과 '절박함'이 강제적으로 공부를 하게 만든다는 것이지요. 행복을 위해 일부러 찾아가는 고난의 길인 이상, 본인의 동기도 생각해 보고, 기술사 취득 후 사회로부터의 인정과 명예, 개인적인 성취감을 생각(상상)하며 견뎌보십시요. 제가 긴 시간 동안 기술사를 준비할 수 있었던 비법이 궁금하신가요? 공부는 책상에 앉아 있는 시간의 합이 아니라 내가 공부에 집중하는 시간의 합이기 때문에, 공부하는 것이 힘들 땐 과감히 포기하고 쉬거나 기분 전환을 위한 산책, 운동, 모임(수다 떨기) 등을 통해 슬럼프를 극복할 수 있었답니다.

일하면서 공부를 병행해야 하는데 야근도 많고, 아무래도 엄마이고 주부여서 집안일에도 신경을 써야 하기에 여러 가지를 병행해야 하는 것이 참 쉽지 않았습니다. 다행히도 결혼 초부터 집안일은 남편과 똑같이 분담했기 때문에 가사노동으로 인한 어려움은 없었지만, 한창 잘 먹고 무럭무럭 자라야 할 아들에 대한 미안한 마음은 늘 있었어요. 사실 아들이 5학년이 되어 혼자 라면을 끓여 먹게 된 순간부터 거의 집에서 밥을 안 했습니다. 배달 음식을 시켜 먹었어요. 바깥 음식이 질릴 정도여서 참다못한 남편이 요리를 시작했습니다. 지금은 실력이 늘어 식사를 담당하고, 저는 설거지를 나눠서 하고 있어요. 아이가 어느 정도 클 때까지 육아를 도와주셨던 어머니께서 아이가 어릴 땐 저희 식사도 챙겨주시고, 가끔 집 청소도 도와주셨습니다. 엄마의 치맛자락을 (저의) 출산 시기부터 20년 동안이나 더 잡고 있었네요. 가족의 도움으로 여러 가지 어려운 상황을 극복할 수 있었는데요, 이 자리를 빌려 가족 모두에게 감사하다고 말하고 싶습니다.

⑥ 수자원개발기술사로서 현재 수행하고 있는 업무 소개

제가 다니고 있는 ㈜이산 수자원부는 총인원이 120명입니다. 지역 및 환경부 지방청별로 팀이 구분되어 있습니다. 저는 환경부 본부를 담당하는 팀 소속으로 수자원 관련 법정계획 및 연구용역(학술, 연구, 조사, 평가 등 정부정책이나 시책의 자문에 제공되는 용역) 등을 수행하고 있답니다. 현재는 한강권역 하천유역 수자원관리계획, 댐-하천연계 홍수조절능력 평가 용역 등의 과업을 수행 중입니다.

하천유역 수자원 관리계획은 물 분야 전반을 포괄하는 최상위 계획인 「국가물관리기본계획」 및 유역 단위 최상위계획 「유역물관리

종합계획」과 연계하고, 하천유역 내 수자원의 통합적 개발·이용, 홍수 예방 및 홍수피해 최소화, 하천환경 개선을 위한 10년 단위의 관리계획입니다.

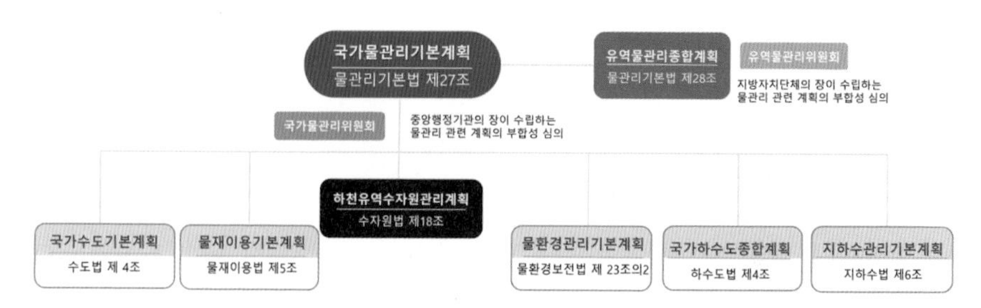

[그림 29] **하천유역 수자원 관리계획의 위상** (출처: ㈜이산 수행 과업, 저자 제공)

과거 물관리 체계는 부처마다 나뉘어 있어 국토교통부가 수량(水量; 물의 양)을, 환경부가 수질(水質; 물의 성질)을 이원화해서 관리해 왔습니다. 2018년 물관리일원화 정부조직법이 시행됨에 따라 수량, 수질, 재해예방, 하천관리의 등 물관리 기능이 환경부로 이관되어 물관리 정책이 하나의 일관된 체계에서 균형적으로 결정되고, 물 문제에 종합적으로 대응할 수 있게 되었죠.

물관리 일원화 이후 처음 수립되는 하천유역 수자원 관리계획은 그간 분야별 계획수립으로 계획 간 연계가 미흡했던 한계를 극복하고, 유역이 갖고 있는 다양한 수자원 기능을 유역 단위로 최적화한 계획으로, 장래 물수급(물 수요 및 공급) 분석을 통한 안정적인 물

공급 계획 및 미래 홍수대응력 강화를 위한 유역 단위의 홍수 방어계획, 수질 수생태계 보전을 위한 하천환경 관리계획을 주요 내용으로 하는 수자원 분야의 종합적인 전략계획입니다. 처음 수립되는 계획인 만큼 스트레스와 부담감이 크고, 과업 진행 중에 실시된 감사로 최근에 지적 사항이 기사화되기도 하여 매우 힘이 듭니다만, 그동안의 노력이 헛되지 않게, 좋은 계획으로 평가받기를 기대합니다.

수자원 개발사업의 업무는 조사, 계획, 설계 단계로 이루어집니다. 앞에서 설명했던 유역 수자원의 하위계획으로, 하천기본계획, 소하천 정비 종합계획, 하천환경정비사업 실시설계 등 다양한 과업이 있습니다. 정책과 계획이 수립되고 이를 바탕으로 설계를 거쳐 공사로 이루어집니다. 계획단계에서 공사에 필요한 시설물에 대한 정비 계획을 수립하면 설계 용역에서 계획된 시설물에 대한 세부설계를 수행하고, 실시설계를 완료하면 시공에 들어가요. 본인이 계획하고 직접 CAD(Computer Aided Design, 컴퓨터를 이용해 도면을 만드는 프로그램)를 활용해 설계한 수자원시설의 공사가 이루어지면 뿌듯한 마음이 이를 데 없답니다. 토목인(土木人)을 '지구조각가'라고도 명명하죠? 저는 이 별칭을 매우 좋아합니다. 제가 수행했던 설계 용역인 '청라국제도시 수변(공촌천, 심곡천) 생태환경 및 유수지 조성공사'에서 공촌유수지 도면과 현재 공사가 완료된 사진을 보여 드릴게요. 도면과 똑같이 공사가 완료됐죠?

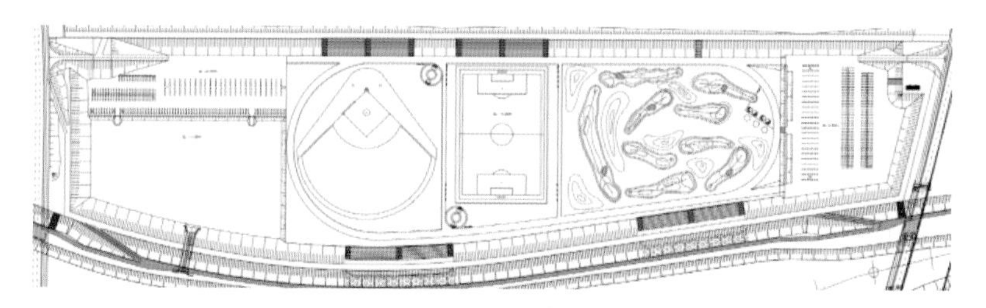

[그림 30] **공촌유수지 설계도면** (출처: 저자 설계)

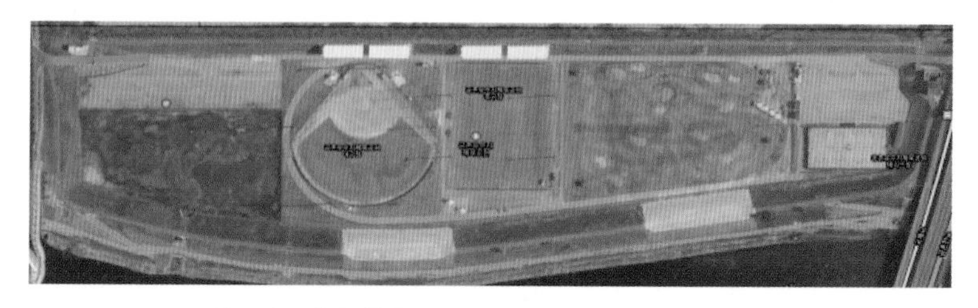

[그림 31] **공촌유수지 위성사진** (출처: 다음 지도)

유수지는 빗물을 일시적으로 저류하여 하천의 수위가 급격하게 상승하는 것을 막아 홍수를 예방하는 시설을 말합니다. 비가 그치고 하천의 수위가 낮아지면 그때 방류하여 홍수 부담을 줄이기 위해 설치한 시설입니다. 여기서 수자원 분야는 강우 및 홍수량 분석을 통해 저류지 규모 및 내부에 저류된 빗물을 배출시키는 배수 구조물의 규모 등을 결정하고, 저류지 조성을 위해 필요한 토공, 호안공, 배수 구조물공, 부대공(진입도로 등)을 설계합니다. 홍수기에만 이용하면 부지가 너무 아까워서 공간활용도를 높여 내부에 체육시설,

주차 공간 등을 조성하여 다목적으로 이용하고 있습니다. 내부 야구장, 운동장 등 체육시설 설계는 조경부에서 수행했습니다. 참고로 토목 분야 설계에는 보통 여러 분야의 협업이 필요하답니다.

아래의 사진은 유수지에서 홍수 이후에 물을 배수하기 위한 배수 시설물과 홍수 때 물이 넘어가는 월류제 및 내부 현장 사진이에요. 제가 직접 설계를 수행하고 공사를 완료한 곳 근처에 출장을 가게 되면, 가끔 이렇게 들려 사진으로 남겨 놓습니다.

[그림 32] **공촌유수지 현장사진: 배수구조물** (출처: 저자 제공)

[그림 33] **공촌유수지 현장사진: 물넘이 및 저류지 내부** (출처: 저자 제공)

앞에서 언급했지만, 수자원 분야는 기후변화 위기에 선제적인 대응으로 물재해를 사전에 예방하고, 한정된 수자원을 효율적 · 지속적으로 관리하는 일을 합니다. 탄소중립 시기의 차세대 에너지인 수력발전, 수열에너지(물이 간직한 열을 이용하여 냉난방에 활용하는 재생에너지) 개발도 매우 중요한 수자원 분야의 과업이랍니다.

❼ 업무 중 경험한 기술사의 장점

기술사 자격을 취득하게 되면, 서로 소개할 때 주고받는 명함에 들어가 있는 그 한 줄(특정 분야 기술사)이 상징하는 바가 매우 큰 것 같아요. 기본적으로 전문지식과 실무능력을 공식적으로 인정받는 증명서이기 때문입니다. 주변으로부터의 대우가 달라지고, 앞서 기술사의 가치와 쓰임에서도 이야기했듯, 자격 수당 + α에 따른 급여 인상 및 (저의 경우는) 특진으로 진급도 가능해집니다.

기술사 자격 취득 후 전문성을 인정받아 영산강 환경유역청 기술자문위원회, 전라북도 지역 수자원 관리위원회, 경기도 재해영향평가 심의위원회 등 각종 심의위원회 및 멘토링, 홍수피해 조사관 등 다양한 외부 활동도 하고 있습니다. 위원회 활동 중 산업단지 심의에 참여했던 적이 있는데요, 도시계획, 교통영향평가, 재해영향평가, 산지, 경관 등 통합심의를 시행하여, 각 분야 전문가 의견을 골고루 들으면서 식견을 넓히는 기회가 되었습니다. 설계를 수행하다 보면 수자원 분야뿐 아니라 토질, 구조, 조경 분야와 협업이 필요한데요, 기술자문위원회를 통해서 타 분야 전문가의 의견을 과업에 참고할 수 있었습니다. 또한, 지금처럼 에세이를 쓰는 영광스러운 기회도 주어졌고요.

기술사 자격을 보유한 사람에 대한 사회적인 기대치가 있어요. 프로젝트 전 과정을 관리하는 책임기술자로서 리더십을 발휘하고, 복잡한 문제를 해결하며, 과업을 성공적으로 완수하기 위해 본인의 꾸준한 개발도 필요합니다. 이는 개인의 역량 강화를 위한 노력은 본인의 가치가 더욱 높아지게 되는 선순환 작용을 합니다.

저는 전문가로서 사회에 기여하고 싶습니다. '1사 1하천 운동'이라고 있는데요, 들어 보셨나요? 기업이나 단체가 담당 하천을 지정하여 정화 활동과 생태교란(生態攪亂) 위해(危害) 식물을 제거하는 등의 환경운동을 말합니다. 국가하천(국토보전상 중요한 하천으로 환경부에서 관리하는 하천)은 홍수기(홍수피해가 발생할 가능성이 있는 6월 21일부터 9월 20일까지의 기간) 전 주요 하천시설과 홍수 취약 구간의 점검을 시행해요. 제가 사는 곳 근처 하천의 안전성을 높이기 위해(시설 안전 모니터링 등을 수행) 수자원 전문가로서 '1인 1하천' 활동을 하고 싶습니다. 사회에 긍정적인 영향을 줄 수 있도록 말이죠.

8 기술사의 활용과 미래 전망

최근에 '극한호우 발생'이라는 재난안전문자가 발송되고 있죠? 기상청은 1시간 동안 내린 비가 50mm 이상이면서, 3시간 동안 내린 비가 90mm 이상인 비를 극한호우로 분류합니다. 이는 호우주의보의 발령 기준의 1.5배의 수치입니다. '24년 7월 18일 파주에서는 24시간 514mm, 3시간 223mm의 폭우가 쏟아졌고, 이날 뉴스에서는 극한호우를 웃도는 초극한 호우라고 설명했습니다. 극한호우

조건에서는 산사태, 하천 범람, 농경지 침수, 도로유실 등의 재해 등의 발생 우려가 크기 때문에, 다급한 상황이라는 걸 강조하고 국민에게 주의를 경고하기 위해 문자를 발송하게 됩니다.

[그림 34] **긴급재난문자** (출처: 기상청)

'이상기후의 시대'라고 불리는 요즘, 홍수·가뭄 재해의 발생 빈도가 증가함에 따라 물관리 여건은 갈수록 악화 중입니다. 탄소중립, 기후변화 위기에 선제적 대응이 매우 필요한 분야가 수자원이고, 따라서 수자원개발기술사의 가치는 점점 더 커질 것으로 전망됩니다.

4차 산업기술 시대의 도래로 물관리 시스템에 정보통신기술(ICT)과 인공지능을 접목한 첨단 디지털 기술을 활용하여, 국토의 '디지털 트윈(Digital Twin; 가상의 세계에 실제 사물의 물리적 특징을 같게 반영하여 3차원 모델로 구현하고, 실제 사물과 실시간으로 동기화한 시뮬레이션을 거쳐 관제·분석·예측 등 의사

결정에 활용하는 기술)' 가상 세계에 효율적인 업무를 이식하고 있습니다. 아래 자료는 현재 진행하고 있는 '댐-하천 디지털트윈 물관리 플랫폼 구축' 과업의 디지털트윈 자료입니다.

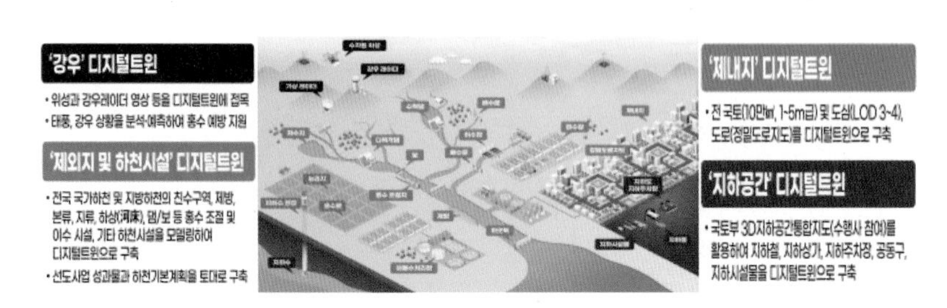

[그림 35] **하천유역 디지털트윈 구축 대상** (출처: ㈜이산 수행 과업, 저자 제공)

해당 과업은 강우, 하천시설 등 하천 공간 정보와 지하 시설·지하 구조물 등 국토의 공간 정보를 연계하여 3차원 가상 세계로 구현하고, 홍수·갈수 등 위험 상황을 시뮬레이션하여 현실 세계에서의 물 재해 예측·관리 기술과 이를 통합 운영하는 플랫폼을 구축, 예측 역량 강화를 통해 물 재해에 안전한 사회, 물 안심 서비스 제공을 목표로 하고 있습니다. 여기에 탑재되는 홍수예보 및 홍수 예측 모형, 이수 정보 통합분석 등에서 수자원개발기술사의 역할이 필요합니다.

다가올 최첨단 AI시대에 소멸이 예상되는 직업들이 있습니다. 기술의 발전에 따라 국민은 고도화된 정보를 요구하겠죠? 지속

가능한 물관리의 필요성이 더욱 강조되는 현대사회, 그리고 미래에도 꼭 필요한 분야가 '수자원'이라고 생각합니다.

최근 국토 대부분이 건조한 사막 지형임에도 불구하고 기후 위기에 따른 극한호우로 물 재해 예방 및 관리에 어려움을 겪고 있는 사우디아라비아와 '물관리 디지털트윈 플랫폼 구축'을 위한 실시협약을 체결한 바 있습니다.

[그림 36] **사우디 물관리 플랫폼 구축을 위한 회의(왼쪽)와 K-water 물관리종합상황실(오른쪽)** (출처: 수자원공사 홈페이지)

우리나라의 기술력을 바탕으로 수자원 분야 인프라뿐만 아니라 디지털 강국으로써 물관리 플랫폼의 수출 등 해외사업이 확대되는 추세랍니다. 우리 회사에서도 라오스, 미얀마, 필리핀 등의 동남아시아 지역에서 해외사업을 진행하고 있어요. 1980년대 우리나라가 한강종합개발사업을 추진했던 것처럼, 라오스는 우기마다 발생하는 메콩강의 홍수를 방지하는 것을 국가경제개발 계획의 최우선 과제로 삼고 있습니다. 한강의 기적이 메콩강의 기적으로 이어지기를 기대한다는 비전으로 인프라, 수자원, 농업 등 구체적인 협력관계를 이어오고 있어요. 우리 회사는 메콩강변 종합 정비사업의 타당성 조사부터, 상세설계, 시공감리 전 과정에 주관 컨설턴트로 참여하고 있답니다.

[그림 37] **라오스 참파삭주 메콩강변 종합관리사업 조감도**
(출처: ㈜이산 수행 과업, 저자 제공)

우리 기술자가 설계・시공감리 전 과정에 참여해서인지, 라오스 메콩강을 가본 사람들은 한강하고 비슷하다는 이야길 많이 듣습니다.

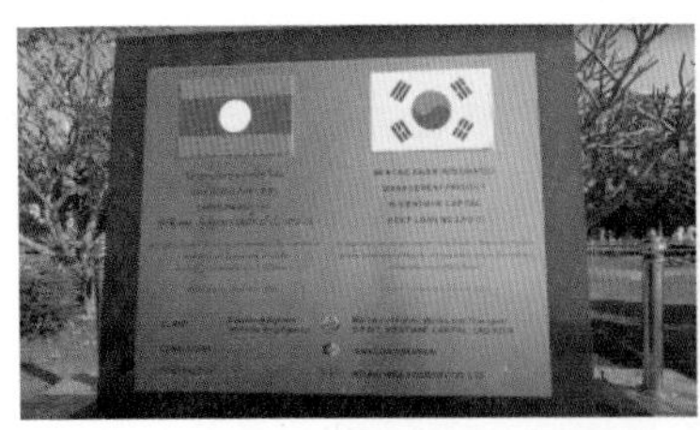

[그림 38] **라오스 메콩강변 종합관리 사업 준공표지판**
(출처: ㈜이산 수자원부 제공)

[그림 39] **라오스 메콩강변 종합관리 사업 현장사진**
(출처: ㈜이산 수자원부 제공)

개발도상국의 수자원 관리 역량 강화와 경제·사회발전을 도모하기 위한 목적으로 댐 및 하천 인프라 건설 및 수자원 정보시스템 및 홍수 예경보시스템 구축 등의 프로젝트 진행을 위해서도 수자원 개발기술사의 역할은 매우 중요해 보여요.

⑨ 기술사를 꿈꾸는 후배들에게 남기는 글

우리나라의 물관리 계획은 2030년 '자연과 인간이 함께 누리는 생명의 물'이라는 비전으로, 인간과 자연 모두의 건강성 증진, 지속가능한 물 이용 체계 확립으로 미래 세대 물 이용 보장, 기후 위기에 강한 물 안전 사회 구축을 목표로 정책을 추진하고 있습니다. 앞서 여러 번 언급한 바와 같이 기후 위기 시대에 대응하기 위한 수자원 분야는 전도유망(前途有望)해요. 4차 산업 시대의 도래로 첨단장비와 새로운 기술이 접목되어 불확실성이 커진 부분에 대한 정확한 예측과 분석으로 국민이 체감할 수 있는 정보를 제공하고, 사전 예방계획을 수립하며, 정비계획에 대한 설계 등의 물 안전 사회 구축이 수자원개발기술사의 업무이며, 사회에 이바지할 수 있는 부분이라고 생각해요. 국민의 안전과 직결되는 분야이기 때문에 철저한 예방계획을 통해 사후 복구를 최소화하는 것이 중요해요. 인프라 구축을 위해서는 긴 사업 기간, 대규모 예산투입이 필요하므로 한정된 예산안에서 사업의 우선순위를 정하는 것도 중요하고요. 그 과정에서 수자원 개발기술자가 참여합니다.

매년 집중호우로 각지에서 발생한 홍수피해 복구가 시행되지요. 기술자가 피해조사를 하고, 복구계획을 수립하면 공사발주를 통해 정비를 시행해요. 주말에도 피해 현장에 나가 기술지원을 하는 기술자들이 있어요. 이를 위해선 어느 정도의 사명감이 필요한 직업이라 생각합니다.

2020년 8월 8일, 집중호우로 섬진강 유역의 대규모 홍수피해가 발생했죠. 그 당시 제가 섬진강 담당자였네요. 때마침 사건이 터진 바로 그날이 여름휴가 시작일이었어요. 하지만 휴가를 반납했고, 현장으로 내려가 피해를 조사했네요. 그날 밤 섬진강 관리기관에 가서 밤을 새우고 보고자료를 만들었으며, 주말부터는 현장 정밀 조사를 실시하여 각 하천 규모별, 지구별, 피해유형별 피해 상황을 정리하여 시설별 신속한 응급 복구가 이루어질 수 있도록 했어요. 수자원개발기술자라면 이런 이벤트가 하나씩은 있답니다.

[그림 40] 2020년 8월 8일 섬진강 현장 사진 (출처: 저자 제공)

이 글을 작성하고 있는 지금도 특별재난지역으로 선포된 완주군에 발생한 홍수피해 뉴스가 나오네요. 피해가 발생한 장선천과 관련된 과업을 진행하던 당시 2009년에 발생한 수해로 인해 복구 공사가 한창 진행 중이었는데요, 15년 만에 홍수피해가 다시 발생했네요. 피해조사팀으로부터 연락이 와서 제가 수행했던 프로젝트 성과와 기초자료를 전달했어요.

7월 7일~16일 호우 피해지역 "특별재난지역" 선포
- 경남 밀양·하동·산청, 경북 청도, 전북 완주 등 5개 지역 -

□ **정부**는 지난 **7월 7일~16일 기간 중 집중호우**로 극심한 피해를 입은 **경남 밀양시·하동군·산청군, 경북 청도군, 전북 완주군** 등 5개 시·군 지역에 대해, **8월 2일 특별재난지역**으로 **선포**했다.

○ 특별재난지역 선포는 **중앙재난안전대책본부장(맹형규 행정안전부장관)**이 중앙안전관리위원회(위원장 : 국무총리) 심의를 거쳐 대통령께 특별재난지역 선포를 건의함에 따라 결정되었다.

[그림 41] **완주군 특별재난지역 선포 및 피해사진** (출처: 행정안전부)

한 분야에서 전문가가 되려면 업무에 대해 성실함, 책임감, 사명감이 필요해요. 최소 10년 이상의 경력도 있어야 한다고 생각합니다. 저처럼 설계사를 다니는 경우는 강우·홍수량·홍수위를 분석하고, 그 결과와 각종 법령, 기준 및 지침을 참고하여 보고서를 작성하는 프로젝트 수행 일련의 과정들이 수자원개발기술사 취득과 직접적으로 연계돼요. 기본적으로 주어진 업무를 성실하게 수행하여 실무 경험을 쌓고, 공부를 통해 이론적인 지식을 보완하며, 힘들 때마다 기술사 취득을 통해 얻는 성취감과 그 외 누릴 수 있는 여러 가지 이점들을 생각하고, 동기를 기억하며 꾸준히 노력한다면 누구나 기술사 자격증을 취득할 수 있다고 생각합니다.

2.6

수질관리기술사

㈜동아기술공사 전무 이숙경

2.6

수질관리기술사

❶ 수질관리기술사의 세부 분야 소개

환경 분야의 기술사는 ①대기관리기술사, ②소음진동기술사, ③자연환경관리기술사, ④토양환경기술사, ⑤폐기물처리기술사, ⑥수질관리기술사 총 6개 분야로 구분됩니다. 2023년 기준 환경 분야의 기술사 분포 현황은 다음 그림(그림 42)에서와 같이 총인원이 1,716명

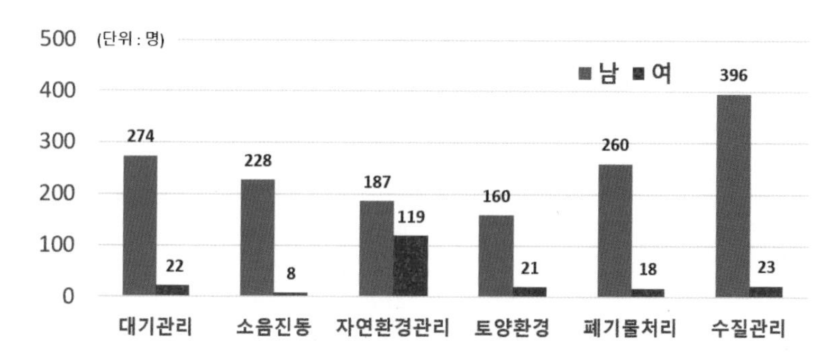

[그림 42] 환경분야 기술사 배출현황

(출처 한국산업인력공단, https://www.q-net.or.kr)

입니다. 여성 기술사는 211명으로서 약 12.3%의 비율이며, 제가 취득한 수질관리는 전체 환경기술사의 24.4%를 차지하고 있습니다.

기술사 외에도 환경 관련 졸업자들이 취득할 수 있는 자격증은 산업인력공단의 기사 자격증(대기, 동식물 생물분류, 소음 진동, 수질, 온실가스, 자연 생태복원, 토양, 폐기물, 환경위해), 환경부의 정수시설 운영 관리사, 사회환경교육지도사, 환경측정분석사 및 환경영향평가사, 산림청의 나무 의사 등이 있습니다.

2 기술사의 가치와 쓰임

각종 설계 등 기술용역 수행 시 또는 환경영향평가 시 입찰에 참여하고자 하는 사업자는 사업수행능력평가(PQ) 심사를 받아야 합니다. 이때 유사 실적, 기술 능력, 경영 상태 등을 종합적으로 평가하여 입찰 참가자격을 부여하고 있습니다. 건설기술용역 기술능력평가 시에는 기술사에 대한 가점이 2016년 이후 폐지되었으나, 간혹 평가 기준상 해당 분야 기술사로 제한하는 경우가 있기도 해요. 교육훈련 및 기술자격 배점상 기술사를 기사나 산업기사보다 우위에 두고 있답니다. 환경영향평가 수행능력평가에서는 복잡한 업무를 수행할 경우, 기술사를 특급평가자보다 우대하고 있습니다. 그 외에도 각종 평가심의 또는 자문회의 위원, 공사 및 지방자치단체의 기술 자문 위원으로 꾸준히 활동하기도 하고, 기술과 관련한 공청회의 패널로도 참석하는 등 다양한 분야에서 역량을 발휘할 수 있답니다. 기술사를 취득하고 나서 모 엔지니어링 임원 10여 분이 찾아오셔서 소위 스카웃을 제안하시는 차원에서 식사를 같이 했던 기억이 나네요. 선배 기술사들의 대우는 오늘날보다 더 각별했다고 들었는데요, 무엇보다 기술사로서의 가장 큰 장점은 '자긍심'이라고 생각합니다. 가슴 벅차오르는 자존감, 직접 느껴보시길 권합니다.

❸ 기술사 시험 준비 동기

여성 엔지니어로서 저는 경력 단절이 있었습니다. 두 자녀의 양육 때문이기도 했지만요, 해외 사업차 불가피하게 출국하는 남편과 아이들을 생이별 시킬 수가 없어서 몇 년간의 공백(경력 단절)을 가졌죠.

귀국 후 복귀를 하려니 막막했습니다. 더구나 여성이 다시 예전 업무로 복귀한다는 것은 쉽지 않았어요. 공백 기간에 놓쳐버린 업무 감각과 너무나 많이 변해버린 법규, 지침 및 기술개발 등을 따라잡기에 버거웠습니다. 그 시점에서의 유일한 돌파구는 '기술사 자격 취득'이었어요.

아무도 그러하지 않았어도 스스로 느껴지는 괴리감, 타인으로부터의 눈총을 어떻게든 극복하기 위해 열심히 노력해서 실무를 따라잡는 게 중요했는데요, 그 이전에 저 자신과의 싸움에서 이겨야 했답니다. 이 시기에 저의 아이들은 초등학교를 졸업하거나 초등학교

고학년이었어요. 학업이 중요해지는 때와 맞물렸기에 엄마가 먼저 공부하는 모습을 보여주는 것도 좋겠다는 생각을 해보았습니다. 물론 이것이 아이들의 학업에 영향을 미쳤는지는 모르겠습니다만, 부모이기 이전에 인생 선배로서 본인의 삶에 안주하지 않고 삶을 개척하고 도전하는 모습을 보여줬을 거라고 스스로 생각했습니다.

❹ 기술사 시험 준비 과정

자료취합도 문제였고, 마인트콘트롤이 필요하니 가장 손쉽게 학원비 결제부터 했고 바쁜 업무도 조정했습니다. 그룹 스터디를 준비할 시간도 참여할 시간도 없어서 혼자 묵묵히 입수된 자료만 가지고 무소의 뿔처럼 덤벼들었습니다.

'정신일도하사불성(精神一到何事不成)', '진인사대천명(盡人事待天命)'. 이 두 명언을 공책에 적었습니다. 그 외엔 특별한 과정은 없었네요.

❺ 기술사 시험 준비 과정에서 어려웠던 점과 극복 방법

기술사 공부 시점이 기사 자격증 취득 후 거의 20년이 지나 까마득했습니다. 현업에 있었어도 업무 범위가 기술사 공부의 다양한 분야를 다 접한 것도 아니었기 때문에 학문적인 소양 역시 바닥이 나 있었죠. 수질관리기술사는 물질 방정식과 화학반응식을 이해하지 않으면 암기해서 해결되지 않기 때문에 미분적분, 공유결합, 금속결합, 원자량과 분자량 등 수학과 화학의 기초부터 다시 출발했습니다. 처음에는 단순 암기로 대충 해결해보려 했어요. 그러나 제 성격상 불가능이었죠. 깊이가 있는 내용을 공부할라치면 바닥이 금세 드러났습니다. 마음을 다잡고 기초부터 다시 시작했는데요, 다행히 생각보다 시간이 그리 많이 걸리진 않았네요. 공책 여섯 권과 볼펜을 준비해서 동네 개방도서관의 문을 두드렸습니다. 기초이론, 용어(약어), 상하수도, 수자원, 수처리, 고도처리, 해양・지하수・호소 등으로 분류해서 공책을 마련했습니다. 물론 학원 수강이 가장 큰 도움이 되었습니다. 학원에서 나눠 준 교재 외에는 다른 자료를 찾을 시간도, 참고서를 찾아볼 여유도 없었습니다. 학원에서 받은 교재만 해도 워낙 방대해서 있는 교재라도 제대로 이해하고 암기해야겠다고 생각했습니다. 다만 최근 환경부의 정책, 이슈, 법 개정 같은 내용은 환경부와 법제처 사이트에 들어가서 다운을 받아 요약・정리했습니다.

공부에 가장 어려웠던 점은 '시간 안배' 그리고 '나와의 싸움'이었습니다. 1차 시험에 도전할 때는 요약 노트 정리만 하고 암기가 되지 않은 채로 응시한 결과 당연히 불합격했어요. 두 번째로 시도한 시험에서는 이미 요약한 노트를 죽기 살기로 암기하고 또 암기한 덕분에 합격할 수 있었습니다. 밥 먹을 시간도 아까운데, 이 귀한 시간을 어떻게 효율적으로 사용하느냐? 이건 정말 중요했습니다. 정해진 시간표와 정해진 계획표대로 안 되었지만 그래도 최대한 맞추려고 노력했어요. 기술사 합격, 그것만이 제 인생의 새출발을 위한 돌파구였으니까요. 정신을 버쩍 차리고 허리를 졸라매서 공부할 수밖에 없었습니다. 그 시기의 저에게 세상에서 가장 큰 위안이 된 명언은 "시작이 반이다." 였답니다.

면접 준비를 할 시기에는 길을 오가면서 다른 사람들이 들을지라도 스스로 질문하고 답변하는 연습을 열심히 했습니다. 암기가 안 되는 것은 초성을 이미지로 바꾸어 연습도 해보고 녹음도 해서 차에서 들었던 것이 도움이 되었습니다.

6 수질관리기술사로서 현재 수행하고 있는 업무 소개

사회초년생으로 첫 업무는 약 1년간 실험실에서 수질분석을 하는 것이었습니다. 하루 종일 COD 비커와 씨름하고 질산으로 중금속 실험 전 유기물 전처리하고 다시 비커랑 피펫을 씻었습니다. 물 색깔이나 상태를 보고 부유물질 농도와 COD, BOD 농도가 가늠이 어느 정도 가능했던 시기에 수질분석 업무를 그만두었죠.

두 번째 이직 후 환경영향평가 업무를 시작하여 지금까지 지속하고 있습니다. 종합엔지니어링 회사에 취업하자마자 환경 부서가 신설되었고, 제가 투입 대상자가 되었죠. 처음에는 환경영향평가가 무엇인지 몰랐어요. 「환경영향평가법」이 입사 바로 직전에 개정되어 사업 전에 주민설명회를 열어야 하는지도 몰랐습니다. 업무를 가르쳐줄 사수나 선배가 없어서 고군분투했던 기억이 생생하네요.

환경에 대한 국민적 요구가 많아지고 위상이 높아지면서 더불어 환경보전법을 시작으로 「대기환경보전법」, 「수질환경보전법(現 물환경보전법」 등 관련 법규가 세분된 후 다시 수많은 개별법, 특별법과 지침 등이 제정되고 개정되는 과정을 겪었습니다. 현재는 환경 관련 법규 조항만 최소 20여 개 이상인 걸로 알고 있습니다. 참고로 실무에 있어서 관련 법규의 개정은 핵심 중의 핵심이랍니다. 왜 개정이 되어야 했는지, 앞으로 어떤 내용의 개정이 필요한지, 어떠한 사항이 불합리한지 등에 대해 생각해야 합니다. 현실에 안주하지 말고 늘 챙겨봐야 프로니까요.

환경영향평가는 개발계획이나 정책, 개발사업 시행 과정 중 환경에 미치는 영향 정도를 평가하고, 악영향이 예상되는 경우엔 저감 대책을 수립하는 것을 골자로 환경영향평가서를 작성합니다. 이를 토대로 주민의 의견을 듣고 최종 환경부(지방환경청)와 협의 과정을 거쳐 환경영향 저감 대책에 대한 협의를 도출합니다.

환경영향평가를 하기 위해서는 환경영향평가 대행 자격을 갖추고 있어야 합니다. 각 개발사업에 대한 환경영향평가의 모든 총괄은 기술사가 아닌 환경영향평가사가 수행토록 개정되었어요. 환경영향평가서의 구성은 사업의 개요, 대기질, 수질, 동식물(생태), 토양, 폐기물, 소음·진동, 위락경관 등 주요 환경 항목별로 작성 규정에 따라서 작성토록 합니다. 각 환경 항목은 현황조사 후 사업이 미치는 영향 정도를 정량적(모델링 수행 등 포함) 또는 정성적으로 평가하여 현황조사 결과 및 환경기준(또는 목표기준)과 비교하여 저감 대책이 필요한지를 결정하여 최적의 저감 대책을 도출합니다.

환경영향평가 업무 중 수질관리기술사는 주로 수질 항목에 관여하고 대기관리기술사는 대기 항목에, 토양환경기술사는 토양 항목에 대해 검토해요. 분야별로 전문성을 확보합니다.

기술사 자격을 갖고 있으면 부서 내에서 어느 정도 위치에 올라가면서 환경영향평가 시 각종 발주처와 환경청과의 협의 및 주민설명회나 주민공청회 등에 총괄책임자로서 또는 분야책임자로서 임무를 수행하게 됩니다. 여담이지만 제 경험상 주민여론이 좋지 않은 격앙된 주민설명회 또는 어려운 회의에서도 여성 책임자가 설명하는 경우엔 부드럽게 일이 진행되기도 하더군요. 장점은 감사히 여기고 우리는 기술력을 착실히 갖추면 됩니다.

❼ 업무 중 경험한 기술사의 장점

기술사로서의 장점은 회사의 수주에 유리하고 승진에 유리한 점 이외에도 스스로의 자긍심이 가장 컸던 것 같습니다. 지금도 그렇습니다.

그리고 선후배나 동료 기술사님들과 기술적인 고충을 나누거나 자문 등을 멀리 가지 않고 발 빠르게 해소할 수 있다는 점도 장점입니다.

❽ 기술사의 활용과 미래 전망

선배 기술사들이 말씀해 주셨습니다. 합격자를 발표하는 순간까지도 공부하라고요. 기술사는 자격이 주는 책임감 때문에 최신 동향이나 기술에 관한 공부를 게을리할 수 없기 때문이라는 걸 시간이 어느 정도 지나서 깨닫게 되었습니다. 평소에 꾸준한 관심과 책임감을 느끼고 생활한다면 특별히 어렵게 시간을 내지 않아도 된다는 생각입니다. 그렇다고 시험 보듯 공부해야 한다는 말은 아니에요. 가볍게 논문 한 권, 정책 몇 페이지 정도만 훑어도 된답니다.

기술사는 향후 기술 심의나 자문, 설명회나 공청회 패널 등 전문성을 확보해야 하는 자리에 참여할 수도 있고, 기술용역 수행 시 총괄책임자로서 또는 분야책임자로서 참여할 수도 있습니다. 기술사 소지자는 부서 내 승진도 유리하겠죠? 기술사회 가입과 소모임에도 참석하여 또 다른 인적 네트워크를 형성해 나갈 것이고요.

"굳이 고생스럽고 힘들게 자격증을 따야 하는가?"라는 질문에 대한 천편일률적인 정답은 없습니다. 분명한 건 자격취득 후 인센티브를 받는다는 거, 스스로의 자긍심을 높이고 싶다면 도전하는 게 훨씬 좋은 선택이라는 건 자명합니다.

⑨ 기술사를 꿈꾸는 후배들에게 남기는 글

'시작이 반이다.' '진인사대천명' 두 가지 명언을 노트에 붙여놓고 하루를 시작했어요. 교재를 갖췄으니 일단 시작했습니다. 벌써 반은 한 거니까 나머지 반만 하면 된다고 격려했죠. 그것이 그나마 막막했던 시작을 잘 버틸 수 있었던 힘이 되었습니다.

기술사 준비, 시간과의 싸움일 텐데요, 꼭 필요하지 않은 시간을 가지 쳐 내는 일부터 시작하세요. 모임에 참석하지 못하는 사유를 이야기하니 주변에 많은 분이 배려를 해주셨던 거 같습니다. 시간 안배를 최적화하는 것도 중요했습니다. 마찬가지로 꼭 필요하지 않은 공부는 안 해도 된답니다. 공부를 무한대로 할 수는 없어요. 판단이 필요할 경우, 선배에게 묻거나 기출문제 경향을 보고 판단하세요. 가장 쉬운 방법은 학원 교재를 활용하는 방법입니다. 기초공부를 탄탄하게 해 두어야 어떤 문제가 나왔을 때라도 응용하여 대답할 수 있다는 점을 말씀드리고 싶습니다. 그렇다고 기사 자격증 공부부터 회귀하여 공부할 필요는 없다고 봅니다.

2.7

철도기술사

한국철도기술연구원 선임기술원 배준현

2.7

철도기술사

❶ 철도기술사의 세부 분야 소개

이번 페이지에서는 철도 기술사에 대하여 소개하겠습니다.

여러분께는 '철도가 토목 분야라고?'와 같이 의아하게 혹은 상당히 생소하게 다가올 수 있을 것 같습니다. 철도전문학과가 아니라면 학부때 토목전공에서 철도를 따로 배운 적이 없었을 것이고요. 저도 그랬답니다.

생각해 보세요. 철도는 항상 여러분에게 가깝게 있답니다. 지하철 혹은 열차를 타러 가서 보이는 모든 것이 철도기술사가 숙지해야 하는 분야입니다. 한번 머릿속에 다음과 같은 그림을 떠올려 보세요. 여러분들이 지하철을 타러 지하철 역을 가게 되잖아요, 그때 눈에 보이는 것들이 어떤게 있죠? 먼저 지하철을 타기 위해 역사(건축 분야)에 들어가요. 지하철 승강장에서 열차를 기다리죠. 역 내부를 스윽 보면 승강장 안전문(기계설비 분야)이 보일거고, 천장에는 각종 전선(전기, 전력 분야)이 눈에 들어오겠죠? 그리고 지하철 전광판(신호, 통신 분야)에는 다음 열차가 어디있는지, 열차가 역사에 진입하고 있는지가 보이죠? 자, 이제 차량(기계 분야)이 들어옵니다. 그 지하철을 타고 지상으로도 올라가요. 교량(토목구조 분야)위로 달리면서 멋진 한강 풍경이 나오고, 다시 지상에서 지하(터널 분야)로 들어가기도 하죠. 더 먼 곳을 가기 위해 여러분들은 약 320km/h로 달리는 KTX를 타고 서울에서 부산까지 2시간 반 정도 후면 도착하게 되기도 하고요. 이러한 모든 것을 계획하는 일이 철도기술사가 해야 하는 역할이라고 볼 수 있습니다. 다만 전체적인 것을 지휘하는 것은 철도기술사가 하지만 철도가 지나가는 교량, 터널 등을 설계하고 시공하고 하는 부분은 이 책에 참여하고 계시는 각 분야별 전문가 분들이 담당합니다. 따라서 철도는 이 모든 조합(토목, 신호, 통신,

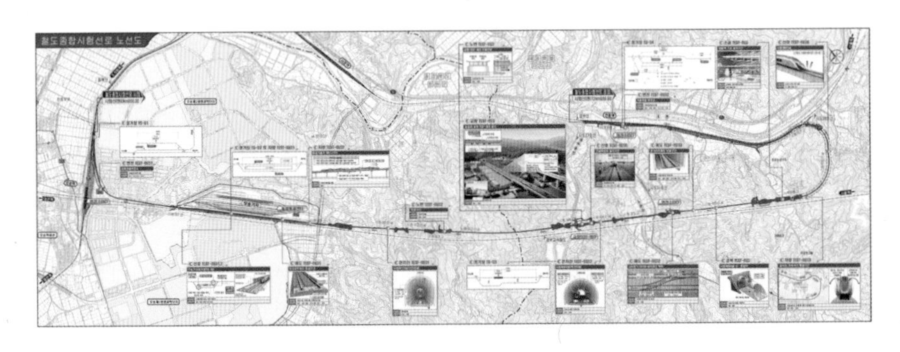

[그림 43] **철도종합시험선로 노선도 사례** (출처: 한국철도기술연구원, 저자 제공)

전력, 차량 등)이 잘 어울어져서 우리가 가고자 하는 곳까지 안전하게 이동할 수 있는 체계를 구축하고 조율하는 역할을 한다고 이야기할 수 있습니다. 한 분야가 아닌 다양한 분야의 조합으로 이루어지기 때문에 '시스템엔지니어링'이라고도 이야기합니다.

이 외에 토목 분야의 철도기술사가 하는 순수 전문 분야는 '궤도 분야'인데요, 토공까지는 토질및기초기술사, 시공기술사 분이 계획, 시공한다면 그 토공 위에 열차가 안전하게 주행하도록 가이드하는 자갈 혹은 콘크리트 도상 위 레일, 침목, 체결구 등을 '궤도 분야'로 볼 수 있습니다. 차량이 하부구조물 위를 안전하게 달릴 수 있도록 잘 잡아주는 매우 중요한 매개체이기도 합니다.

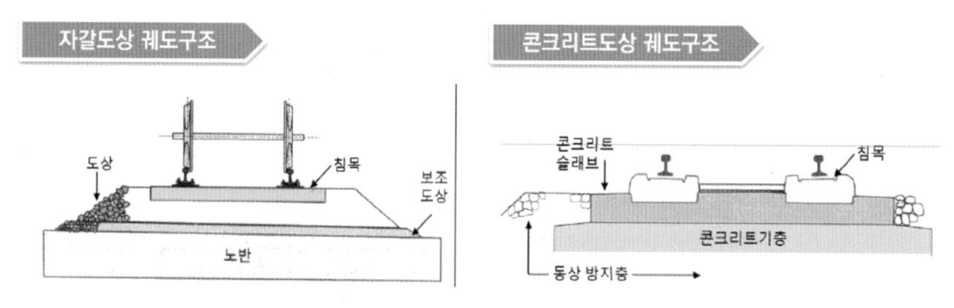

[그림 44] **철도의 궤도 구조** (출처: 한국철도기술연구원, 저자 제공)

철도 분야는 앞에서도 말씀드렸듯 토목 분야에만 있는 것이 아닙니다. 토목에서의 철도기술사는 전체적인 조율을 한다면, 토목

외에 세부적 · 전문적으로 들어가는 철도 분야 기술사에는 기계 분야의 철도차량기술사, 전기 분야의 전기철도기술사, 신호 분야의 철도신호기술사가 있답니다.

❷ 기술사의 가치와 쓰임

철도 분야만의 기술사의 가치와 쓰임보다는 기술사의 가치와 쓰임에 대해서 이야기 해보겠습니다. 아마 다른 분야에서도 공통적일 거로 생각합니다. 이 책에서 철도 분야뿐만 아니라 타 분야에 대해서도 읽으시겠지만, 하나의 기술사를 취득하기 위해서 공부해야 할 범위가 어마어마합니다. 또한 적은 시간 내에 양질의 답안지를 쓰기 위해서 노력해야 하는 것도 상당합니다. 그리고 기술사를 시험 보기 위해서는 일정 부분의 지식과 경력(기사 취득 후 실무경력 4년)이 필요하다는 것은 알고 계실거예요. 기사 취득 후 4년만에 바로 기술사를 취득하는 사람 또한 많지 않습니다. 그만큼 기본적인 지식 외에 일정 정도의 경험치가 누적이 되야 답안지를 쓸 수 있는 뇌구조가 어느 정도 형성된다고 저는 생각하거든요.

그렇게 기존에 쌓았던 지식, 경험, 마지막으로 기술사를 취득하기까지의 방대한 양의 공부를 통해 최종 합격이 된다면 본인에게 어떤 능력이 생길 것 같나요? 특정 토목기술의 한 장면을 바라보거나 전문 분야의 건설을 계획할 때 다양한 요소들을 복합적으로 바라보고 판단할 수 있는 판단지식이 생긴다고 생각합니다. 그래서 국가에서 국토를 계획하거나 어떤 분야 관련 문제를 의사결정하는 역할을 다양한 분야의 기술사 분들, 전문가 분들이 하고 있답니다.

❸ 기술사 시험 준비 동기

저는 고려대학교 토목환경공학과를 졸업하고 바로 같은 대학교 석사과정(구조공학)에 입학했습니다. 취직이 원하는 만큼 잘 안 되기도 했고 조금 더 공부해 보고 싶다는 욕심도 있어서 대학원 입학을 선택했습니다. 석사과정 동안 학부에서 생각하지 못했던 다양한 연구용역을 수행할 수 있었는데요, 제가 속한 연구실에서는 다른 토목연구실과는 다르게 철도 관련 연구를 많이 진행했습니다. 그동안 토목구조의 꽃은 오직 '(도로) 교량'으로 생각했는데요, 철도 분야를 연구하다 보니 이쪽 분야가 생소하긴 해도 굉장히 매력적이고 재미있다고 느껴졌습니다. '철도 분야'는 아직 토목 분야에서는 생소하기도 하고 앞으로 전문 인력이 더 많이 필요하게 될테니 철도 관련 논문도 쓰고 열심히 공부해 보라고 지도교수님께서 힘주어 말씀해 주셔서 더 열심히 전공에 몰입하게 되었습니다. 졸업하고 건설회사에 입사 후 철도 관련 프로젝트를 수행하거나 현장 기술지원을 할 기회들이 주어지면서 저 자신을 철도 분야에서 특화해야겠다고 생각하게 되었어요. 그리고 건설회사에서는 기술사 자격증이 있으면 승진 가점과 자격증 수당이 꽤 쏠쏠하게 지급되어 기술사를 따야겠다는 생각을 굳혔죠. 처음엔 살짝 만만하게 보고 예열(워밍업) 삼아 '토목시공기술사'를 준비했어요. 지원자가 많고 다수를 뽑는다고 하여 가볍게 봤는데, 모든 기술사 공부는 정말 많은 양을 공부해야 하더군요. 시험 자체를 가볍게 봤던 저 자신에게 질책 아닌 질책을 했죠. 아무튼 토목시공기술사 시험공부를 오랜 시간 동안 열심히 했고, 마침내 합격했어요. 하나의 기술사를 합격하고 나니 기술사 시험에 대한 요령도 생겼겠다, 이제는 제가 진짜 하고 싶었던 '철도기술사'를 공부해야겠다는 생각이 들더군요. 때마침 철도기술사들 가운데 여성은 없다는 이야기를 들었어요. 내가 '1호 여성 철도기술사가 되어야겠다!'라는 확고한 목표를 세웠어요. 꿈을 현실로 만들기 위해 더 열심히 공부했었던 것 같네요.

[철도의 날 특집 초대석]여성 철도기술사 탄생

철도기술사 여성 1호 배준현 氏
"후회 없는 삶" 생활신조 철도 향한 애정으로
국내철도산업 중흥의 꽃 피우는 날 기대케 해

문기환 기자 | 기사입력 2016/09/09 [18:45]

철도의 날 기념일(18일)을 앞두고 반가운 소식이 전해졌다.
40년 넘은 철도기술사 역사에서 최초로 여성 합격자가 배출(9월2일 산업인력공단 공지)됐다는 제보다.

[그림 45] **기술사 취득 후 인터뷰** (출처: 매일 건설신문)

지금 생각해 보면 고등학생 때는 수학과 물리를 좋아해서 기계공학과에 가겠다는 생각을 갖고 있다가, 고3 때 멋진 건물을 설계하고 건축하시는 분이 나오는 드라마를 보고 막연하게 멋진 건물을 설계하고 짓는 건축에 매력을 느꼈다가, 당시 건축과가 경쟁률이 치열해서 우회로 돌아가자는 마음에 토목공학에 지원했습니다. 그리고 공부하면서 '토목의 꽃은 단연코 교량이다.'라고 생각하며 매끈하고 화려한 도로 교량을 만들어보겠다는 의지를 가지고 대학원에 들어갔죠. 당시 철도는 토목 분야라고 생각해 본 적도 없었거든요. 그런데 마침 소속된 연구실에서 철도교량 연구용역을 맡게 되었고, 이어서 졸업논문까지 철도 관련(장대레일)으로 썼고, 건설사에 입사했을 때도 철도 관련 프로젝트가 많이 나오면서 철도 경험을 가진 자를 선발했기 때문에 채용이 바로 되었고, 입사해서는 철도 분야 프로젝트와 현장을 경험했습니다. 그리고 건설회사를 거쳐서 오롯이 철도를 연구하는 곳으로 옮기게 되었습니다. 정말 철도와는 운명같은 만남이 된거죠. 돌이켜보면 당초에 계획했던 목표는 아니었지만, 우연의 연속으로 업(業)이 되어버린 '철도'를 선택한 건 신의 한 수였다고 봅니다.

❹ 기술사 시험 준비 과정

철도기술사를 취득하기 전에 토목시공기술사를 먼저 땄습니다. 회사 동기 몇몇과 같이 학원에 등록해서 주말이면 학원에 가서 수업을 들었고, 평일이면 까맣게 잊고 있다가 다시 주말이면 가방을 들고 학원에 가고, 시험 시기가 다가오면 벼락치기 하듯이 바짝 공부했습니다. 그래서 생각만큼 점수가 잘 나오지 못했습니다. 그러다가 회사 내 현장 소장님의 추천으로 기술사 스터디(기술사 공부를 하는 모임)에 참여하게 되었는데요, 다양한 사람들과 매주 나올 만한 문제를 추려서 서로 답안지를 작성하고 비교해 보며 답안지를 수정했습니다. 답안지를 작성하기 위해 논문이나 기사 등을 많이 읽었고, 괜찮은 그림이나 그래프 등은 별도의 핵심 정리 노트를 만들어서 모아놓았으며, 주어진 시간 내에 답안지를 작성하기 위한 저만의 답안지 작성법도 고안해 내어 마침내 토목시공기술사를 취득할 수 있었습니다. 토목시공기술사를 취득 후 바로 철도기술사 공부를 시작했어요. 그때 철도기술사는 서울 학원에 한 곳밖에 없었는데 일정 인원 모집이 안 되면 강좌가 개설되지 않았습니다. 다른 방법을 찾아내야만 했죠. 그 당시 건설회사에서 해외업무를 했기에 해외철도 관련하여 철도협회에서 진행하는 강좌를 신청했습니다. 해외철도 관련 일을 하시는 다양한 분들과의 만남도 꾀할겸, 또 강좌를 통해 다양한 철도 분야(전기, 신호, 통신, 열차운영 등)를 경험하고자 신청했는데요, 그곳에서 철도 분야 일을 하시는 두 분(한 분은 공공기관, 또 한 분은 설계사)을 만났고 마침 기술사 공부를 한다고 하여 함께 스터디 모임을 만들었습니다. 아무래도 시공기술사 공부할 때 생긴 나름의 노하우(know-how) 덕에 스터디를 만들고, 기술사 기출문제 10년 치를 분야별로 정리하고, 유사 문제를 추려서 약 100개의 문제로 만들어서 스터디 모임 사람들과 매주 5개씩 답안지를 작성하고 공유했어요. 그리고 국토교통부 인터넷 사이트에 들어가서 보도자료 코너의 교통물류 페이지를 매일 들락날락하며 올라오는 자료를 읽었습니다. 왜냐하면 그 페이지에는 최신 이슈 사항들이 보도자료로 정리되어 올라왔기 때문입니다. 최신 경향을 알아보기에 적합했거든요. 그렇게 1차를 합격했습니다. 면접 준비는 기존의 기출문제를 보면서 소리 내어 답하는 연습을 했어요. 그 결과 철도기술사는 이전에 합격한 토목시공기술사에 비해 비교적 빠르게 합격할 수 있었답니다.

⑤ 기술사 시험 준비 과정에서 어려웠던 점과 극복 방법

기술사 시험을 준비하면서 가장 어려웠던 점은 아무래도 '시간' 그리고 '체력'이었습니다. 회사는 출근해야 하고, 퇴근하고 집에 오면 방전되어 뻗기에 바빴죠. 주말 중 토요일은 오전에는 늦잠을 잤고 오후부터 일요일까지 공부했는데요, 이마저도 집중력이 많이 오르진 않았습니다. 학원에 다닐 때는 쉬엄쉬엄 공부했는데, 기술사 스터디에 참여하고 나서부터는 매주 해야 하는 숙제가 생겼고, 서로 크로스 체크(교차 비교 검토)까지 하다 보니, 그나마 강제성도 부여되고 동기부여도 돼어 꾸준하게 공부할 수 있었습니다.

이런 적도 있어요. 정신없이 회사에 다니면서 나름 틈틈이 공부하다가 시험접수 마감 하루 지나서 시험접수를 깜빡하고 잊은 게 생각이 난 거예요. 시험을 접수하려고 인터넷 홈페이지에 로그인하다 접수 기간이 하루 지난 걸 알고 좌절했던 적도, 회사 워크숍 일정과 시험일이 겹쳐서 새벽에 부랴부랴 워크숍 장소에서 시험 장소로 이동한 적도 있었습니다. 결과는 뭐 안 봐도 뻔했죠.

아무튼 기술사 시험이란 게 언제 합격할지를 알지 못하기 때문에 마냥 쉬면서 공부만 집중할 수도 없고, 회사는 다녀야 했고, 집에 오면 피곤해서 책상에서 졸기 일쑤였고, 이런 생활을 한 일 년 했습니다. 그러다가 이러면 안 되겠다 싶어서 초기에 피곤해질 각오를 하고 헬스장 PT를 등록했습니다. 퇴근하면 바로 헬스장으로 가서 정말 빡빡하게 운동했네요. 그 후로 일정 개월 수가 지나니 체력이 점점 생기더군요. 체력이 생기니 퇴근 후 늦게까지 공부해도 쌩쌩할 수 있었고요. '아! 이래서 다들 운동해야 한다고 하는구나!' 싶었습니다. 그래서 요즘도 운동은 꾸준히 하려고 노력합니다. 정말 회사에 다니면서 기술사 시험공부를 하는 건 결국 '체력'이 관건 같습니다.

❻ 철도기술사로서 현재 수행하고 있는 업무 소개

저는 현재 한국철도기술연구원에서 철도 분야 연구 및 시험 관련 업무를 진행하고 있습니다. 연구원에서 하고 있는 철도 분야 업무로는 BIM 기반 디지털플랫폼 구축연구에 참여하고 있습니다. 철도 현장에 나가지 않고 가상공간에서 철도를 관리하고, 운영하고, 안전을 확보 할 수 있는 방안들을 검토한다고 볼 수 있어요. 또한 요즘처럼 더운 날씨가 지속되거나, 강우량이 증가한다던가의 이상기후 징후의 빈도수가 늘어나고 있는 추세에 이로 인한 철도 피해를 예방할 수 있는 기술도 개발합니다. 국내에서 개발된 철도 용품 등이 해외에서도 인정받기 위한 철도 분야 시험인증 체계 국제화 구축 등에 관한 업무도 수행하고 있고요. 그리고 그 외 다양한 철도 계획, 유지관리, 재난 분야 등에서 자문 위원으로도 참여하고 있습니다.

❼ 업무 중 경험한 기술사의 장점

철도기술사를 합격했을 당시에는 건설회사에 다니고 있습니다. 철도기술사를 따자마자 연구원으로 이직했죠. 사실 이곳은 연구기관이기 때문에 기술사보다는 박사 학위를 더 필요로 하는 곳이긴 합니다. 대부분의 박사님들이 한 분야의 세부적인 분야를 깊게 공부합니다. 저는 다양한 경험과 기술사 공부를 통해 토목뿐만 아니라 여러 분야를 접해 보았습니다. 따라서 다양한 시각에서 보고 접근할 수 있는 장점을 가질 수 있게 된 거 같습니다. 참고로 철도기술사는 토목 분야만 있는 게 아니에요. 건축, 전기, 신호, 통신 등 여러 분야가 복합적으로 다루고 있는 분야라서 시스템공학이라는 표현을 많이 씁니다. 철도기술사를 통해 제가 많이 다루지 못한 토목 외에 여러 분야를 고민해 보고 공부했던 것이 저의 폭넓은 경험과 시야를 갖게 해주었고 이는 연구하는 데 큰 도움이 되고 있답니다.

8 기술사의 활용과 미래 전망

처음엔 회사에서 승진 가점 및 수당을 받기 위한 목적과 명함에 한 줄 더 새기기 위해서 기술사 공부를 시작하긴 했습니다. 기술사 시험 공부를 하면서 알게 되었죠. 한 분야의 전문가가 되기 위해서는 어마어마한 관련 과목들을 공부해야 한다는 사실을요. 아마 고등학교 때 이후로 그렇게 광범위한 분야를 다 접했던 적은 없었던 거 같습니다. 그렇게 한 분야의 기술사를 따기 위해 광범위한 범위의 공부를 집중적으로 하면서, 이전에 실무에서 경험했던 부분들이 하나씩 정리되는 느낌이 들었습니다. 새로운 이슈나 사실(지식 포함)을 접할 때마다 그것과 연관된 다양한 부분들을 고민하고 생각하게 되었고요. 예전에는 딱 그것 하나에만 집중했다면, 지금은 다양한 분야를 연계하여 고민하면서 좀 더 넓게 다각적인 각도에서 접근하는 지혜가 생겼다고 할까요?

제가 일반 회사가 아니라 연구원에 있어 보니, 기술사의 활용 및 쓰임이 많진 않습니다. 다만 기술사를 취득하는 과정이 저를 한 단계 업그레이드시킨 계기가 되었습니다. 아! 타인이 저를 바라보는 시각이 달라지긴 해요. 한 분야의 전문가로 존중해 주는 모습이 보인다랄까요? 그래서 격에 맞는 훌륭한 기술자가 되기 위해 열심히 노력합니다.

⑨ 기술사를 꿈꾸는 후배들에게 남기는 글

저는 기술사를 그냥 자격증일 뿐이라고 봅니다. 그걸 통해서 본인의 신분이 확 달라지거나 하진 않아요. 다만 기술사를 취득하기까지의 과정을 통해서 본인이 속한 그 분야를 바라보는 시각이 더 넓어지고 깊어질 수 있다고 감히 이야기할 수는 있겠네요. 그리고 그러한 심도 있는 공부와 경험을 통해서 자격증을 얼마나 가치있게 쓰는가는 각자의 몫에 달려 있다고 생각합니다.

인생 선배로서 후배들에게 이야기 하자면, '이것을 해야된다!'라고 정해놓고 안 되면 좌절하고 실망하고 힘들어하지 말라고 이야기 해주고 싶습니다. 무언가를 '해야 한다.'라는 생각보다는 내가 생각하고 나아가고 싶은 '방향'에 대한 고민을 해보시고, 그 '방향'에 맞게 가고 있으면 '나는 지금 잘하고 있다.'라고 스스로에게 토닥여주세요. 그렇게 묵묵히 가다 보면 어느 순간 '원하는 그 지점에 서 있을 수 있다.'라고 이야기 해주고 싶습니다. 저도 아직은 원하는 지점을 향해

한 걸음 한 걸음 나아가고 있고, 조금은 후배님들 앞에서 걷고 있으니, 제가 넓진 않지만 닦아 놓은 길을 후배님들이 이정표로 생각하고 따라와 주신다면 더 큰 동기부여가 저에게도 될 수 있을 거 같네요.

2.8

측량및지형공간정보기술사

공간정보품질관리원 처장 권지순

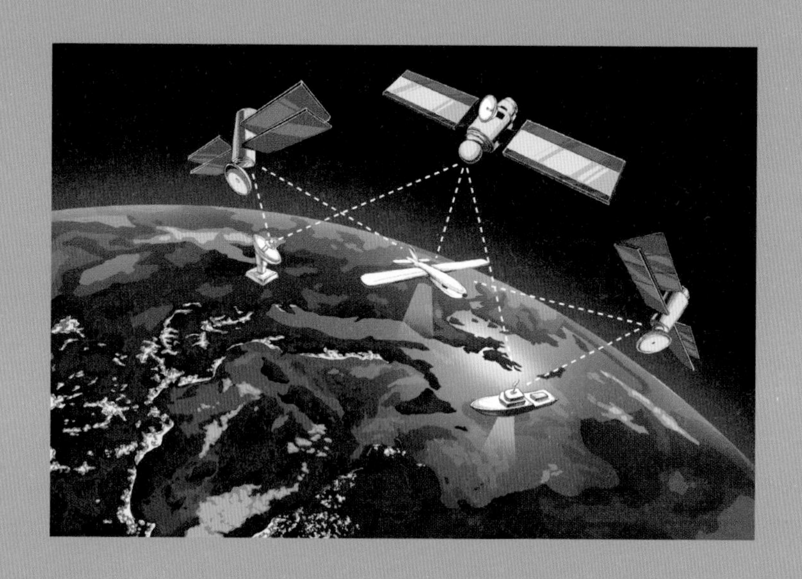

2.8

측량및지형공간정보기술사

❶ 측량및지형공간정보기술사의 세부 분야 소개

'측량및지형공간정보기술사'에 관련된 세부 분야 소개를 큐넷(http//www.q-net.or.kr)의 공식 문서를 참고해서 정리해 보았어요.

측량은 종래 지상측량과 지도 제작이 중요했습니다. 최근에는 항공사진측량, 인공위성에 의한 영상획득, 원격탐사에 이르기까지 그 내용과 활용 분야가 나날이 발전하는 중입니다. 따라서 측량에 관한 계획, 조사, 설계, 연구, 분석 및 평가를 수행하고 공간상 위치를 점유하는 지리정보를 효율적으로 수집, 저장, 갱신, 처리, 분석하여 제공할 수 있는 고도의 전문인력이 필요하게 되었습니다. 관련 전문가를 양성하고자 자격제도를 제정했고요. 아래의 표를 통해 '측량및지형공간정보기술사' 명칭의 변천 과정을 알려드리겠습니다.

[표 19] **'측량및지형공간정보기술사' 명칭의 변천 과정**

'74.10.16. 대통령령 제7283호	'91.10.31. 대통령령 제13494호	'98.05.09. 대통령령 제15794호	현재
국토개발기술사 (측지)	측지기술사	측량및지형공간 정보기술사	측량및지형공간 정보기술사

(출처: 큐넷 http//www.q-net.or.kr)

측량및지형공간정보기술사의 직무 분야(중직무 분야)는 건설(토목)이랍니다. 측량 및 공간정보에 관한 고도의 전문지식과 실무경험에 입각한 계획, 연구, 설계, 관측, 분석, 운영, 평가 또는 이에 관한 지도, 감리 등을 수행합니다.

시험을 통해 ①측량 및 지형공간정보에 관한 실무경험, 전문지식 및 응용 능력과 ②기술사로서의 지도감리・경영 관리 능력, 자질 및 품위를 모두 평가합니다. 문제 출제 기준은 인터넷 사이트 큐넷(http//www.q-net.or.kr) 메뉴 상단에 있는 '고객지원⇒ 자료실⇒ 출제 기준' 자료를 내려받아 참조하세요.

본 시험의 시행처는 '한국산업인력공단'입니다. 관련 부처는 '국토교통부'이고요. 대학 또는 전문대학의 관련학과에는 '도시계획학, 지역개발학, 환경공학, 토목 및 건축공학'이 있습니다. 시험과목은 '측량 및 측지, 지형공간정보의 계획, 관리, 실시와 평가, 기타 측지 측량에 관한 사항'으로 구분할 수 있습니다. 필기시험은 단답형과 주관식 논술형으로 구성되어 있는데요, 교시당 100분, 총 400분의 시간이 주어집니다. 이어서 2차 시험에서는 면접을 보는데요, 구술형 면접시험으로 약 30분 정도 소요됩니다. 100점 만점에 60점 이상을 받으면 합격입니다.

필기 및 실기 응시율 및 합격률 현황은 다음의 표 20과 같으니 참고하세요.

[표 20] **'측량및지형공간정보기술사' 응시율 및 합격률**

필기					
연 도	접수자	응시자	응시율(%)	합격자	합격률(%)
2023	133	93	69.9	10	10.8
2022	114	75	65.8	5	6.7
2021	99	69	69.7	10	14.5

실기					
연 도	접수자	응시자	응시율(%)	합격자	합격률(%)
2023	12	12	100.0	7	58.3
2022	7	7	100.0	7	100.0
2021	15	15	100.0	9	60.0

(출처: 큐넷 http//www.q-net.or.kr)

'측량및지형공간정보기술사' 자격증은 정부의 도시행정 및 지역행정 관련 부서, 도시개발공사, 한국도로공사, 수자원공사 등의 정부투자기관, 각종 협회, 연구기관, 교육기관, 건설업체 등 다양한 분야에서 유용하게 쓰이고 있습니다. 현재까지 국가와 지방자치단체에서 지적도 전산화, 토지기록관리 전산화 등의 토지정보체계(LIS) 구축 사업과 국가지리정보체계(NGIS) 구축 사업, 도시정보체계(UIS) 구축 사업 등이 활발하게 진행되었어요. 미국에서는 공공 부문에서만 매년 5조 원 규모의 지형공간정보 관련 시장이 형성되고 있습니다. 캐나다에서는 1조 3천억 원 규모의 시장에 2천여 개의 업체가 GIS 산업에 종사하고 있고요. 우리나라는 1천억 원 규모의 시장에 250여 업체가 활동중입니다. 앞으로 발전 전망이 매우 높다고 생각합니다. 또한 활용 측면에서 도로, 7대 지하시설물, 철도, 재해관리, 국토공간관리 등 공공분야에는 물론, 물류와 차량 항법 분야 등 민간 분야에서도 폭넓게 쓰일 수 있기에 '측량및지형공간정보기술사' 자격취득자에 대한 인력 수요는 증가할 것입니다.

❷ 기술사의 가치와 쓰임

'측량및지형공간정보기술사'는 측량 및 공간정보에 관한 고도의 전문지식과 실무경험을 보유한 전문가에게 부여되는 자격증으로, 해당 분야에서 최고 수준의 전문가로 인정받을 수 있습니다. 왜냐하면 이 자격증은 단순한 기술적 숙련도를 넘어서 문제 해결 능력, 리더십, 그리고 프로젝트 관리 능력 등을 종합적으로 평가하기 때문입니다. 관련 분야에서 일정 기간 이상의 실무경험과 일정 수준 이상의 학력을 갖추고 있는 사람만이 취득하게 됩니다. 비교적 까다롭고 엄격한 기준의 필기와 면접시험을 통해 종합적인 능력을 평가받기 때문에, 그만큼 높은 신뢰도와 전문성을 보증해 주는, 가치가 높은 자격증이라고 말할 수 있습니다.

다음은 측량및지형공간정보기술사 자격증의 쓰임에 대해 알려드리겠습니다. 이 자격증은 단순히 채용시험에서의 가산점 부여뿐만 아니라, 엔지니어링산업 관련 측량 및 공간정보 활용 분야에서 다양하게 쓰일 수 있습니다. 최근 스마트폰을 이용한 위치기반 서비스나 자율주행차의 대중화로 공간정보의 중요성이 강조되고 있는데요, 여러분은 위치정보에 대해 어느 정도 알고 계시나요?

공간정보의 신뢰성을 확보하기 위한 위치 정확도는 측량을 통해서 이루어집니다. 물론 최근에는 정보통신기술이 발달하여 마치 통신으로 모든 위치결정이 이루어진다고 생각하실 수 있는데요, 측량 이론을 제대로 이해하고 있어야 정확한 위치정보를 확보할 수 있습니다. '측량'이라는 단어는 공간정보와 별개로 볼 수 없습니다. 왜냐하면 공간정보란 위치와 속성정보의 결합이기 때문입니다. 기초 데이터인 위치정보의 확보가 제대로 이루어져야, 여러 가지 기술로 융・복합한 결과물인 공간정보구축 시스템 및 플랫폼, 공간정보 서비스 사업에서도 문제가 발생하지 않습니다.

4차 산업혁명 이후 공간정보와 인공지능(AI)에 관한 관심은 급부상했습니다. 그러나 정작 공간정보에서의 중요한 품질 요소인 위치 정확도 확보를 위한 측량에는 관심이 그다지 높지 않다는 느낌이 듭니다. 뭔가 원재료의 중요성을 놓치고 결과물에만 집착하는 모습처럼 보이기도 합니다.

(미래의) 안전하고 편리한 생활을 영위하기 위해서는 정제된 고품질의 공간정보 데이터를 얻는 것이 더 중요해질 것으로 봅니다. 품질기준에 적합한 정보들은 필요한 곳에 유용하게 사용될 수 있겠죠? 이러한 일련의 과정에서 발생할 수 있는 문제점을 해결할 수 있는 전문가가 바로 '측량및지형공간정보기술사'랍니다. 물론 기술사 혼자 모든 걸 해결할 수 있다는 건 아니고요. 다만 옛말에 "알아야 면장(免牆)을 한다."라는 말처럼, 워낙 이 분야의 업무가 다양한 공간정보와의 융·복합기술을 사용하다 보니, 그에 걸맞게 해결해야 하는 문제들을 제대로 짚어낼 수 있는 사람이 필요하다는 뜻입니다.

공간정보의 활용이 급격하게 증가하는 추세임은 확실해요. 수요자 맞춤형 공간정보서비스 산업의 성장에 발맞추어 자격증의 가치 상승과 쓰임의 증가를 조심스럽게 기대해 보네요.

③ 기술사 시험 준비 동기

저는 아마도 여기에 소개된 저자분들 중 유일하게 학부 비전공자가 아닐까? 싶습니다. 원래 제품디자이너를 꿈꿨던 미대생이었습니다.

캐드(도면을 그리는 컴퓨터 프로그램의 하나)를 배우던 중 우연한 기회에 지도 제작회사에 입사하게 되었고, 관련된 자격증을 계속해서 취득하다 보니 국가기술자격 최상위급인 '측량및지형공간정보기술사'까지 되었어요. 그 당시에는 전공을 살리지 못한 아쉬움이 있었지만, 현재까지 27년간 몸담은 걸 보면 이 분야가 저랑은 제법 잘 맞는 것도 같습니다.

비전공자였던 미대생이 어떻게 '측량및지형공간정보기술사'까지 취득하게 되었는지 궁금하시죠?

제가 앞서 말씀드린 지도 제작회사에서의 첫 업무는 논이나 밭 기호를 해당 지류계(식생계; 식생의 경계선) 안에 지도 도식에 따라 마름모 모양으로 입력하는 것이었습니다. 하지만 저는 단순히 이러한 기능적인 업무에 만족하지 않았고, 계속해서 자발적으로 업무 능력을 키우기 위해 노력했답니다. 정확성과 완전성의 품질관리 기준을 만족해야 하는 지도 제작의 업무 특성상 저의 직무 능력을 정확하게 파악하는 것이 필요했고, 자격증은 이를 증명할 최소한의 판단 기준이라 생각했기 때문입니다. 요즈음 이걸 '메타인지'라고 하던가요? 그 당시 저에겐 '나 자신을 정확하게 아는 것'이 필요했습니다. 미술을 전공했던 제가 업무 능력에 대한 의심을 없애고, 비전공자를 미덥지 않게 바라보는 타인에게 끊임없이 저를 증명해야 했기 때문이기도 했죠.

처음으로 취득한 관련 자격증은 '지도 제작 기능사(1998년 취득)'였는데요, 지금처럼 수치지도 편집의 숙련도만을 평가하지 않고, 1차 필기시험에 합격해야 2차 실기시험을 응시할 수 있었습니다. 1차 필기시험은 측량 및 지도 제작 이론을 물어보는 시험이었습니다. 이때 한 공부가 나중에 기사 자격증 시험에도 도움이 되더군요. 이어서 '측량 및 지형공간정보 기사(2000년 취득)'라는 자격증을 취득했는데요, 이 자격증은 지금 제가 근무하고 있는 '공간정보품질관리원'이라는 직장에 입사할 수 있게 도움을 준 자격증이기도 합니다. 왜냐하면 제가 입사한 기관은 공공측량 성과심사라는 정부 위탁 업무를 수행하고 있는 기타 공공기관으로, 「공간정보의 구축 및 관리 등에 관한 법률」에 따른 성과심사자의 자격 요건이 「국가기술자격법」에 따른 관련 기술자격을 취득한 자여야 했기 때문입니다.

입사 후 지하시설물도 성과심사 업무를 주로 수행했어요. 이때 공간정보 구축의 모든 공정을 잘 알고 있어야 제대로 된 심사를 할 수 있을 거로 생각하게 되었죠. 합격할 거라는 보장이 거의 없어 보였지만 최소한 저의 업무에 도움은 되겠다 싶어서 다시 기술사 공부를 시작하게 되었습니다.

그런데 말입니다, 기사 자격증까지는 소위 벼락치기 공부가 통했다면, 기술사는 그게 통하지는 않더군요. 그래서 몇 번 도전하다 업무가 바쁘다는 핑계로 흐지부지 포기하기가 일쑤였습니다. 그러다

마흔 중반이 넘어가니 후배들이 하나둘 기술사를 취득했다는 소식이 들렸습니다. 이 업무를 제대로 수행하기 위해서라도 그리고 다시 한번 저의 직무역량을 확인해 보고 싶은 마음도 생겨서 기술사 시험에 도전하게 되었습니다. 이번에는 인디언식 기우제처럼 합격할 때까지 계속 공부해 보자는 마음으로 시작했고, 결국 자격증을 취득했답니다.

④ 기술사 시험 준비 과정

기술사 시험은 1차 필기시험(단답형과 주관식 논문형), 2차에서는 면접(구술형)시험으로 이루어집니다. (앞에서도 언급했지만) 저는 비전공자이다 보니, 혼자 공부하는 것에 어려움이 따랐습니다. 1차 필기시험을 위해 기술사 강의 학원을 알아봤습니다. 아무래도 혼자 수험서만으로 공부하는 데는 한계가 있을 것 같아서요. 그런데 토목 분야 기술사 중 제가 선택한 분야는 응시인원이 적어서인지 학원 선택의 폭이 넓지는 않더군요. 요즈음은 온라인 강의도 있다고 하니 자기에게 맞는 것을 선택하시면 될 것 같습니다.

제가 선택했던 학원은 주말 오후에 수업이 있어서 근무 시간에 방해가 되지 않았지만, 여러분도 이 분야에서 근무하시면 아시게 될 텐데요, 우리 업무는 야근과 특근이 잦습니다. 그러다 보니 일과 학습을 병행하기가 쉽지는 않습니다. 더군다나 저질 체력(에너지가 쉽게 고갈되는 체력)인 저는 주말에 수업을 듣고 자기 공부까지 할 시간이 절대적으로 부족했습니다. 하지만 다행히도 수업 내용은 생각보다 이해하기 어렵진 않았어요. 아무래도 학원이다 보니 가르치는 데 도가 트인 강사님들이셨고, 이전에 기사를 준비하면서 공부했던 것과 연관이 된 업무가 도움이 된 것 같습니다. 수험서 외에 최신 이론 서적을 준비해서 참고했습니다. 왜냐하면 수험서는 모두가 공통으로 공부하는 교재라서 나만의 답안지를 작성하려면 이론 서적의 내용이 필요했기 때문입니다. 마지막으로 최신 경향의 문제 출제를 대비하기 위해서 관련 보도 자료, 논문 등을 찾아서 정리 했습니다. 차별화된 답안지를 작성하기 위해서는 될 수 있으면 많은 자료와 실무경험을 참조하면 좋을 것 같습니다. 특히나 측량 및 공간정보 분야는 최신 기술의 반영이 타 분야보다 빠른 곳이라 2~3년만 지나도 다시 준비해야 하는 내용이 생기다 보니, 수업을 준비하는 강사들조차 힘들다고 말하거든요.

'측량및지형공간정보기술사'는 1년에 2번의 응시 기회가 있었습니다. 저는 기술사 시험 준비 초창기에 시험 일정에 맞추어 주말에는 학원에서 기술사 강의를 수강했습니다. 약 2개월 정도, 15~16회 현장 강의를 들었죠. 시험 응시일 전에 개인 연가를 3~10일 틈틈이 사용해서 시험에 나올 만한 문제들만 집중적으로 정리해 보는 시간을 가졌습니다. 응시 기간이 본의 아니게 늘어지다 보니 나중에는 학원에 다니지 않게 되었고, 혼자 주말을 이용해서 공부하는 방향으로 바뀌었죠. 아무래도 주중에는 관련 업무를 처리하느라 힘들어서 제대로 된 공부를 하지 못했습니다. 그러다 보니 늘 아쉬움이 남더군요. 시험을 치르고 나서 뒤늦게 발동이 걸려서 이 문제는 이렇게 쓸걸, 저렇게 써볼 걸 하고 이불킥하기(후회하기)가 일쑤였습니다. 이렇듯 처음의 다짐은 오래가지 못했고 책가방만 들고 왔다 갔다만 하는 수험생 놀이를 몇 년 하는 동안 학원에서 같이 공부했던 분들이 먼저 합격 소식을 전했고, 저랑 같이 공부를 시작했던 옛 직장 선배도 마침내 합격, 결국에는 저 혼자 남게 되었습니다.

고도의 전문지식과 실무경험이 있어야 하는 기술사 공부가 저에겐 그냥 업무의 도움이 되는 걸로 만족하며 살아야 하나 여길 때, 다행스럽게도(?) 합격하신 분들이 계속해서 도전해 보라고 응원을 보내주셨고, 결정적으로 마지막에 합격한 선배가 그제야 제대로 된 합격의 비밀도 알려주셨습니다. 같이 공부할 땐 절대 알려주지 않았던 탑 시크릿을요. 그 비밀은 제가 왜 그동안 합격하지 못했는지를 깨닫게 되는 계기가 되었습니다. 역시 기술사는 최상위급의 자격증인 만큼 시간과 노력이 절대적으로 필요하더군요. 꾸준히 포기하지 않고 도전하는 마음도 매우 중요했습니다.

선배 합격자의 얘기를 듣고 최대한 시간을 낼 수 있도록 노력했습니다. 최근 5년간의 기출문제 중 출제 빈도가 높은 문제에 집중했습니다. 선택과 집중이 필요했죠. 그리고 그동안 정리해 왔던 여러 개의 답안지를 하나로 취합해 최종적으로 정리했고, 시험 일주일 전부터는 정리한 답안지만 계속해서 정독하며 거의 외우다시피 했습니다. 사실 시험장에선 문제를 읽고 생각해서 쓸 시간이 부족하거든요. 준비했던 문제가 나오면 기계적으로 적게 되는 순간이 옵니다. 그리고 답안지를 걷어 가는 순간까지 손에서 펜을 놓지 않게 되면 그때 합격이라는 기쁨을 얻게 됩니다. 어때요? 감이 오시나요?

5 기술사 시험 준비 과정에서 어려웠던 점과 극복 방법

모든 시험이 그렇듯 준비 과정에서 어려운 점은 '시간'이 늘 부족하다는 것이죠. 기술사 공부에만 집중할 수 있는 현실이 아니다 보니, 일과 학습의 시간분배를 잘하여 최대한의 효과를 얻어내야 했습니다. 앞의 내용에서도 언급했지만, 여러분들도 이 분야에 들어오시면 아시게 될 텐데요, 여기는 준공이니, 마감이니, 정해진 시간 안에서 업무를 완성해야 하는 경우가 빈번해서 야근 및 철야가 종종 있습니다. 업무 특성상 준공이 많은 연말 연초에는 성과심사 업무가 바쁘다 보니, 여름철에 반짝(?) 공부해서 기술사 시험에 응시하곤 했습니다. 자투리 시간은 허투루 쓰지 않으려 노력했고요. 물리적으로 시간은 항상 부족하다 보니 주어진 시간 안에 집중력을 높여 공부하려 애썼던 기억이 납니다. 저에게 특별히 어려웠던 점이라면

‘공부는 엉덩이로 하는 것’이라는 말처럼 끈기와 인내심을 내려놓지 않기 위한 ‘기초 체력’이 부족하다는 것이었습니다. 드라마 〈미생〉의 명대사 잘 아시죠? “네가 진정으로 이루고 싶은 것이 있다면 ‘체력’을 먼저 길러야 한다.” 눈물 나게 공감이 가는 대사였습니다. 특히나 지천명(知天命)을 훌쩍 넘긴 저 같은 사람에겐 더더욱 와닿는 말이었고요.

서른 살 이후로 꾸준히 운동하고 있습니다. 수영, 요가, 필라테스, 발레핏 등으로 체력을 유지합니다. 이걸 지금 다하고 있다는 건 아니고요, 그동안 해봤던 운동 종목을 시간순으로 나열해 본 거랍니다. 저는 주로 정적인 운동을 선호하는 편입니다. 처음엔 체력이 너무 바닥이라 운동하는 걸 힘들어했는데요, 꾸준히 제 몸에 맞는 운동을 찾아보면서 체력을 키워가다 보니, 왜 진작 시작하지 않았을까? 하는 아쉬움이 생길 정도가 되었답니다. 나이가 들어 체력까지 없으면 새로운 걸 시도하는 데 망설여지거든요. 그러니 운동은 꼭 하세요!

마지막으로 어려웠던 점은, 아니 아쉬웠던 점은, 학교 다닐 때 ‘영어’와 ‘수학’ 공부를 열심히 해둘 걸 하는 후회를 했다는 것입니다. 문득 공부를 하다보면 ‘내가 지금 영어 공부를 하고 있나?’ 하고 현타가 올(현실을 직시하게 될) 때가 있었습니다. 아무래도 영어로 된 자료나 영상을 보게 되는 경우가 많다 보니, 이럴 때마다 ‘영어를 잘했으면 편했을 텐데…'라고 생각하게 되었습니다. 이 문제를 극복하기 위해 저는 구글 번역기를 사용했습니다. 대부분 전문용어여서 직역이 이상할 때도 있었지만, 아쉬운 대로 도움을 받았습니다. 좋은 자료의 내용은 참조하지 않을 순 없으니까요. 이가 없으니, 잇몸으로 씹는다는 심정이었습니다. 수학은 기술사 공부에서 많이 필요로 하지 않았는데요, 다만 오차론 부문에서 이과 수학을 더 잘 알았으면 어땠을까? 하는 아쉬움이 남더군요.

지금 제 글을 읽고 있을 후배들에게 다시 한번 강조하고 싶은 얘기는, 기술사 도전 포함, 인생을 살아가면서 자기가 하고 싶은 것을 해보기 위해서는 첫 번째로 "체력을 키우기 위해 노력하세요."입니다. 그래야 주어진 '시간' 속에서 최대한 집중력을 발휘할 수 있고 원하는 결과를 얻게 될 테니까요. 그리고 '영어' 공부를 할 수 있다면, 잘하기 위해 노력해 보세요. 그러면 선택의 폭을 넓힐 수 있습니다. 요즘은 평생직장의 개념이 사라지고, 평생교육의 시대이니 꼭 기술사가 아니더라도 하고 싶은 공부를 시작해 보는 것도 나쁘지 않다고 봅니다.

기술사 자체가 인생의 목적이 될 수는 없답니다. 단지 과정일 뿐이죠. 기술사 자격증을 취득하고 나서 지금까지와는 다른 차원의 업무를 수행하게 될 텐데요, 진짜 기술사가 될 수 있는가는 이때부터가 시작이 아닐까? 싶네요.

❻ 측량및지형공간정보기술사로서 현재 수행하고 있는 업무 소개

저는 현재 공간정보품질관리원에서 지도품질관리처 처장으로 근무하고 있습니다. 우리 기관은 2019년에 「민법」 제32조(비영리법인의 설립과 허가)에 따라 설립이 되었고, 같은 해 '측량성과 심사수탁기관 지정 및 위·수탁계약' 체결에 따라 2020년부터 공공측량 성과심사 및 지도 등의 간행에 대한 심사를, 2021년에는 '기본측량 품질관리 업무 검증기관으로 지정'되어 기본측량 품질검증을, 그리고 공간정보 품질연구실을 만들어 공간정보 품질과 관련된 기술의 연구 및 개발 등의 주요 업무를 수행하고 있어요. 이렇게 설립 시기를 보면 신생 기관으로 생각하실 수도 있는데요, 사실 '한국공간정보산업협회'라는 곳에서 1989년부터 2019년까지 30년 동안 공공측량 성과심사를 수행해 왔고, 지난 세월호 사고를 계기로 공정성 결여(측량업체가 회원으로 구성된 한국공간정보산업협회에서 측량업체가 작성한 공공측량 성과를 심사하는 것을 공정성 결여로 봄), 셀프(자체) 심사가 우려된다는 판단에 따라 2019년에 별도로 독립한 조직입니다.

저는 지도 제작회사에 근무하다가 2002년에 이곳에 입사해서 지금까지 근무하고 있습니다. 평사원으로 입사해서 지금은 처장이라는 직위를 가지고 기본측량성과 중 지도(국가기본도, 1/1000 수치지형도)품질 정확도에 대한 검증 업무를 총괄합니다. 제가 하는 업무는 관련 법과 규정에 따라 진행되는 다소 경직된 업무라고 생각되실 것 같은데요, 사실 매끄러운 일 처리를 위해서는 측량 및 공간정보에 관한 고도의 전문지식과 실무경험에 입각한 노하우(know-how)가 필요하답니다. 그래서 기본측량 검증결과의 종합 판정은 측량및지형공간정보기술사 자격을 취득한 자가 실시하게 되어 있습니다.

그럼, 본격적으로 제가 현재 총괄하고 있는 업무에 대해 알려 드리겠습니다.

「공간정보의 구축 및 관리 등에 관한 법률」 제13조 제2항, 동법 시행령 제14조 제1항에 따르면 우리 기관으로 기본측량성과 검증 의뢰서와 기본측량성과 등을 제출하고 검증을 의뢰하게 되어 있습니다. 그러면 우리 부서에서는 검증대상인 국가기본도 및 1/1000 수치지형도 접수를 진행하고 물량에 따라 실내와 현장검증으로 구분한 뒤, 검증기준에 따라 검증을 수행한 후 검증결과서를 작성하여 국토지리정보원장에 통지를 합니다.

이처럼 제가 현재 총괄하고 있는 지도품질관리처의 일들은 기본측량성과 중 지도품질 검증 분야로 국토개발을 위해 주로 사용되었던 과거의 지도가 아닌, 국가경쟁력 확보와 안전, 서비스 제공을 위한 공간정보의 요구로 방향이 전환되는 이때, 기본측량성과 생산주기가 단축되고 구축량이 증대되는 등 공간정보 데이터의 신속하고 정밀한 업데이트 구축의 효과적인 대응이 가능하도록 하기 위한 업무를 처리하고 있습니다. 따라서 이러한 업무를 하는 과정에서 발생하는 문제점들을 해결하기 위해 관련 법과 규정의 개정에도 의견을 제시하여 법제도의 현실화에 조금이나마 기여하는 것도 제가 현재 하고 있는 업무 중 하나이기도 합니다.

⑦ 업무 중 경험한 기술사의 장점

제가 하는 공공측량 성과심사 업무는 국가에서 운영하는 제도로서 공공의 이해와 안전에 밀접한 관계가 있는 측량의 성과를 심사합니다. 성과심사는 공정하고 정확한 심사로 이루어져야 하고, 신뢰받는 품질의 성과로서 활용성을 높이기 위해서는 측량 및 공간정보에 관한 고도의 전문지식과 실무경험이 있는 사람을 필요로 합니다. 그래서 관련 규정에서도 성과심사자는 「국가기술자격법」 관련 기술자격 취득자여야 하고, 종합판정은 측량및지형공간정보기술사 자격을 취득한 자가 판정하게 되어 있습니다.

저는 입사할 때 '측량 및 지형공간정보 기사'를 가지고 있었지만, 업무에 도움이 될 것 같고 저의 직무역량도 판단해 보기 위해 기술사 공부를 시작했습니다. 여러 번의 도전 끝에 기술사 자격증을 취득하게 되었고요.

시험에 합격하고 나서 여러 새로운 기회를 얻을 수 있었습니다. 우선 관련 분야에서 기술 자문이나 제안서 평가를 할 기회가 생겼습니다. 관심 분야의 세미나와 포럼에서 토론 및 발표 기회를 얻을 수 있게 되었고, 외부에서 강의할 기회가 많이 생겼답니다.

처음에는 자문이나 평가, 강의를 준비하는 과정이 힘들 수도 있습니다. 하지만 시간이 흐를수록 점점 자신의 시야가 넓어지고 생각의 폭이 다양해지는 경험을 하게 됩니다. 나아가 훌륭한 인적 네트워크도 만들어져요. 기대하셔도 좋습니다. 여러분에게 다가올 변화될 미래를요.

기술사 자격을 취득하기 전까지는 비전공자로서 계속해서 저의 업무 능력을 검증받기 위한 시간이 필요했다면, 기술사 시험 합격 후에는 자동으로 기회가 부여되거나 상대방이 먼저 인정해 주는 순간들이 오더군요. 그래서 오히려 부담될 때도 있었습니다. 비유가 적절한지는 모르겠지만 '이래서 좋은 학교를 나오면 인생이 조금은 평탄하게 흘러갈 수 있겠구나!'라고 생각도 해 보았습니다. 좋은 학교가 그 사람의 '성실성'을 판단하는 잣대라면, 기술사 자격은 관련 분야 직무의 '전문성'을 인정해 주는 잣대라고 말할 수 있습니다.

또 하나 중요한 사실은 기술사 시험이 '지식 레벨로 평가받는 것은 아니다.'라는 점입니다. 요즈음 세상에서는 검색창에서 필요할 때마다 해당 지식과 정보를 쉽게 찾을 수 있으니까요. 본 시험에서 요구하는 능력은 '글로써 혹은 말로 상대방에게 기술적인 내용을 얼마나 효율적으로 잘 전달할 수 있는가?'라고 보시면 됩니다. 다행히 저는 여러 번 시험을 응시하면서 이러한 능력을 키울 수 있었는데요, 주어진 과제에 대한 문제점을 알아내고, 해결 방안과 기대 효과들을 제시하는 가운데 사고력을 높일 수 있었습니다. 그리고 이것은 기술사로서 실무에서도 꼭 필요한 능력이랍니다. 아무튼 이러한 것들이 기술사가 되고 나서의 가장 큰 장점이라 할 수 있을 것 같네요.

기술사가 되었다고 인생이 드라마틱하게 확 바뀌지는 않습니다. 오히려 그만큼 책임감도 함께 따라오는 것이 아닌가 싶은데요, 저는 기술사를 취득하고 나서가 오히려 더 힘들고 어렵다고 생각될 때가 있더군요. 햇병아리 시절에 처음 지도 제작회사에 입사해서 국가 기본도를 완성했을 때는 작성된 지도의 검수 결과로 제 업무 능력을 평가받을 수 있었다면, 기술사 자격증을 따고 나서부터는 단순 심사자로서가 아닌, 심사 종합 평가자로서의 판정에 대한 책임을 져야 하기 때문입니다.

핵심은 본인이 이 자격을 어떻게 활용하느냐의 차이로, 가장 큰 건 새로운 분야에 도전할 수 있는 '기회'를 잡을 수 있다는 것이겠고, 덤으로 '부가 수입의 창출'도 가능하다는 사실입니다.

❽ 기술사의 활용과 미래 전망

제가 취득한 '측량및지형공간정보기술사'는 건설 토목 분야 14개 기술사 종목 중 하나로 응시생이 그리 많지 않은 종목입니다. 아무래도 측량이 건설 토목 분야에서 차지하는 비중이 크지 않다 보니, 이번 여성기술위원회 에세이집 저자 섭외 당시에도 맨 마지막에서야 찾을 수 있었다고 들었습니다.

측량및지형공간정보기술사는 '큐넷'에서 성별 기술사 취득자 현황을 확인해 봐도 여성 합격자 수가 다른 기술사에 비해서 현저히 적고, 그 비율도 낮아요. 이를 통해(표 21) 여성 측량 및 지형공간정보기술사가 '희귀'한 이유를 알 수 있겠네요.

[표 21] **'측량및지형공간정보기술사' 취득자 성별 현황**

구분	~2018년	2019년	2020년	2021년	2022년	2023년	총계
남자	460명	10명	13명	7명	7명	7명	504명
여자	12명	2명	0명	2명	0명	0명	16명

(출처: 큐넷 http//www.q-net.or.kr)

'측량및지형공간정보기술사'와 밀접하게 관련 있는 '공간정보'는 4차 산업혁명의 핵심 원천으로서 인공지능(AI), 정보통신기술(ICT)의 발전과 함께 중요하게 인식되고 있습니다. 앞으로는 이 자격증의 활용 및 쓰임에 대한 평가가 높아질 것으로 기대합니다. '큐넷'에서 제공한 '측량및지형공간정보기술사 우대 현황'을 정리한 내용(그림 46)을 봐도 활용 발전 가능성에 대한 전망을 알 수 있습니다. 관련 우대법령 종류가 너무 많으니, 여기서는 저와 관련된 「공간정보의 구축 및 관리 등에 관한 법률」에 대해서만 표기해 볼게요.

법령명	조문내역	활용내용
공간정보의 구축 및 관리 등에 관한 법률	제39조 측량기술자	측량기술자의 자격
	제43조 수로기술자	수로기술자의 자격
공간정보의 구축 및 관리 등에 관한 법률 시행령	제104조 권한의 위탁 등(별표12)	측량성과 수탁기관의 인력기준
	제14조 기본측량성과 검증기관의 지정(별표4)	기본측량성과 검증기관의 인력기준
	제36조 측량업의 등록기준(별표8)	측량업의 등록기준
	제47조 수로사업의 등록기준(별표10)	수로사업의 등록기준
	제98조 성능검사대행자의 등록기준(별표11)	성능검사대행자의 등록기준

[그림 46] **'측량및지형공간정보기술사' 우대 현황**

(출처: 큐넷 http//www.q-net.or.kr)

이제는 누구나 한 손에 스마트폰을 이용하여 다양한 위치기반 서비스를 이용하고 있는 시대로, 그 어느 때보다도 정밀하고 최신화된 위치정보가 필요하게 되었습니다. 이러한 위치기반 서비스 산업이 발전하기 위해서는 정확한 위치와 속성정보가 필요한데요, '측량및지형공간정보기술사'는 바로 이러한 데이터를 구축 및 관리하고 활용하는 전반적인 업무에서 최고의 전문적 응용 능력을 갖춘 사람이 취득해야 할 자격증이라 보시면 됩니다.

미래는 측량 장비의 발달로 얻어진 최신의 정확한 위치정보와 이와 연결된 모든 속성정보의 결합인 '공간정보'가 우리에게 안전하고 편리한 생활을 영위할 수 있게 도와줄 거예요.

공간정보 제공에 대한 필요성이 증가하고 디지털트윈 기술과의 융합은 고도화된 전문인력 수요 증가를 예상할 수 있습니다. 점쟁이처럼 미래를 예측할 순 없겠지만, 제가 가지고 있는 자격증에 대한 활용 및 쓰임은 정부 차원의 지원과 과학기술의 발전, 산업구조의 변화로 인해 향후 인력 수요의 감소보다는 '공간정보의 디지털화'로 인한 데이터 분석 등 보다 고도화된 업무 수행을 위해 전문인력에 대한 수요가 증가할 것으로 예상합니다. 기대도 되고요.

9 기술사를 꿈꾸는 후배들에게 남기는 글

기술사가 되고 싶거나, 기술사가 뭔데? 하는 궁금증을 갖고 있는 후배들은 아마 이 글을 궁금해하며 읽고 있겠죠? 기술사는 국가기술자격 최상위급으로 취득하기 어려운 자격증이고, 뭔가 자신의 가치를 높이는 데 도움이 될 수 있지 않을까? 하는 생각에서요. 하지만 일부 종목 기술사를 제외하고는 당장 직장생활에서 본인에게 직접적으로 신분 상승이나 경제적인 이익을 느낄 수 있는 변화의 폭은 미비합니다. 실제로 제 주변에도 기술사 취득 후 사회적 대우나 평가가 달라질 거란 기대와는 다른 현실을 자각 후, 일종의 우울감(?)을 느꼈다고 얘기한 지인도 있었습니다. 혹시 실망하셨나요? 그렇다면, 굳이 힘들게 기술사를 취득할 필요가 있을까? 하고 자기 합리화를 하려나요?

기술사를 취득한다고 해서 당장 큰 변화가 나타나지는 않더라도, 자격증은 새로운 문을 열고 들어갈 수 있는 또 하나의 열쇠를 손에 쥐고 있는 것이라 볼 수 있습니다. 우리가 좀 더 나은 직장과 연봉을 얻기 위해 좋은 스펙을 쌓는 것과도 같습니다. 적어도 좋은 학력과 학점, 토익점수 등이 그 사람의 성실성을 판단하는 최소한의 기준이 되는 것처럼, 자격증 또한 그 분야의 전문성을 판단하는 역할을 해줍니다.

이제는 평생직장의 시대는 지나갔고, 평생직업의 시대라고 하죠. 더 나아가 개인이 가질 수 있는 평생직업도 한 가지 종류라고 보장은 못 하겠네요. 옛 속담에 “열 가지 재주 가진 놈이 굶어 죽는다.”라는 말이 있는데요, 공간정보 산업 분야는 측량, 통계분석, 정보처리 등에 골고루 능력을 갖춘 사람들을 ‘융합형 인재’라고 하며 환영하고 있습니다. 세상이 바뀐 거죠. 이제는 종래 측량 개념의 업무는 점차 줄어들고, 4차 산업혁명의 기술 발전으로 취합하여 구축되는 모든 공간정보 시스템이나 플랫폼을 이용하여 합리적인 의사결정을 할 수 있도록 공간정보 제공 서비스 확대를 위해 정부도 노력하고 있습니다. 창의적인 융복합 시대를 맞이하고 있지요.

기술사는 대학을 졸업하고 실무경력 6년 이상, 기사 취득 후 4년, 산업기사 취득 후 5년, 기능사 취득 후 7년 이상의 경력이 되면 응시를 할 수 있는데요, 가능하다면 이 시간 동안 되도록 많은 실무를 경험해 보시길 당부드립니다. 왜냐하면 그렇게 해야 현업에서 공감하는 제대로 된 솔루션을 제공할 수 있다는 것을 알게 될 테니까요.

결국에는 '자기의 기술 영역에서 적절한 대안 제시와 최선의 판단으로 최고 전문가로서 역할을 하는 사람'이란 평가를 받을 수 있어야 합니다. 단순히 본인의 경쟁력을 높이기 위해서 취득하는 기술사가 아니라, 제대로 공부하고 계속해서 해당 업역의 기술자들과 교류하면서 그 속에서 문제점을 발견하고 제대로 된 해결책을 제시할 수 있어야 하는 거죠. 이게 진정한 전문가의 모습이기도 합니다.

지금까지는 우리 업계가 종래 측량 업무의 비중이 높았다면, 이제는 공간정보로서의 업무 역할이 중요해지는 과도기인데요, 그래서 젊고 유능한 인재들의 영입을 많이 필요로 하는 상황입니다.

어떠신가요?

여러분들도 '측량및지형공간정보기술사'에 도전해 보시지 않을래요?

2.9

토목구조기술사

㈜서영엔지니어링 전무 송혜금

2.9

토목구조기술사

① 토목구조기술사의 세부 분야 소개

'토목구조기술사'란 '건설 토목 구조 분야의 토목 기술에 관한 고도의 전문 지식과 실무 경험을 갖추고, 토목 구조물이 내용물의 무게나 풍압(風壓) 등에 의하여 변형되거나 붕괴되지 않도록 토목 구조를 계획・연구・설계하는 사람, 또는 그런 자격을 갖춘 전문가'를 말합니다. 이들은 주로 다리, 터널, 댐, 지하철과 같은 다양한 토목 구조물을 설계하고 시공하며, 이들 구조물이 안전하고 효율적으로 기능할 수 있도록 관리합니다. 토목구조기술사의 여러 업무 가운데, 특히 중요한 몇 가지를 소개하겠습니다.

■ 구조물 설계

토목구조기술사는 다양한 토목 구조물의 설계 작업을 주도합니다. 구조물의 형태, 재료, 시공 방법 등을 결정하는 과정으로, 구조물의 안전성과 기능성을 최우선으로 고려하여 설계하죠. 예를 들어, 교량 설계 시 구조적 안정성을 확보하기 위해 하중 분포와 재료 강도를 철저히 계산합니다.

■ 구조 해석

구조물이 다양한 하중(자중, 풍하중, 지진하중 등)을 견딜 수 있도록 구조 해석을 수행 후, 구조물의 안정성을 확인하고, 필요한 보강 조치를 계획합니다. 지진이 발생했을 때 구조물이 얼마나 견딜 수 있는지를 분석하고 보강 방안을 마련하는 일을 예로 들 수 있습니다.

■ 시공 관리

설계된 구조물이 실제로 시공될 때, 설계 의도에 맞게 시공되는지 감독합니다. 시공 과정에서 발생할 수 있는 문제를 해결하고, 구조물이 안전하게 완공될 수 있도록 합니다. 시공 중에 발생할 수 있는 다양한 변수에 대응하여 설계 변경을 조정하는 것도 과업에 포함됩니다.

■ 유지보수

완공된 구조물의 유지보수 계획을 수립하고, 정기적인 점검을 통해 구조물의 상태를 모니터링(Monitoring)합니다. 이를 통해 구조물의 수명을 연장하고, 안전한 사용을 보장하지요. 교량의 균열이나 침하를 정기적으로 점검하고 보수하는 작업을 계획하는 일을 사례로 들 수 있습니다.

토목구조기술사가 다루는 구조물에는 무엇이 있을까요? 생각해 보시겠어요? 대표적인 구조물을 알려드리겠습니다. 아래를 참고하세요.

■ 교량

교량은 도로나 철도를 연결하는 중요한 구조물입니다. 토목구조기술사는 교량의 설계, 시공, 유지보수에 중요한 역할을 해요. 인천대교나 서해대교와 같은 대형 교량은 토목구조기술사의 전문 지식이 꼭 필요하답니다.

■ 터널

터널은 도로, 철도, 지하철 등이 산이나 바다를 통과할 수 있도록 만든 구조물인데요, 안전하고 효율적인 설계가 중요해요.

■ 댐

댐은 수자원을 관리하고 홍수로 인한 재해를 방지하기 위한 주요 구조물로, 설계와 시공에 고도의 기술이 요구된답니다.

■ 지하철

지하철은 도시 교통의 중요한 축이죠. 터널과 지하철 역사(驛舍)의 설계와 시공을 모두 담당합니다.

■ 출렁다리, 보도교

관광지나 공원에 설치되는 출렁다리나 도시 내 보도교는 안전성과 미관을 동시에 고려해서 설계합니다.

위의 구조물은 토목기술사가 다루는 전체 구조물의 일부입니다. 이 밖의 토목구조물을 일상의 생활 공간 속에서 찾아보세요. 규모가 꽤 큰 구조물이다 싶으면 우리 토목구조기술사의 노고가 들어갔을 가능성이 높답니다.

토목구조기술사는 단순히 구조물을 설계하고 시공하는 것에 그치지 않고, 아래와 같은 역할과 책임을 지고 있습니다.

■ 안전성 확보

구조물의 안전성을 최우선으로 고려하여 설계하고, 시공 중에 발생할 수 있는 위험 요소를 최소화합니다.

■ 기술 혁신

새로운 재료와 공법을 연구하고 적용하여 구조물의 성능을 향상시킵니다.

■ 환경 고려

구조물이 환경에 미치는 영향을 최소화하도록 노력하며 설계합니다.

■ 법규 준수

관련 법규와 표준을 준수하여 설계하고 시공합니다.

토목구조기술사는 공공의 안전과 편의를 책임지는 중요한 역할을 하는 전문가예요. 고도의 전문 지식과 실무 경험을 요구하며, 그만큼 큰 자부심과 보람을 느낄 수 있답니다.

② 기술사의 가치와 쓰임

토목구조기술사는 국가의 기반 시설을 설계하고 관리하는 핵심 역할을 하는 전문가입니다. 국민의 생명과 삶의 가치를 높이는 역할을 톡톡히 해요. 다음의 키워드를 중심으로 설명해 드리겠습니다.

■ 공공의 안전 보장

토목구조기술사는 교량, 터널, 댐 등 대규모 인프라(Infra, 인프라스트럭처)를 설계하고 시공하는 과정에서 공공의 안전을 최우선으로 고려합니다. 이러한 구조물의 이용은 일상의 생활에서 필수죠. 한 번의 사고가 큰 인명 피해와 사회적 손실로 이어질 수 있기에, 토목구조기술사의 역할은 매우 중요합니다.

■ 경제적 효율성 증대

효율적이고 경제적인 설계를 통해 건설 비용을 절감하고, 유지보수 비용을 최소화할 수 있습니다. 국가 예산의 효율적 사용을 도와 경제적 이익을 극대화하는 데에도 이바지합니다.

■ 기술 혁신과 발전

토목구조기술사는 최신 기술과 공법을 연구하고 적용하여 구조물의 성능을 향상하고, 지속가능한 건설 방법 및 방향을 도모합니다. 이를 통해 토목 분야의 기술 발전을 이끌어갑니다.

■ 사회적 신뢰 형성

토목구조기술사는 전문 자격을 통해 높은 수준의 신뢰성을 갖추고 있는, 공공과 민간 모두에서 중요한 프로젝트를 맡을 때 꼭 필요한 존재입니다. 현재 대한민국에서 '토목구조기술사' 자격증 소지자는 최고 전문가로 인정받고 있습니다. 관련 분야에서 큰 권위와 신뢰를 동시에 얻고 있고요. 이 자격증을 보유한 전문가는 국가의 주요 인프라 프로젝트에서 핵심적인 역할을 맡게 된답니다.

토목구조기술사는 다양한 분야에서 중요한 역할을 합니다. 그 쓰임을 몇 가지 예시를 통해 알려드리겠습니다.

■ 교량 설계 및 시공

토목구조기술사는 교량 설계 및 시공 업무에서 교량의 설계와 시공을 담당합니다. 구조적 안정성을 확보하고, 교통의 흐름을 원활하게 유지하는 데 중요한 역할을 하죠. 인천대교나 서해대교와 같은 대형 교량의 설계와 시공에는 토목구조기술사의 전문 지식이 필수랍니다.

■ 터널과 지하철 건설

터널과 지하철은 도시 교통의 핵심 인프라입니다. 안전하고 효율적인 설계가 중요해요. 토목구조기술사는 이러한 구조물의 설계와 시공을 통해 도시 교통의 효율성을 높여줍니다.

■ 댐 및 수자원 관리

댐은 수자원을 관리하고 홍수를 방지하기 위한 중요한 구조물입니다. 토목구조기술사는 댐의 설계와 시공, 유지보수를 통해 안전하게 수자원을 관리해 준답니다.

■ 해양 구조물 설계

해양 구조물은 해안 지역의 보호와 해양 자원의 효율적 이용을 위해 필요합니다. 토목구조기술사는 해양 구조물의 설계와 시공을 통해 해양 환경을 보호하고, 안전한 해양 활동을 지원한답니다.

■ 도시 재생 및 개발

도시 재생 프로젝트는 기존의 도시 인프라를 개선하고, 새로운 구조물을 설계하는 작업을 포함합니다. 토목구조기술사는 도시의 발전과 재생을 위한 구조물 관련 과업 전반에 관여합니다.

공공의 안전과 편의를 책임지는 중요한 전문가, 토목기술사. 어때요? 멋지죠?

❸ 기술사 시험 준비 동기

기술사 시험을 준비하는 과정은 쉽지 않지만, 각자의 동기와 목표가 분명하다면 기술사 시험 도전과 합격은 여러분께도 가능한 일입니다. 저의 경험이 여러분에게 작은 도움이 되길 바라며 글을 씁니다.

저는 2003년에 ㈜유신에 입사하여 교량 설계 분야에서 일을 시작했습니다. 당시에는 기술사 자격증이 없어도 실무를 잘 수행할 수 있었죠. 하지만 점차 프로젝트의 규모와 책임이 커지면서, 기술사 자격증의 필요성을 절실히 느끼게 되었습니다. 제가 기술사 시험을 준비하게 된 첫 번째 동기는 배우자의 영향이 컸습니다. 저와 전공이 같은 남편은 이미 토목구조기술사 자격증을 취득한 상태였고, 기술사 자격증의 중요성과 필요성을 항상 강조하며, 저에게 꼭 기술사 자격증을 취득해야 한다고 말했습니다. 실제 업무를 하면서 기술사 자격증의 중요성을 더욱 느끼게 된 사건이 있었습니다. 프로젝트 회의 중에 기술사 자격증을 보유한 선임과 의견 충돌이 있었는데요, 제가 논리적으로 맞는 주장을 했음에도 불구하고 자격증이 없는 저의 의견은 받아들여지지 않았죠. 이 사건은 저에게 큰 충격을 주었고 기술사 자격증의 필요성을 절실히 깨닫게 된 계기가 되었답니다.

기술사 자격증을 취득하기로 결심한 또 다른 이유는 '자존심'과 '자기 계발의 욕구' 때문이었습니다. 저는 항상 최선을 다해 업무를 수행했지만, 자격증이 없는 상태에서는 한계가 있음을 느꼈습니다. 더 나은 엔지니어가 되기 위해, 그리고 저 자신을 증명하기 위해 기술사 자격증이 필요했습니다.

주변 동료들도 저의 기술사 시험 준비를 격려하고 지원해 주었습니다. 그들은 제가 기술사 자격증을 취득하면 더 많은 기회와 책임을 맡을 수 있을 거라고 조언해 주었죠. 이러한 격려와 지원은 저에게 큰 힘이 되었고, 시험 준비의 원동력이 되었습니다.

여러분도 각자의 동기를 찾고, 이를 바탕으로 꾸준히 노력하다 보면 반드시 좋은 결과를 얻을 수 있을 것입니다. 기술사 시험 합격을 향한 여러분의 도전을 응원합니다.

④ 기술사 시험 준비 과정

기술사 시험 준비를 처음부터 계획한 것은 아니었습니다. 저는 기술사 시험에 합격하기 전 ㈜유신에서 10여 년 동안 다양한 프로젝트에 참여하면서 실무 경험을 쌓았지만, 체계적으로 기술사 시험을 준비하지는 않았습니다. 현장에서의 경험이 쌓이면서 기술사 자격증의 필요성을 느끼게 되었고, 그때부터 본격적으로 준비를 시작했습니다.

기초 지식을 탄탄히 다지는 것이 중요합니다. 저는 대학 시절 배웠던 구조역학, 콘크리트 구조 등 기초 과목을 다시 공부했어요. 먼지가 소복하게 쌓인 교재를 다시 꺼내 읽었죠. 이해되지 않는 부분은 동료나 선배들에게 질문하며 이해를 바탕으로 한 지식 확장에

애를 썼습니다. 기초가 튼튼해야 응용문제도 잘 풀 수 있기 때문입니다. 이 단계에서 시간을 충분히 투자하면 장기적으로 봤을 때 효과가 있답니다.

현장에서의 실무 경험을 이론과 접목하는 것은 큰 도움이 됩니다. 업무 중에 겪었던 다양한 문제 상황을 떠올리며, 이를 이론적으로 어떻게 해결할 수 있을지 고민했는데요, 교량 설계 시 발생한 문제를 구조역학의 원리를 적용해 풀어보는 식으로 공부했습니다. 이런 방식의 학습은 실무와 이론을 함께 이해하는 데 큰 도움이 되었습니다.

기출문제를 풀어보는 것도 중요합니다. 저는 과거 기출문제를 구해서 풀어보며 시험의 유형과 난이도를 파악했습니다. 처음에는 시간 제한 없이 문제를 풀었지만, 점차 실전처럼 시간을 정해놓고 풀어보는 연습을 했습니다. 시험 시간 관리 능력은 매우 중요합니다. 몸에 익을 때까지 반복훈련을 하면 좋습니다.

혼자 공부하는 것보다는 공부 모임에 참여하기를 추천합니다. 저는 같은 목표를 가진 동료들과 함께 스터디 그룹을 만들어 주기적으로 모였습니다. 서로의 문제 풀이 방법을 공유하고, 모르는 부분을 함께 토론하며 해결했죠. 스터디 그룹 멤버들은 서로를 격려하며 끝까지 동행하는, 원동력이자 든든한 지원군이 되었답니다.

또한 효율적인 학습을 위해 철저한 계획이 필요했습니다. 저는 매일 하루 단위의 학습 계획을 세우고, 정해진 시간에 규칙적으로 공부하는 습관을 들였습니다. 중요한 것은 꾸준함이었습니다. 매일 조금씩이라도 공부한 것이 쌓여서 결국에는 큰 성과를 이루게 되었답니다. 합격!!

모의시험을 보며 실제 시험과 비슷한 환경을 조성했습니다. 주기적으로 모의시험을 치르고, 결과를 분석하며 부족한 부분을 보완했죠. 모의시험은 실전 감각을 익히는 것에 큰 도움이 됩니다. 피드백을 통해 실수를 줄일 수 있고요.

시험 준비 과정에서 체력 관리도 중요했습니다. 장시간 공부와 업무를 병행하다 보니 체력 소모가 컸습니다. 규칙적인 운동과 충분한 수면을 통해 체력을 관리했는데요, 건강한 몸이 준비되어 있어야 공부할 때 집중력도 높아지고, 효율적인 몰입이 가능하게 되거든요.

기술사 시험 준비 과정은 길고 험난합니다. 하지만 체계적인 계획과 꾸준한 노력을 통해 충분히 극복할 수 있어요. 기초 지식을 탄탄히 다지고, 실무와 이론을 접목하며, 기출문제 풀이와 스터디 그룹 참여를 통해 효과적으로 준비해 보세요. '기술사 되기', 실현할 수 있는 꿈입니다. 도전하세요!

⑤ 기술사 시험 준비 과정에서 어려웠던 점과 극복 방법

큰 어려움 중 하나는 '시간 관리'였습니다. 회사에서 다수의 프로젝트를 수행하며 바쁜 일정을 소화해야 했기 때문에, 공부 시간을 확보하는 것이 쉽지 않았어요. 특히 프로젝트 마감일이 다가올 때는 야근이 잦아져 공부할 시간이 거의 없었죠. 따라서 평일 일과 후 남은 시간을 최대한 효율적으로 사용하기 위해 철저한 계획을 세웠어요. 매일 정해진 시간에 공부하는 습관을 들였고, 주말과 휴일에는 집중적으로 공부할 수 있는 시간을 마련했어요. 또한, 출퇴근 시간을 활용해 교재를 읽거나 문제를 풀며 시간을 효율적으로 사용했죠.

체력이 부족한 날에는 집중력이 떨어졌고, 이는 공부 효율에 큰 영향을 미쳤죠. 시험에 대한 압박감과 스트레스로 인해 공부에 집중하기 어려운 순간도 적지 않았어요. 규칙적인 운동과 충분한 수면을 통해 체력을 관리했네요. 매일 아침 30분씩 가벼운 조깅을 하며 체력을 유지했고요, 충분한 수면을 통해 피로를 회복했어요. 또한, 명상과 호흡 운동을 통해 스트레스를 관리하며 심신의 안정을 찾으려고 의지적으로 노력했어요.

기술사 시험은 고도의 전문 지식을 요구하므로, 이해하기 어려운 개념들이 많이 나와요. 특히 구조역학이나 재료 역학과 같은 복잡한 이론은 공부하는 데 많은 시간이 필요했어요. 이해하기 어려운 개념은 여러 번 읽고 이해하고 암기하며 익혔죠. 동료나 선배들에게 질문하며 도움을 받았고, 관련 서적과 논문을 참고해 깊이 있는 이해를 도모했어요. 이어서 이해한 내용을 정리하여 노트에 기록하고, 다시 복습하는 과정을 반복했고요.

긴 시간 동안 꾸준히 공부하는 습관을 유지하는 것은 쉽지 않더군요. 때로는 목표가 멀게 느껴져 공부 의지가 떨어지기도 했고요. 작은 목표를 설정하고 하나씩 달성하면서 성취감을 느꼈습니다. 하루에 한 챕터를 끝내기, 일주일에 기출문제 10개 풀기와 같은 작은 목표를 세우고 실천했습니다. 그리고 목표를 달성할 때마다 스스로를 칭찬했습니다. 초심을 잃지 않으려고 노력했어요. 스터디 그룹을 통해 동료들과 함께 공부하며 서로 격려하고 동기를 부여받기도 했습니다.

공부하는 동안 집중력을 유지하는 것도 쉽지 않았음을 고백합니다. 특히 피로가 쌓이거나 스트레스를 받았을 때는 집중력이 크게 떨어졌습니다. 그래서 공부 시간을 짧게 나누어 집중력을 유지했습니다. 25분간 집중해서 공부하고 5분간 휴식하는 '포모도로 기법'을 적용해 보았는데요, 효과를 보았습니다. 짧은 그리고 잦은 휴식을 통해 피로도 줄일 수 있었답니다.

⑥ 토목구조기술사로서 현재 수행하고 있는 업무 소개

현재 저는 설계사에서 일하고 있습니다. 국내에는 여성 토목구조기술사가 5명 있는데요, 설계업에 종사하는 여성 토목구조기술사는 제가 유일합니다. 토목구조라는 분야는 시공 단계보다 설계 단계에서 더 많은 고민과 계획이 필요하기에, 설계업에서 더 많은 여성 구조기술사가 탄생하길 바랍니다.

구조기술사가 하는 일은 어떤 일을 하는 회사에 다니느냐에 따라 조금씩 다를 수 있습니다. 저는 2003년에 ㈜유신에 입사해 20년 동안 케이블 교량 설계를 전문으로 해왔습니다. 현재는 서영엔지니어링으로 이직하여 구조 설계뿐만 아니라 건설사업관리 기술지원과 해외 사업도 기획하고 있습니다. ㈜유신에서의 근무 경험과는 조금 다른 관점의 일들이라 또 다른 재미가 있네요.

제가 지금까지 설계한 국내 교량은 ED교 2개, 사장교 6개, 하이브리드 아치교 1개, 현수교 1개로, 경쟁 입찰에서 당선되어 시공 완료되었거나 현재 시공 중인 교량들이랍니다. 이는 20년 동안 해외 일을 제외하고 이룬 성과로 적지 않은 숫자죠.

지금 다니고 있는 설계사에서의 주요 업무는 아래와 같습니다. 키워드 중심으로 말씀드리겠습니다.

■ 구조 설계

다양한 교량 설계 프로젝트를 주도하며 최신 기술과 공법을 접목한 안전하고 효율적인 구조물을 설계하고 있습니다.

■ 건설사업관리 기술지원

시공 단계에서 발생하는 기술적인 문제를 해결하고, 설계 변경 사항을 조율하며 프로젝트의 품질 향상과 안전성을 확보합니다.

■ 해외 사업

동남아시아 여러 국가에서 교량 설계 및 건설 프로젝트를 제안하고 현지 기업과 협력하여 프로젝트를 진행합니다. 세계 시장에서의 경쟁력을 높이고 있습니다.

토목구조기술사로서 저는 다양한 자문위원회에서도 활동하고 있습니다. 구조 설계와 관련된 기술 자문을 합니다. 본 활동을 통해 업계의 발전과 토목의 기술 혁신을 이끌어가고, 안전한 구조물 설계에 앞장서고 있답니다.

7 업무 중 경험한 기술사의 장점

기술사 자격증을 취득한 후 가장 크게 느낀 장점은 '신뢰'와 '권위'였습니다. 프로젝트를 진행하면서 동료나 클라이언트에게 기술적인 의견을 제시할 때, 자격증이 뒷받침된 전문성 덕분에 제 의견이 더욱 신뢰받을 수 있었죠. 특히 중요한 결정이 필요할 때 자격증을 보유한 전문가로서의 의견은 큰 무게를 갖게 됩니다.

기술사 자격증 취득 후, 저는 더 많은 책임이 주어지는 역할을 맡게 되었습니다. 이것은 제 커리어 발전에 큰 도움이 되었으며, 다양한 프로젝트에서 주도적인 임무를 수행할 기회를 제공했습니다. 예를 들어, 대형 교량 설계 프로젝트에서는 프로젝트 매니저로서 전체

설계 과정을 총괄하고, 시공 단계에서도 기술지원을 하는 중대한 역할을 맡았습니다.

기술사 자격증을 준비하면서 쌓은 지식과 경험은 업무 수행에 큰 도움이 됩니다. 복잡한 구조 문제를 해결하거나 새로운 공법을 도입할 때, 기술사 시험 준비 과정에서 배우고 익힌 이론과 실무 경험이 든든한 자산이 되었습니다. 이는 실무에서 발생하는 다양한 문제를 효과적으로 해결하는 데 중요한 역할을 했습니다.

기술사 자격증을 취득한 후, 다양한 팀과 협력하며 의사소통 능력도 크게 향상되었습니다. 자격증을 통해 얻은 신뢰 덕분에 팀 내에서 더 많은 의견을 주고받으며 협력할 수 있었고, 클라이언트와의 소통에서도 전문성을 인정받아 원활한 의사소통이 가능했습니다.

기술사 자격증을 통해 다양한 전문가들과의 네트워킹 기회도 늘어났습니다. 자격증을 보유한 다른 기술사들과의 교류를 통해 최신 기술 동향을 파악하고, 다양한 프로젝트에 대한 정보를 공유할 수 있게 되었고요. 이것은 제 개인적인 성장뿐만 아니라, 회사의 기술력 향상에도 이바지하는 효과가 있습니다.

기술사 자격증을 취득하면 지속해서 자기 계발을 할 수 있는 동기부여가 됩니다. 새로운 기술과 공법을 배우고, 실제 프로젝트에 적용하는 과정에서 도전하는 자세를 유지할 수 있는 자극제 혹은 촉진제가 되는 기술사, 본인에게는 큰 성취감을 주며, 업무에 대한 열정을 지속해서 유지할 수 있는 원동력이 되는 기술사가 직접 되어 보심은 어떠신가요?

8 기술사의 활용과 미래 전망

기술사 자격증은 현재뿐만 아니라 미래에도 그 가치와 활용도가 높을 것으로 예상합니다. AI와 첨단 기술이 발전할 미래에도 기술사의 역할은 사라지지 않고 오히려 더욱 중요해질 것이라고 생각합니다. AI는 데이터를 분석하고 예측하는 데 뛰어난 능력을 보이겠지만, 최종적인 의사결정과 인간 간 타협과 조율에는 인간 기술사의 역할이 꼭 필요하고 중요하니까요. 따라서 기술사의 활용과 쓰임은 앞으로 더욱 확대될 거예요.

제가 생각하는 기술사의 미래 전망은 이렇답니다.

■ 스마트 시티와 친환경 건설

미래의 도시 개발은 스마트 시티와 친환경 건설을 중심으로 진행될 것입니다. 기술사는 지속가능하고 혁신적인 구조물을 설계하고 시공하는 핵심 역할을 하겠죠? 에너지 효율이 높은 건축물이나 환경 친화적인 교량 설계를 통해서요. 친환경 자재, 재생이 가능한 에너지를 사용하는 건축물 설계와 시공에서도 기술사의 전문 지식과 지혜가 필요합니다.

■ 첨단 기술의 도입

빅데이터, 인공지능, IoT 등 첨단 기술의 도입으로 토목구조물의 설계와 관리가 더욱 정교해질 예정입니다. 구조물의 실시간 모니터링 시스템을 통해 문제를 사전에 발견하고 해결하는 과정에서 기술사의 판단이 필요하겠죠? AI가 제안한 데이터를 바탕으로 최적의 해결책을 도출하는 것은 인간 기술사의 몫이랍니다.

■ 재생 에너지 인프라

태양광, 풍력 등 재생 에너지 인프라의 확대와 함께, 기술사의 역할이 중요해질 것입니다. 재생 에너지 시설의 구조적 안정성을 확보하고, 효율적인 설계를 통해 에너지 생산을 극대화하는 데 토목구조기술사가 힘을 보탤 수 있어요. 기후 변화에 대응하고 지속 가능한 에너지를 개발하는 역할도 가능하답니다.

■ 국제 프로젝트 참여

세계화가 진행됨에 따라, 기술사는 국제 프로젝트에서도 중요한 역할을 할 것입니다. 해외 시장에서 기술사 자격증은 높은 신뢰성을 보장하고 권위를 인정받는 중이거든요. 다양한 국제 프로젝트에 참여가 가능한 기회를 제공합니다. 각국 각양각색의 규정과 환경에 맞춘 설계와 시공을 통해 기술사는 국제적 경쟁력을 갖출 수 있답니다. 세계로 나갑시다!

■ 재난 대응과 복구

기후 변화로 인한 자연재해 피해 빈도수가 나날이 증가하고 있어요. 기술사의 재난 대응과 복구 역할은 더욱 중요해질 것입니다. 재난에 대비한 구조물 설계와 빠른 복구 작업을 통해 인명과 재산 피해를 최소화할 수 있습니다. 여타의 과업과는 다르게 긴급 상황에서 빠르고 정확한 판단이 필요합니다. 기술사의 경험과 전문 지식이 신속한 판단의 근거로 쓰이겠죠?

⑨ 기술사를 꿈꾸는 후배들에게 남기는 글

한국산업인력공단 홈페이지에 나온 토목구조기술사 취득자 현황을 보면, 2023년까지 여성 토목구조기술사는 5명에 불과합니다. 매우 귀한 숫자죠? 이 중 설계업에 종사하는 사람은 제가 유일합니다.

[표 22] **'토목구조기술사' 자격 취득자 성별 현황**

	~2018	2019	2020	2021	2022	2023
남자	1,386	40	36	56	21	23
여자	4	1	0	0	0	0

(출처: https://www.q-net.or.kr, 자격검정통계)

여성 토목구조기술사의 수가 적은 여러 이유가 있겠지만, 몇 가지 주요 요인을 꼽자면 다음과 같습니다. 첫째, 절대적인 토목업 종사자 수가 남성에 비해 적습니다. 둘째, 통상적으로 여성들이 결혼, 출산, 육아 등에 더 많은 시간을 쓰기 때문입니다. 이러한 이유로 여성이 기술사 자격증을 취득하는 것에 어려움을 겪고 있답니다.

여성들이 직장을 다니면서 기술사 시험을 준비하고 싶다면, 우선 가족들을 내 편으로 만드는 것이 가장 중요합니다. 가장 가까운 가족이 나에게 가장 큰 힘이 되기도 하고, 때로는 나를 가장 힘들게 하기도 합니다. 따라서 가족들에게 본인의 입장을 설명하고, 내가 왜 기술사가 되고 싶은지, 왜 일을 더 잘하고 싶은지 충분히 설명하고 공감대를 형성하세요. 그런 다음에는 온전히 자신의 노력이 필요합니다. 공부는 스스로 해야죠.

이렇게 가족들의 이해와 지원을 바탕으로 노력을 더해 나간다면, 여러분도 충분히 기술사가 될 수 있습니다. 그리고 힘겨운 시간이 쌓여 지속되면, 어느새 영광의 합격증을 두 손에 쥘 수 있게 될 겁니다. 앞선 통계가 보여주듯이, 그 많은 기술사 중에 여성 토목구조기술사가 된다는 것은 어깨에 힘을 주고 살아도 될 만큼의 큰 가치가 있답니다. 용기를 가지고 도전하세요! 더 많은 시도와 노력을 거쳐 여성 토목구조기술사의 숫자가 많아지기를 진심으로 기원합니다. 응원할게요!

2.10

토목시공기술사

㈜에스앤씨산업 이사 한상희

2.10

토목시공기술사

❶ 토목시공기술사의 세부 분야 소개

토목공사 현장은 크게 세 가지 분야로 나눌 수 있다. ①설계 분야, ②시공 분야, 그리고 ③감리 분야이다. 분야별로 기술사가 각각의 전문 분야를 담당하며 임무를 수행한다. 예를 들어 설계와 감리 분야에서는 구조기술사, 토질및기초기술사, 도로및공항기술사 등이 참여하고, 시공 과정에서는 시공기술사의 참여가 이루어진다. 수많은 분야의 현장이 있고, 현장의 특수성에 맞는 전문기술사가 설계와 시공 그리고 감리에 참여한다. 나라에서는 대형프로젝트의 경우 기술사 참여를 법으로 의무화하고 있다. 알기 쉽게 설명하면, 어떤 장비를 반입할 것인지, 어떤 기능공을 투입할 것인지, 어떤 공정을 수행할 것인지를 판단하고, 계획하고, 시행하는 모든 과정에서의 콘트롤 타워가 '토목시공기술사'이고, 교량 등의 구조 분야 설계 부문에서는 '구조기술사'가 콘트롤 타워이다.

토목에서는 상하수도, 댐, 공항, 항만시설, 철도, 도로, 발전소 등의 다양한 일을 한다. 한 분야의 공사 현장에서 평생 일하는 예도 있겠지만, 가장 폭 넓게 일할 수 있는 기술사가 '토목시공기술사'이다. 정말 다양한 시공 현장을 체험하게 된다.

❷ 기술사의 가치와 쓰임

공사도급액이 700억 원 이상인 현장은 반드시 '기술사'를 현장대리인으로 선임해야 한다. 대형 과업에서 현장책임기술자(시공의 현장대리인과 감리단장)를 토목시공기술사로 배정하고 있다. 일부 100억 원에서 300억 원 현장에서도 (의무는 아니지만, 대다수의 관공서 담당 감독들이) 토목시공시술사를 원한다고 한다. 현장의 중요 사안에 대해 대응할 수 있는 최소한의 자격 요건이 '기술사' 보유라고 생각하는 것 같다. 현장 대응력 차원에서 기술사의 역할을 중요하게 생각한다는 뜻으로 해석할 수 있다.

그 외 구조기술사나, 토질및기초기술사는 '전문기술사'로 명명한다. 현장에 상주하는 것은 아니고 비상주하며 특정 건이 발생했을 때 이에 대해 검토하고 결정하여 지원하는 역할을 한다.

❸ 기술사 시험 준비 동기

중견 설계사 15년 경력을 가지고도 아이가 있는 엄마는 이직하기가 어려웠다. 비슷한 경력의 남성들과 비교해 야근이나, 철야 작업 등에 투입이 꺼려지는 인력이기 때문이다.

직장생활 중에 갑작스러운 해고 통지를 받고 이직을 알아보던 중 전문업체를 권유받았다. 야근이 없는 환경에서 일할 수 있게 해준다는 말에 덜컥 이직을 결심했다. 해석과 계획, 단가를 이해할 수 있는 나에게 조금은 규모가 작은 전문업체가 역량을 키우는 데 도움이 됐다고 생각한다. 규모가 작으니 사내 경쟁이나 자리싸움이 적었던 것 같다. 그래서 일만 열심히 하면 능력을 인정받는 것이 가능했다. 그렇게 시작된 전문업체에서 아주 다양한 일들을 하게 되었다. 일이 어느 정도 익숙해지자 조금은 더 큰 시공 현장에서 일하고 싶다는 열망이 생겨나기 시작했다. 무리 집단 자체가 느슨한 상황에서 나 스스로 기술력 발전에 목마름을 느꼈었다. 도움이 되는 방향이 무엇일까? 이직 후 4년 안에 찾아온 고민이었다. 가만히 생각해 보니, 전문업체의 일은 일 년 안에, 배움에 도달할 수 있었다. 일에 대한 자신감이 생기면서, 또 다른 경험을 쌓고 기술과 기준에 관한 이야기를 동료 기술인들과 나누고 싶었으나, 이들의 반응은 시큰둥했고, 앎에 대한 열정, 새로운 기술에 대한 호기심이 저조했다. 당장의 눈앞에 관심사가 서로 다른 사람들이 대다수였고, 나는 그 상황에서 변화를 줘야겠다고 생각하게 되었다. 고민 끝에, 새로운 출발을 위한 첫 단추로 토목시공기술사 시험을 봐야겠다고 생각하기에 이르렀다.

시공기술사 자격이 있으면, 2군 건설사 견적실 같은 곳으로 취직할 수 있겠다고 생각했다. 스스로 1년여 시간을 준비해 자격을 취득할 수 있었다.

구조부에서 일을 하던 내가 승인절차, 전문건설사 공법 반영, 부문의 내역, 공사비, 구조원리, 유지관리 등 다양한 분야에서도 일할 수 있게 되어 자신감도 상승했기에 토목시공기술사 시험 도전에 용기가 생겨났다. 좀 더 생명력이 강한 기술자가 되자는 생각에 기술사 공부를 시작하게 되었다.

❹ 기술사 시험 준비 과정

'토목시공기술사' 시험 준비를 위해, 성남 지역에 있는 학원에 등록했다. 일주일에 한 번, 토요일 아침 일찍부터 아이를 맡기고 학원으로 향했다. 오전 10시부터 오후 2시까지 4~5시간의 강의를 듣고 집으로 돌아와 아이를 챙기고 틈틈이 책을 보았다. 운전하면서 혹은 가사노동을 하면서 배운 내용을 입 밖으로 중얼거렸었다. 일주일 공부 후 학원에 가서 전 주 시험 결과를 동기들과 공유하고 또 시험을 보고, 강의를 듣고 그렇게 4개월가량 수업을 들었고, 한 달가량의 자습 기간 후에 시험을 보게 됐지만 낙방이었다. 화장실에서도, 점심시간에도, 출퇴근 시간에도 명절도 없이 공부하라는 원장님의 말을 되새기며 두 번째 도전만에 1차 시험에 합격했다. 평일

목요일에 회사 일정을 마치고 저녁 7시까지 성남으로 가서 밤 10시까지 강의를 듣고 귀가하면 밤 12시가 되었다. 그런 시간을 1년여간 보낸 끝에 자격증을 취득할 수 있었다.

⑤ 기술사 시험 준비 과정에서 어려웠던 점과 극복 방법

토목시공기술사를 준비하는 과정에서 가장 어려웠던 점은 아이와 함께하는 시간을 할애하는 일이었다. 아이는 시간이 지날수록 자라났다. 엄마와 보내는 시간이 부족한 채로였다. 그 시간을 채워줄 수 있는 무언가를 찾지 못해서 걱정과 고민이 되었고 불안하기도 했다. 한편 직장생활 중에서는 피해 의식이 커져만 갔기에 돌파구가 필요했다. 기술사를 공부해야겠다고 결심하게 되었고 남편의 권유로 남편과 함께 기술사 학원에 등록했다. 동종업계 시공사에 다니는 남편의 기술사 뒷바라지만 7년을 하자 쉽게 취득되지 않는 기술사를 탓하게 되며 나란히 강의실에 앉았다. 일주일에 한 번 5시간 강의를 듣고, 시험을 보며 손이 떨어져 나가는 기분을 느꼈다. 일을 하고 저녁에 강의를 들을 때 졸기도 했던 것 같고, 10시 강의를 마치고 아이가 기다리는 집까지 레이싱을 하듯 운전해서 집에 갔던 기억도 난다.

갑자기 나를 위해 지출하고, 공부한다고 펜을 잡게 되니 집중도는 꽤 올라갔다. 하지만 시간이 흐를수록 나를 기다리는 아이의 지친 모습도 보았다. 정신적으로 힘들었지만 함께 공부하는 여성 엔지니어를 보며 견뎌낼 수 있었다. 토요일은 학원과 길에서 시간을 보냈고, 일요일이면 도서관에 세 식구가 가서 공부했다. 나는 유아실에서 남편은 성인실에서 공부했다. 징징대는 아이와 정원에 나가 시간을 보내기도 했다. 피곤했지만 그래도 그때가 참 좋았다.

수업 시간 내내 졸기만 하던 남편이 먼저 1차에 합격했다. 남편은 일상의 회사 생활로 돌아갔다. 학원 수업 시간에 열중했던 나는 1차에 낙방했고, 약간의 정신적인 충격을 받았다. 속이 상하기도, 조바심이 생기기도 했다. 다시 마음을 독하게 먹고 머릿속의 잡다한 생각은 다 지우기 시작했다. 남편이 아이를 봐주지 않아서 속상하긴 했다. 아이는 다시 이모에게 맡기고 나는 학원에서 사무실로 장소만 옮겨 가며 공부를 시작했다. 그 당시 내 주변인들은 (아무도) 내가 기술사 시험공부를 하는 걸 모르는 듯했다. 직장에서 눈치를 보면서 기술사 공부를 시작하지 않으려고 가능한 한 의연하게 조용히 조심스럽게 공부했다. 화장실 가는 시간을 제외하고 온통 답지 생각뿐이었다. 학원강사는 "기술사 합격 전까지 배우자도 쳐다보지 마라. 지금은 회사 생활과 공부만으로도 벅차다. 다른 생각은 사치이다."라고 말하며 정신 무장을 시켜주셨다. 4살짜리 아이를 친언니에게 맡기고 공부를 시작한 여성 동기도 있었는데, 참 대단하다고 생각했다. 수업이 끝나면 도서관으로 향했던 의지는 좀 더 빠른 합격이라는 결과를 가져온다는 것을 주변인들로부터 느꼈다. 회사에서는 소모적인 일들을 줄였다. 나머지는 늘 하던 일상이라 그리 힘든 건 없었다. 일은 어느 정도 손에 익어서 근무 시간 내에 충분히 소화해 낼 수 있었다. 팀원들은 정시퇴근을 좋아해서 사무실에선 혼자 9시까지 공부에 매진할 수 있었다. 차량으로 가득 찬 출퇴근 시간의 도로를 피해 사무실에서 공부를 더 하고, 조금 늦게 퇴근했고, 출근도 서둘러 했던 기억이 있다.

그렇게 두 번째 시험에서 최종 합격했다. 주변에서 모두 축하 해 주었다. 합격 기념으로 모처럼 놀러 간 놀이동산에서 아이의 얼굴에 틱이 온 것을 알았다. 자격증 취득 후 1년간 아이에게 집중하며, 마음 심리 치료를 받았다. 엄마가 공부하느라 바쁘더라도 아이가 상황을 받아들일 수 있도록 설명하고 공감하고 설득하는 일도 꼭 챙겨가길 바란다. 가벼이 생각하지 말고 아이를 꼭 안아주고 사랑한다고 자주 말해주자. 지금은 다 지난 옛날 일이지만, 오늘날에도 대부분의 여성이자 엄마인 기술자들은 모성애와 자신의 업역에서의 일들로 고민하는 시간이 있을 것이다. 물론 둘 다 잘 잡은 현명한 분들도 계시겠지?

지금의 우리 아이는 이렇게 말한다. 우리 집에는 아빠 박사, 엄마 박사, 잔머리 박사 이렇게 셋이 있다고. 내가 마음이 편하고 행복하고 즐거워야 아이가 그걸 느끼고 함께 공감하는 것 같다. 아이와 여행하고, 함께 맛있는 외식을 하는 것을 권한다. 아이가 나의 직업을 이해하고 엄마가 자신의 직업에 사명감이 있다는 걸 이해하기까지 시간이 걸렸지만, 내 인생에서 아이는 뺄 수 없는 존재였고 현재도 그렇다. 이제는 고난의 시기를 지나 평화를 찾아가고 있지만, 여러분들은 지혜롭게 가정과 일을 모두 잘 지켜내면 좋겠다.

6 토목시공기술사로서 현재 수행하고 있는 업무 소개

교량공법사에서 기술 영업을 담당하고 있다. 요새는 실시 설계시 다양한 공법을 제안하고 심의위원들을 선정하는 일을 한다. 전문 기술을 발표하고, 기술이 채택되기까지의 과정을 수행하기도 한다. 발주처 관계자나 심의위원을 만나면 내가 여성이라서 한 번 만나서 설명해도 잘 잊어버리지 않는 장점이 있다. 여성의 목소리로 설명하니 부드럽고 신선하다고 말씀을 해주시기도 한다. 내가 하는 발표나 의견에 경청하는 모습도 종종 볼 수 있다. 이런 강점이 더 돋보이게 일부러 편안한 목소리로 설명할 수 있도록 노력한다. 관청에서 여성 주무관을 만나면 꼭 인사를 먼저 한다. 이심전심(以心 傳心)이라고 여성을 따뜻하게 챙겨주시는 분들을 종종 뵈었다.

어쨌든 나는 내가 가진 기술을 타인에게 설명하고 소개하는 일에서 행복 에너지를 충전한다.

⑦ 업무 중 경험한 기술사의 장점

영업이라는 업역에서 일을 시작하니 여러 사람을 만나게 되었다. 일단 기술사를 소지하고 있을 때 타인이 바라보는 나의 첫인상이 좋아 보인다고들 한다. 기술사를 취득하면 여러 부류의 사람들을 만날 수 있으며, 다양한 이야깃거리의 소재가 되기도 한다. 여러 회사에서 잘 다듬어진 보고서를 자문이나 심사를 통해서 볼 수 있는 기회가 주어지는 것도 자기 계발에 도움이 된다.

학부 때 교과서로 공부한 내용과는 달리, 사회에 내던져진 나는 처음부터 다시 시작하는, 다시 배워야 하는 느낌을 받았다. 하나하나 배워 나가는 데 급급했다고 해야 할까? 분명 원리를 기반으로 하고, 내민보, 캔틸레버보, 다짐, 뒷채움, 되메우기 등 역학과 토질과 장비와의 시공 조합 등을 학교에서 배우긴 했는데, 현장에 나오니 뒤죽박죽이 되었다. 다시금 책을 들고 정리를 해나가다 보니 이것 이었구나! 깨닫는 순간이 오긴 했었다. 기술사 시험공부를 하면서는 좀 더 깊이 있는 고민을 했을 때 보다 상세히 이해되고 이해가 되면 장기기억으로 넘어가는 상황을 여러 번 경험했다.

기술사 취득 후 현장에서 일하는 공사파트장님이나 시공하시는 분들께 짧고 간결하게 기술적인 설명을 할 수 있게 되기도 했다. 이때 고마움의 표시도 받은 적이 있다.

기술사를 소지하고 있으니, 남자들보다는 어린 나이에 심의위원

여성 할당제를 통해 위원 섭외가 되는 경우가 있다. 이때 열심히 해서 나쁜 평을 받지 않는 노력을 하게 된다.

나는 교량 가설 부문의 일을 한다. 교량 가설이나, 현장 적합성 부분의 내용을 관심 있게 보고 구조물이나 가설 분야에서의 경험을 더해 설명할 수 있는 게 나만의 강점 기술력이라고 생각한다. 그리고 보통 토목시공기술사는 현장을 잘 설명할 수 있지만, 나는 문서적으로도 적합한지를 충분히 설명하는 재주가 있어서 그것도 장점이라고 생각한다.

8 기술사의 활용과 미래 전망

이직을 준비하고 알아보던 중, 나이 40살이 넘은 여자를 채용하는 곳을 찾기 어려웠다. 그래서 몸값을 높여야겠다고 생각하게 되었다. 그러면서 기준 집필위원회 참여 등 다양한 도전을 시도했다. 국가기준 집필에 참여했고, 상급자로서 피할 수 없는 영업이란 부분에도 도전했고, 다양한 모임에 나가 업계의 인맥을 넓히기도 했다. 특급기술자 자격을 갖추니 자문 기회도 얻을 수 있었다. 여성 최소 비율 제도의 도움으로 여러 분야에서 심의 및 자문에 참여할 수 있었다.

남이 해 놓은 완성된 보고서를 보니 알게 되는 또 다른 상식이 늘어났다. 지금도 현장에서 해빙기 점검이나, 포장 시공 평가 등을 위한 기술검토 의뢰가 들어왔다. 구조물 파트에 집중된 경력과 다소 다른 곳들이라 솔직히 잘 모르는 부분이고 나는 이런 부분에 대해 강점이 있다고 설명한다. 한강에 있는 교량들의 유지보수 및 시공 파트 부분의 심의에 참가할 때 나는 누구보다 잘할 수 있다고 판단하게 되었다. 이런 기회는 평소에 준비하던 여러 가지 사안들이 가져다준 결과라고 생각한다. 차장급까지는 기준을 보느라, 부장급엔 계획 및 협의를 보느라, 그 이후엔 경제성과 타당성을 살피느라 시간을 보냈던 것 같다. 지금은 기준과 연계하여 어떤 적용이 타당할까 하는 생각을 많이 한다.

기술사 자격증을 가지고 있으면 좀 더 많은 기회가 주어지는 것은 남녀 성별을 떠나 마찬가지인 것 같다. 아이를 키우고 집안일을 하면서 기술사 공부까지 하기에 좀 더 버겁거나, 조력자에게 미안한 상황들이 만들어지지만, 그 또한 기술사로서 살아갈 미래를 위한 적정한 투자라는 생각을 하게 됐다. 여성 후배들에게 공부를 더 해서 좋은 학력을 갖는 게 안정적인 직업을 갖거나, 출산휴가를 가거나 할 때 유리할 것 같다며 조언한 과거가 있다. 그리할 수 없었다면 '기술사'에 도전해 보기를 권한다. 배우자도 기술사 아내를 자랑스러워할 것이다. 누군가에게 의지하기보다는 자신이 기술사의 자격을 갖추는 게 속이 편하기도 한다.

기술사가 되면 회사 내에서 수행 점수를 더 높이 받을 수 있다. 회사 내 기술사가 있다면 회사에서도 수주를 위한 자격을 놓치지 않을 수 있으니 이득이다. 회사가 기술사 직원을 유지하는 이유가 되기도 한다. 나처럼 기술사 협회, 학회 등의 다양한 모임에 참여하며 교류하고 소통하는 가운데 임원이 되는 준비 과정을 자연스럽게 밟을 수도 있다. 최근 들어 기업 평가에서 중요시되는 ESG(환경, 사회, 거버넌스) 사업에서 사외이사 등의 건설업계 자리도 노려볼 만하다고 생각한다. 내가 다양한 사회 활동을 하는 이유이기도 하다.

대리 1년 차 시절, 3년 차 시절엔 과연 이 직군이 내게 맞는 건인가? 사무실에서 담배 태우고, 아침이면 상사의 재떨이를 비우면서 조금은 억울하다, 사회는 이런가? 하는 기분을 떨치기 위해 기웃거렸던 여러 단체활동은 다른 삶을 비춰주었다. 그래서 늘 어디서든 열심히 넓게 소통하고자 노력했다. 참을 것은 참고 보완할 건 보완하고 노력하면서 토목 분야에서 의미를 찾으려고 애썼다. 토목에서 그 어디로든 이직할 때 기술사 자격증은 든든한 무기가 되니 가지고 있으면 좋을 것이다.

⑨ 기술사를 꿈꾸는 후배들에게 남기는 글

기술사 모임에 나가서 어떤 젊은 여성 대표를 만났다. 그분은 자기 시간을 오롯이 자신의 결정으로 남의 눈치 보지 않고 쓰기 위해서 대표의 길을 걷기 시작했다고 말했다. 육아와 사회생활에서 자신이 키를 잡고자 했다. 토목은 약간 다른 분야이기도 하지만 그 이야기에 공감이 되었다. 과감하고 뜻있는 결정이라는 생각도 들었다.

어떤 기업에서든, 어떤 조직에서든, 스스로가 준비되었을 때 큰일을 도모할 수 있다. 나에게 "아이를 낳은 게 벼슬이냐!"라고 말했던 사수의 얼굴이 생각난다. 아이를 낳고 지쳐있는 내 삶의 태도가 달라진 걸 지적한 것이었다. 표현은 거칠었지만 그 의도는 알아챘다. 출산 후 나의 태도는 분명히 달랐던 것 같다.

가설교량 분야는 최종 철거되는 구조물로 향후 흔적이 존재하지 않아 기술인이라면 선호하는 직군도 아니었고, 가설 시 사고가 날 수 있다는 인식이 강했다. 따라서 이런 일과 자리와 역할을 탐내는 사람도 없었다. 그만큼 기술자가 진입을 꺼린 직군이었다고 생각한다. 업무를 진행하다 판단 '기준'에 대한 궁금증이 생겼다. 수많은 질문과 이의를 제기했던 나에게 기준 집필 권유가 들어왔다. 집필을 담당하는 사단법인 한국가설협회의 연구원은 반복되는 민원으로 업계에서 경력이 있는 사람을 집필진으로 섭외해 교수님들과 연계하여 국가건설 기준센터 가설교량 노면 복공편의 집필을 해야 하는 상황이 되었다며, 나에게 직접 궁금증을 해결할 기회를 주었다. 기술자로 20여 년을 일하면서 해당 업무의 기준을 집필한다는 것은 대단히 의미 있는 일이었기에 열정적으로 참여했다.

임원이라는 타이틀에 대한 갈증도 생겼다. 지도자가 되고 싶었고, 팀 조직을 이끌고 지켜나가는 일을 해보고 싶었다. 앞선 시대적

흐름과 방향을 읽어 동료들에게 좋은 영향을 끼치는 사람이 되고 싶다는 생각도 들었다.

요사이 젊은 기술사들은 좀 더 도전적이고 개방적이며, 과감한 것 같다. 어떤 상황도 어떻게 바라보냐에 따라 다르게 느껴질 수 있고 다른 결과를 낳을 수 있다고 생각한다. 자신의 미래를 치열하게 준비하고 큰일을 만들어 낼 수 있는 후배들이 더 많아지기를 기대해 본다.

2.11

토질및기초기술사

우리지반 대표 김향은

(출처: 지반공학회)

2.11

토질및기초기술사

❶ 토질및기초기술사의 세부 분야 소개

저는 '토질및기초기술사'입니다. 토질및기초기술사는 토목 관련 자격증 중 하나입니다. 토목 분야 기술사를 세부적 살펴보면 ①농어업토목, ②도로 및 공항, ③상하수도, ④수자원개발, ⑤지적, ⑥지질 및 지반, ⑦철도, ⑧측량 및 지형공간정보, ⑨토목구조, ⑩토목시공, ⑪토목 품질시험, ⑫토질 및 기초, ⑬해안 및 항만, ⑭해양으로 무려 14개가 있습니다. 그중 '토질및기초기술사'는 토질과 지반기초에 관한 기술을 다루는 전문 분야랍니다(맞춤법 규정에 따라 '토질및 기초기술사'로 표기하는 것이 옳지만 '토질및기초기술사'로 붙여쓰기 할게요. 공식 이름으로 붙여서 쓰곤 한답니다.).

토질및기초기술사는 흙과 암반의 중요한 공학적 성질을 연구·분석하는 전문가로서 건설공사에서 지반과 구조물의 안정성을 확보할 수 있도록 검토하고 사고가 발생하지 않도록 안전에도 각별하게 신경을 씁니다. 현장마다 지형적 여건, 지층 분포 상태 및 흙이나 지반의 특성이 다르기에 정확한 분석이 필요합니다. 분석 결과를 바탕으로 알맞은 계획을 세웁니다. 시공 중에 중대한 사고가 일어나지 않도록 미리 방지하기 위한 토질및기초기술사의 역할이 매우 중요하답니다. 공사 중 혹은 공사 전후 지반침하나 변위 발생, 더 나아가서 구조물의 붕괴 등이 발생할 수 있기 때문입니다.

건설 현장에서는 어떤 구조물이든지 지반 위 혹은 지반 속에 설치되기 때문에 흙과 암반이 연관될 수밖에 없어요. 그래서 토목, 건축, 설계, 시공, 안전 등 대부분의 건설 현장에서는 이에 대한 전문적인 지식과 기술을 갖춘 토질및기초기술사가 매우 중요한 역할을 합니다.

❷ 기술사의 가치와 쓰임

토질및기초기술사는 우리나라의 건설 현장에서 필수적으로 요구되는 자격증 중 하나예요. 모든 기술사 시험처럼 해당 직무 분야에서 실무에 종사한 경력이 있어야만 응시 자격이 주어집니다. 해당 분야(저에게는 토질 및 기초 분야)의 전문 지식으로 무장하고 실무에 종사하며 다양한 실전 경험을 바탕으로 건설시공 현장에서 토질 및 기초 공사의 설계, 시공 평가 및 감리 등의 기술 업무를 담당하는 분이라면 기술사 시험 응시에 도전하길 권합니다. 아주 훌륭한 요건이거든요.

인공의 모든 구조물과 자연 재료의 구조물도 지반과는 떨어져서 건설될 수 없는 만큼 구조물의 기초인 지반을 다루는 토질및기초기술사는 매우 중요한 부분을 담당하고 있다고 볼 수 있습니다. 오늘날 건축물과 토목구조물은 점점 대형화되고 있으며, 형상과 기능이 다양하고 복잡해지는 특징을 보여주고 있는데요, 이들 구조물의 안정성, 지지가 가능하도록 계획하고 검토하는 일이 전문화된 기술사의 일입니다. 토질및기초기술사의 가치는 점점 증가하고 있어요. 최근 들어 지반침하나 지반함몰(도심지 내 싱크홀) 등 안전 관련 이슈가 종종 보도되고 있어 사회적 관심도 증가하고 있잖아요? 이러한 안전사고가 발생하지 않도록 사전에 검토 및 대책을 마련하고 시공 중에도 설계와 부합하게 시공이 되고 있는지를 토질및기초기술사가 평가합니다. 또한 지반의 특성상 변화 요인이 다양하여 이에 따른 변수도 많기에 그에 맞도록 (필요시) 조정하면서 안전하게 시공될 수 있도록 감독하는 역할도 해요.

❸ 기술사 시험 준비 동기

지반 설계 회사에 입사하면서부터 하늘 같은 선배님들이 기술사를 취득하는 모습을 보았고, 자연스럽게 저의 최종 목표는 기술사 자격증 취득이 되었습니다. 그런데 사회생활을 하다 보면 본인의 의지와는 상관없이 주변의 상황 때문에 마음이 흔들리는 경우가 생기게 되잖아요? 한번은 업무 외적인 부분에서 큰 고민이 생겨 학창 시절에 의지했던 교수님을 찾아갔어요. 울먹거리며 제대로 말도 못 하던 제 얘기를 들으신 교수님께서는 저에게 이렇게 말씀하셨습니다. "향은아, 딱 1년만 더 해 봐라. 대신, 그동안은 주변의 상황이나 인간관계에 대해 너무 의식하지 말고, 진짜 하는 일에만 최선을 다해봐. 그렇게 1년을 채우고 난 다음에도 네 마음이 바뀌지 않는다면 다시 찾아와라. 그때는 내가 향은이를 책임지고 다른 분야로 취직이든 뭐든 다 도와줄게. 그런데 네가 그렇게 1년을 채우고 나면 내가 장담하는데 넌 잘될 거야. 나중에는 기술사도 따야지?" 이날의 일은 주변 지인 몇몇을 제외하고는 가족들에게조차 말하지 못했는데요, 20대의 기억 중 눈물을 가장 많이 흘렸던 것 같습니다. 그 이후가 궁금하시다고요? 교수님 말씀대로 정말 열심히 최선을 다했고, 그 뒤로는 같은 이유로 교수님을 뵌 적은 없었습니다.

그렇게 실무 능력을 키워가면서 시간이 또 흘러갔지만 예전에 교수님께서 하셨던 "나중에는 기술사도 따야지?"라는 말씀은 항상 마음에 남아 있는 최종 목표가 되었죠.

④ 기술사 시험 준비 과정

직장생활을 하며 산업대학원을 다닐 때 몇몇 동기들과 함께 1주일에 한 번 학원에 다니면서 공부를 시작했습니다. 늘 가까이 두고 참고했던 지반공학 책이었기에 생소하지는 않았지만, 알고 있는 내용을 어떻게 잘 쓰는지와 관련해서는 기존 선배님들을 통해 들어 알고 있는 것들과 직접 글로 표현하는 부분 사이에서 갭(차이)이 있었습니다. 갈팡질팡 마음을 못 잡고 있을 때, 학원 원장님께서 조금만 더 하면 합격하겠다고 격려해 주셨어요. 저 자신도 합격의 가능성을 그려보며 다시 마음을 다잡고 천천히 준비해 갔습니다. 그러던 중에 체력적인 부분과 집안 사정으로 공부에 집중할 수 없는 상황이 되었고, 어영부영 시간이 더 흐른 뒤, 박사과정에 들어가게 되었습니다. 지도교수님께서는 "네(저)가 실무를 오래 경험했으니 조금만 더 공부만 하면 기술사 시험에 합격할 수 있을 것"이라며, 독려해 주셨어요. 직장인이었던 다른 동기들과 토요일에는 거의 매주 학교에서 스터디도 하면서 이번에는 제대로 시험 준비를 했습니다.

처음에는 서브(참고) 노트나 기출문제 해설집을 보고 그대로 써보기를 반복했습니다. 이렇게 하니 일정 시간이 지나면 기억에서 점점 사라지는 거예요. 공부한 내용 중 한 가지 주제를 다시 쓰려고 하면 머릿속이 캄캄해지면서 어떻게 써야 할지 정리가 잘 되지도 않았습니다. 참고 자료로 저만의 노트를 만들기도 했는데요, 보고서나 의견서 형식으로 정리했습니다. 이렇게 혹은 저렇게 효과적인 공부 방법을 찾아보고 시도하면서, 어떤 한 가지 주제가 나오면 잠깐 스토리를 잡고 이를 써나가는 연습이 중요하다는 걸 그 어느날 깨닫게 되었답니다.

기술사 시험은 컴퓨터 키보드로 타이핑을 하는 것이 아니라, 정해진 시간 내에 본인이 알고 있는 전문적인 지식을 글로 일목요연하게 손으로 써 내려가야 합니다. 일정 시간을 정해놓고 쓰는 연습을 꾸준히 병행했는데요, 여러분께도 추천합니다.

5 기술사 시험 준비 과정에서 어려웠던 점과 극복 방법

기술사 시험을 준비할 때 가져야 할 마음가짐은 무엇일까요? '할 수 있다는 자신감'이 필요합니다. 그리고 '공부 시간의 분배'도 중요합니다. 처음 시험을 준비할 때는 몇 번만 시험을 쳐보면 가능하겠다고 생각했어요. 그런데 막상 본인의 생각과는 다른 점수 결과를 받거나, 준비 시간이 길어지면서 점점 더 자신감이 없어졌습니다.

처음 10년간은 업무를 마치는 시간이 대부분 지하철 막차를 타는 딱 그 시간대였기 때문에, 퇴근 후 공부 시간을 꾸준히 가진다는 건 아주 큰 도전이었습니다. 그래서 기술사 시험 준비를 하다가 책을 덮기를 여러 번 반복했습니다. 시험 준비를 위해 퇴사 혹은 휴직하고 나서야 시험에 집중할 수 있는 여건이 만들어질 수 있다고 비겁한 변명을 늘어놓기 일쑤였어요.

아무튼 이렇게 공부 시간 분배에 실패하면서 자신감이 서서히 떨어지는 일이 반복되었습니다. '과연 내가 할 수 있을까?'라는 생각까지 들더군요. 막막하기도 했습니다. 처음에는 자신감과 시간 분배에 모두 실패했지만, 불굴의 의지로 결국에는 극복했습니다. 비법이 궁금하시다고요? 점점 떨어지는 자신감을 떨쳐버리고 “할 수 있다!”를 자기 자신에게 외치고, 주문을 걸고, 노력했습니다. 퇴근 후 개인 시간을 조금 더 가질 수 있게 되면서 정해진 공부 시간을 지키기 위해 노력했답니다. 기술사 시험은 결국 자신과의 싸움이더라고요.

⑥ 토질및기초기술사로서 현재 수행하고 있는 업무 소개

토질및기초기술사로서 지반 분야 설계를 주로 다루고 있습니다. 일상생활에서 쉽게 접할 수 있는 부분으로 설명해 보겠습니다. 건물을 지을 때 높은 건물일수록 지하도 깊은 것을 볼 수 있어요. 지하 부분의 시공을 위해서는 지반 굴착을 해야겠지요? 이때 지반 굴착을 위한 가설흙막이 계획이 필요하고 계획된 가설흙막이를 시공하면서 단계별로 지반 굴착을 하면서 지하 구조물을 완성합니다. 건물이 높거나 구조물이 클수록 하중이 증가하겠지요? 구조물이 지반에서 안전하게 서 있을 수 있도록 구조물 하부 기초 부분을 검토한답니다. 기초는 크게 ‘말뚝으로 지지하는 말뚝기초’, ‘지반이 지지하는 직접기초’로 나누어 볼 수 있습니다. 직접기초일 경우, 지반 지내력이 조금 부족하면 지반의 강도를 높여 충분한 지내력을 확보할 수 있는 대책을 수립하지요. 그런데 구조물 하중이 매우 크고 지반의 강도를 높여도 그 하중을 지지하지 못할 땐 말뚝기초로 계획하여 지반의 특성을 반영 후 말뚝의 지지력을 검토합니다.

2018년도에는 도심지 내 지반함몰(싱크홀)이 계속 발생하고 있어 이로 인한 국민들의 불안이 가중됨으로 인해 이를 미리 방지하고자 「지하안전관리에 관한 특별법」이 제정되었습니다. 10m 이상 굴착하는(뚫는) 경우 지하 안전 평가를 수행합니다. 지반 굴착 시 주변 영향 성을 확인하고 안정성 확보 방안을 수립해야 하고요.

우리나라는 국토 면적의 약 70% 이상이 산지와 구릉지로 이루어져 있어 여름철 장마나 태풍 시 집중 강우로 인한 다수의 비탈면 붕괴가 빈번히 발생하고 있습니다. 비탈면이 안정성을 확보할 수 있도록 현장 여건에 적합한 비탈면 보강・보호 공법을 선정하고, 시공이 가능하도록 설계하는 업무도 하고 있지요.

강 하류 지역에는 퇴적된 지반으로 상부 구조물 하중을 지지하지 못하는 연약지반이 있는데요, 서해안지역, 섬진강 하구, 낙동강 하구 지역 등에 넓게 분포합니다. 연약지반은 지반의 전단 저항력이 충분하지 않아 안정과 관련된 문제, 흙의 압축성으로 인한 침하 문제, 동적 하중에 의한 액상화 등이 발생해요. 이러한 문제로부터 안정성을 확보할 수 있도록 대책을 수립하는 일도 합니다.

❼ 업무 중 경험한 기술사의 장점

토목 분야에서는 여성 기술자의 수가 과거부터 매우 적어서 현장에 협의하러 회의에 참석하면 엔지니어로 보지 않고 동행한 (남성) 기술자의 일행으로 오해받는 경우가 대부분이었습니다. 처음에는 쑥군대는 듯한 눈길에 자존심도 많이 상했고 화가 난 적도 있었습니다. 사실 이런 상황은 시간이 지나도 크게 개선되지 않더라고요. 회의 중 기술자로서 제 기술적 의견을 내고 설명하는 가운데 전문가로서 인정해 주는 과정이 반복되면서 타인의 인정도 받게 되었고, 스스로 마음을 다스릴 수도 있게 되었습니다. 기술사를 취득하고 난 다음에는 인사만 나눴는데도 전문가로 인정해 주는 분위기를 느낄 수 있었습니다. 정말 놀라운 경험이었지요. 또 제 발언을 신뢰하고 존중해 준다는 것을 자주 느낄 수 있었습니다. 이런 일들은 여러분의 자존감을 높여주기도 합니다. 기술사 취득 후 여러 위원회에서 활동하면서 직접 검토해 보지 않은 프로젝트에 대해 같이 고민하고 의견을 주고받는 것은 개인의 지식 발전과 인맥의 폭을 넓히는 데도 큰 도움이 된답니다.

8 기술사의 활용과 미래 전망

기술사는 해당 분야에서 최고 수준의 전문성을 인정받는 증명서 역할을 하기에 해당 분야에서 전문 지식과 실무 능력을 공식적으로 인정받는 자격증입니다. 기술사를 취득하게 될 경우, 직장에서는 승진 및 경력 개발에 유리할 것이고, 장기적으로 보면 직업 안정성과 삶의 만족도를 높이게 되겠지요?

대부분의 건설 현장에서는 토질및기초기술사의 역할이 분명히 존재합니다. 몸담은 직장에서 자신의 역량을 보여줘도 되고, 새로운 사업체를 만들어 독립하더라도 충분히 인정받으면서 자신의 역량을 보여줄 수 있습니다. 장기적인 관점에서 보면, 토질및기초기술사는 직업의 안정성과 경제적 안정성, 더 나아가 본인 인생의 미래 안정성을 주기 때문에 꼭 도전해 보라고 권하고 싶습니다.

⑨ 기술사를 꿈꾸는 후배들에게 남기는 글

기술사는 지식과 경력만 쌓는다고 해서 주어지는 게 아니랍니다. '기술사 되기'라는 긴 마라톤을 포기하지 않고 끝까지 완주하는 것을 목표로 달리길 바랍니다. 마라톤은 긴 거리를 체력에 맞게 일정한 속도를 유지하면서 달리는 게 필요하죠. 일명 페이스 조절이 매우 중요한데요, 기술사가 되는 과정도 마찬가지입니다. 쉽지 않은 길이지만 포기하지 않고 골인 지점에 도달할 때까지 '할 수 있다!'라는 자신감을 잃지 마세요. 지혜롭게 쉼 없이 뛰다 보면 꿈의 결승선이 눈앞에 보이는 날이 올 겁니다. 모두 힘내요. 화이팅!

2.12

토양환경기술사

㈜건화 상무 김지현

(출처: 국립환경과학원)

2.12

토양환경기술사

① 토양환경기술사의 세부 분야 소개

산업인력관리공단의 Q-Net 홈페이지에 가서 국가자격 종목별 상세 정보를 살펴보면 한국산업인력공단 시행 종목 전체가 나와 있습니다. 환경・에너지 종목 중 '환경'에는 '대기관리기술사, 대기환경기사, 대기환경산업기사, 생물분류기사(동물), 생물분류기사(식물), 소음진동기사, 소음진동기술사, 소음진동산업기사, 수질관리기술사, 수질환경기사, 수질환경산업기사, 온실가스관리기사, 자연환경관리기술사, 자연생태복원기사, 자연생태복원산업기사, 토양환경기술사, 토양환경기사, 폐기물처리기술사, 폐기물처리기사, 폐기물처리산업기사, 환경기능사, 환경위해관리기사'가 포함돼요. 이 중에서 '환경기술사'는 다시 '대기관리기술사, 수질관리기술사, 토양환경기술사, 자연환경관리기술사, 폐기물처리기술사, 소음진동기술사'의 총 6개 종목의 기술사로 구분됩니다.

환경기술사 가운데 제가 취득한 '토양환경기술사'에 대해 소개하겠습니다. 토양환경기술사는 크게 '토양정화'와 '환경영향평가' 분야로 나누어집니다. 뉴스에서 주유소 부지(대지)가 유류로 오염되었다든가 미군 부대를 반환받는 과정에서 부대 내 토양이 중금속이나 다이옥신 등으로 오염되어 문제가 되고 있다는 이야기를 한 번쯤 들어보셨을 거예요. 이렇게 토양이 오염되었을 때 '토양정화' 사업에서 총괄책임을 맡는 사람이 '토양환경기술사'랍니다.

그리고 국가에서 대규모 사업을 시행하기 전에 그 사업이 환경에 어떠한 영향을 끼칠 것인지 조사하고 예측하여 악영향을 예방하는 방안을 마련하는 것이 '환경영향평가'인데요, 토양환경기술사는 환경영향평가의 여러 항목 중 '토양'에 대한 책임을 맡는답니다.

이 외에도 토양오염물질 분석이라든가 토양에 관한 연구 등 다양한 업무를 수행합니다. 즉, '토양환경기술사'는 토양 환경 및 관련 제도 법규에 관한 고도의 전문지식과 풍부한 실무경험을 바탕으로 토양 환경오염의 정화 및 복구의 포괄적인 계획, 설계, 시공, 관리, 조사를 담당해요. 세부적으로는 실행 분야의 계획, 세부 연구, 구체적인 설계, 분석, 시험, 운영, 시공, 평가하는 작업을 하며, 지도와 감리 등의 기술 업무까지 수행합니다.

토양 환경에 영향을 미칠 수 있는 모든 계획 또는 사업에 대한 타당성을 조사하고, 기본계획 · 정화 및 복구 계획을 수립하며, 단계별 토양 환경 변화를 포함한 종합적인 토양환경정화 및 복구를 총괄, 관리, 경영에 관한 업무를 해요. 한 마디로 토양환경기술사는 토양 오염을 과학적 · 체계적으로 관리할 수 있는 전문 인력이라 말할 수 있습니다.

토양환경기술사가 되면 토양 및 지하수 환경복원업체, 환경영향평가 업체, 환경 컨설턴트기관 등의 환경 관련 업체에서 일하거나 정부기관, 국립환경연구원, 환경정책평가연구원 등 정부산하기관, 보건환경연구원, 환경관리청, 환경관리공단 등의 공공기관이나 연구소, 환경직 공무원 등으로 진출하여 환경오염 정화 기술 업무 및 연구를 수행할 수 있습니다. 대학에서 '환경'을 전공하고 있거나 이미 전공했다면, 그리고 환경 분야에 관심이 많다면 기사 자격증을 따고 꼭 기술사까지 도전해 보세요.

[표 23] **2023년까지의 환경기술사 자격 취득 현황**

종목 \ 인원	여성/전체기술사 인원(명)	시험 횟수/1년(회)
토양환경기술사	21 / 181	1
수질관리기술사	23 / 419	2
대기관리기술사	22 / 296	1
자연환경관리기술사	119 / 306	2
폐기물관리기술사	18 / 278	1
소음진동기술사	8 / 236	1

(출처: Q-Net→국가자격시험→자격검정통계→종목별현황→기술사→환경→종목→자격취득자현황)

❷ 기술사의 가치와 쓰임

토양환경기술사는 환경분야에서 최고의 자격증 중 하나로 토양 환경 및 관련 제도 법규에 관한 고도의 전문지식을 가지고 토양 환경 오염의 정화 및 복구의 포괄적인 계획, 설계, 시공, 관리, 조사, 연구, 평가 등을 하는 작업을 행하며, 지도 및 감리 업무 등을 수행합니다. 기술사를 취득하면 「국가기술자격법」에 의해 공공기관 및 일반기업에 채용될 때 그리고 보수, 승진, 전보, 신분보장 등에 있어서 우대받을 수 있어요.

또한 6급 이하 및 기술직공무원 채용시험 시 가산점을 받을 수도 있습니다. 토양환경기술사에게는 농업직렬의 일반농업, 식물검역, 산림보호 직류, 환경직렬의 일반환경, 폐기물 직류에서 채용 계급이 8·9급, 기능직 기능 8급 이하와 6·7급, 기능직 기능 7급 이상일 경우 모두 5%의 가산점이 부여됩니다. 다만, 가산 특전은 매 과목 4할 이상 득점자에게만, 필기시험 시행 전 일까지 취득한 자격증에 한하고 있어요.

그리고 「건설기술 진흥법」에 의해 감리원의 자격이 주어집니다. 「토양환경보전법」에 의해 토양 관련 전문기관 지정 및 토양정화업 등록을 위한 기술인력으로 자격이 부여되고, 「지하수법」에 의한 지하수정화업 등록을 위한 기술인력, 「광산피해의 방지 및 복구에 관한 법률」에 의해 토양개량, 복원 및 정화사업, 광해방지사업 감리 업체 등록을 위한 기술인력으로 자격이 부여되지요.

토양환경기술사는 토양오염 정화뿐만 아니라 기후변화로 인한 홍수피해, 연안침식, 염수침입 등과 토양에 버려진 폐기물에 의해 발생하는 폐수 등으로 인해 수질 환경 분야와 폐기물처리 분야와도 관련이 되어 있으며, 토양이나 유기물에 탄소를 저장하는 과정은 온실가스 저감이나 기후변화를 다루는 대기환경 분야와도 연관되어 있습니다. 또한 토양을 기반으로 하는 농업 분야, 산림 분야, 자연환경 분야, 조경 분야 등 다양한 기술 분야와 접목되는 경우가 많아 앞으로도 토양환경기술사의 쓰임이 넓어질 것으로 예상된답니다.

❸ 기술사 시험 준비 동기

저는 부산에서 태어나 초, 중, 고를 거쳐 국립부산수산대학교(현재 부경대학교) 대기과학과에 입학했어요. 그 당시 대기과학과는 신생학과로 제가 1기여서 선배도 없었고 이 과에서 공부하면 어디로 갈 수 있는지 정보도 없이 그렇게 학사, 석사 학위취득까지 진행했습니다. 그때는 무조건 공부만 하면 멋진 연구소 같은 곳에 취직이 될 거로 생각했는데요, 현실은 그렇지 못했죠. 신생 학과여서 박사과정이 바로 생기지 않았어요. 공부가 계속 연계되어야 한다는 생각에 박사과정이 생길 때까지 기다리기로 했습니다. 그러는 동안 동기였던 남편과 결혼했고, 아기가 바로 생기면서 점차 박사과정과는 멀어지기 시작했어요.

첫째 아기가 돌이 되었을 무렵, 남편이 공무원 시험에 도전하고 싶다며 회사를 그만두었습니다. 둘 다(저와 남편) 백수인 상태로는 생활이 안 될 것 같아 남편과 아기를 친정에 맡기고 서울 기상청에 위촉연구원으로 들어갔어요. 첫째에게 모유를 수유하고 있었는데요, 젖도 못 뗀 상태인데 급하게 서울로 가게 되어 기상청에 근무하면서 매주 아기를 보기 위해 서울과 부산을 왕복하는 고된 생활을 몇 달간 했습니다. 서울과 부산을 매주 왕복하는 것이 경제적·육체적으로 너무 힘들었고 도저히 안 되겠다고 판단하여 남편과 아기 모두 서울로 올라오게 하여 함께 생활했죠. 남편은 공무원 공부를 해보니 그것도 적성에 안 맞았는지 그만두고 서울에 직장을 잡았고 조금 안정이 되나 싶었는데 그다음엔 아기에게 문제가 생기기 시작했어요. 너무 어린 나이에 아기를 어린이집에 맡기다 보니 일어나게 된 사건과 사고였지요. 이러다간 아기에게 큰 문제가 생길 것 같았습니다. 그즈음 남편이 창원으로 새 직장을 얻게 되어 결국은 제가 기상청을 그만두고 다 같이 창원으로 내려가게 되었고, 둘째가 생기면서 점점 더 공부나 사회생활과는 멀어지는 삶을 살게 되었죠. 그러나 늘 마음속에는 공부에 대한 미련과 사회활동에 대한 갈망이 있었어요.

직장을 얻거나 공무원 시험에 도전하려면 석사학위보다는 기사 자격증이 필요했습니다. 대학 다닐 때 기사 자격증을 따 놓지 못해 뒤늦게 자격증 공부를 다시 시작했죠. 임신한 상태에서 시험을 보러 간 적도 있었는데요, 아이를 키우면서 공부하기는 쉽지 않았어요.

첫째 아이가 초등학교에 입학할 때쯤(2004년) 새 아파트로 이사를 하게 되었는데요, 집이 꼭대기 층이라 복층이었습니다. 입주 전에 시어머님께서 집을 한번 둘러보시더니 복층에서 어머님 친구분들이랑 놀면 좋겠다고 말씀하셨는데, 때마침 집에 보험계약으로 오신 설계사가 보험회사에 와보라고 제안하셨고, 빠른 결단력으로 급하게 보험회사로 출근하게 되었어요. 나름으로 열심히 일했는데도 그것과는 상관없이 보험아줌마라는 삐딱한 시선에 솔직히 자존심이 많이 상했습니다. 보험설계사도 내부에서 금융상품 관련 시험을 치는데요, 그 시험공부를 하면서 제가 진짜 좋아하고 해야 할, 하고 싶은 것은 '공부'라는 생각이 들었어요. 다행히 보험설계사는 회사 생활을 사무실에서만 하는 것이 아니다 보니 적당히 시간을 조정해서 틈나는 시간마다 도서관에 가서 중단했던 기사 공부를 다시 시작할 수 있었습니다. 대학교 때도 바쁘다는 핑계로 대충 공부하고 시험치고, 결혼해서는 아이 키우며 짬이 날 때만 대충 공부하다 시험치고 하다 보니, 대학 때부터 시작해서 대기 기사 시험을 무려 7번이나 쳤더라고요. 2005년에, 7번 만에 겨우 합격했습니다.

보험회사에 다니던 중에 가장 친한 친구(제 친구는 소방기술사에요.)가 보건환경연구원에 도전해 보자고 했어요. 제 인생에서 이 친구를 빼고는 이야기할 수가 없어서 잠시 소개하면, 이 친구는 저와 같은 대학 같은 과 동기이며 대학 실험실 생활도 같이하고 함께 석사학위까지 받았답니다. 저처럼 박사 학위과정이 안 생겨서 공부를 중단하고 있었죠. 결혼 후 저처럼 남편을 따라 창원으로 오게 되었어요. 같은 동네에 살면서 아이들도 비슷하게 낳아 함께 키우며 서로 의지하며 지내다가 2004년부터는 같은 아파트에 입주하게 되면서 본격적으로 같이 공부도 하게 되었습니다. 둘 다 같은 이유로 공부를 중단했기 때문에 다시 공부하기를 희망했는데요, 어느 날 이 친구가 저에게 보건환경연구원 시험에 도전해 보자고 말하더군요. 돌이켜보면 그때부터 본격적으로 공부하는 삶으로 뛰어들게 되었지 싶어요. 나중에 이 친구는 저보다 기술사 시험에 먼저 합격했고 저보다 조금씩 앞서서 길을 열어 가능성을 보여준 저만의 진정한 멘토였습니다.

보험회사에 다니면서 기사 공부와 보건환경연구원 7급 시험공부를 했어요. 환경공학과를 졸업한 게 아니다 보니, 대기 관련 과목 외의 수질, 폐기물, 토양 등에 대해서는 독학했습니다. 각 과목의 기사 책과 환경학 · 화학 · 물리학 사전 등을 함께 두고 기초부터 공부해 나갔어요. 공부를 시작한 첫해에 시험을 쳤지만 충분한 공부가 안된 상태여서 떨어지고 운이 안 좋았던 건지, 다음 연도에는 아예 한 명도 안 뽑아서 시험 자체가 없는 거예요. 그때만 해도 공무원 시험에 연령제한(만 35세)이 있었는데요, 그 연령제한에 걸려 결국 꿈을 접어야 했답니다. 정말 허탈했죠.

그나마 다행으로 기사 시험에는 합격했네요. 보건환경연구원을 함께 준비했던 앞서 이야기한 제 친구가 '기술사'라는 자격이 있다는 것을 처음 알려주었어요. 그때 친구는 대학교 시절에 합격한 소방기사 덕으로 기술사 시험을 준비할 수 있는 자격이 주어졌고 그 시험을 준비하겠다고 선언하더군요. 저는 그 당시에 갓 기사를 딴 상태고 환경영향평가회사에 들어간 지 얼마 되지 않은 때라 시험 칠 자격이 되질 않았지만, 친구가 기술사 공부를 시작하는 것을 보고 저도 덩달아 대기기술사 공부를 시작했습니다. 그때만 해도 대기기술사는 1년에 두 번 시험이 있었는데요, 한 번에 1~2명만 뽑는, 즉 전국 1~2등을 해야만 기술사가 될 수 있었기에 몇 번 시험에 도전했지만 계속 떨어져 도전을 계속 해야 하나 고민하게 되었어요. 그때 친구가 보건환경연구원 시험 준비를 하면서 다른 과목도 공부를 해보았으니 대기기술사만 고집하지 말고 다른 환경기술사로 분야를 바꿔보는 건 어떠냐고 말했어요. 사실 전 대기과학 전공으로 석사까지 했다는 갇힌 생각에 다른 종목에 도전한다는 생각 자체를 해보지 않았는데요, 친구는 저에게 사고의 전환을 하게 해주었습니다. 그래서 토양환경과 자연환경 두 기술사 시험 문제를 찾아보았죠. 토양환경기술사가 화학적인 지식이 더 필요로 했고 대기화학을 전공한 저와 더 맞을 것 같아서 토양환경기술사 시험을 쳐보기로 결심했어요. 그래서 인원을 조금 더 많이 뽑는 '토양환경기술사'로 바꾸어 공부한 끝에 3년 만에 합격하게 되었답니다.

공부한 과정을 말씀드릴게요. 토양환경기술사를 공부하면서 독학으로는 부족하다는 생각이 들었어요. 그래서 서울에 있는 학원을 찾아갔습니다. 학원 수업과는 별개로 학원 사람들과 스터디 그룹을 만들어 학원 수업 전과 후에 스터디를 병행했어요. 주말 새벽 첫 기차나 고속버스를 타고 서울에 갔다가 하루 종일 공부하고 밤늦은 시각에 창원에 도착하는 생활을 학원 수강 기간 내 한 번도 안 빠지고 계속했습니다. 학원에 다닌 지 8개월쯤 되었을 때, 시험을 봤어요. 1차에 합격했고(2009년), 2차 면접은 실무 부족으로 계속 떨어졌습니다. 2차 면접은 총 4번 볼 수 있었는데요, 4번째에 겨우 합격할 수 있었어요(2010년). 2차 면접 합격에 1년 반이 걸렸죠.

저는 필기시험보다 면접이 더 어려웠어요. 기술사는 이론과 실무가 겸비된 사람을 뽑기 때문에 실무가 부족한 저는 떨어지는 게 당연했습니다. 처음 면접시험에 떨어진 후 스터디 그룹 멤버들의 도움을 받아 토양을 정화하는 현장에 직접 찾아가 실무를 배웠어요. 또한 토양지하수학회에 참석해 최근의 연구 주제나 이슈를 파악했습니다. 그러면서 토양환경을 전공하시는 교수님과도 알게 되었고, 그분들께 시험에 나올 만한 이슈 혹은 공부하다가 궁금한 사항을 여쭤보기도 했습니다. 그렇게 하면서 조금씩 실력이 갖춰졌고 운 좋게 마지막 면접시험에는 합격할 수 있었답니다.

제가 토양환경기술사를 공부하는 동안 기술사를 먼저 시작했던 제 친구는 소방기술사 시험에 합격했어요. 그 모습을 보며 저도 할 수 있겠다는 희망이 생겼습니다. 친구도 저도 첫 기술사 취득 후에도 계속 공부했어요. 친구는 그 후 건축기계설비기술사, 폐기물처리기술사, 자연환경관리기술사를 취득했고 저는 환경영향평가사와 해양기술사(1차)를 취득했습니다.

지금에 와서 과거를 돌아보니, 보험회사에 다녔던 것도, 시험 한번 제대로 못 쳐보고 좌절된 보건환경연구원 시험도, 기사 시험이나 기술사 시험에서 번번이 떨어졌던 경험도 결국은 '토양환경기술사' 시험에 합격하기 위한 동기이자 발판이 되었던 것 같아요. 그리고 함께 공부하는 친구가 옆에 있었기에, 힘들 때 서로 용기를 주었고 위로했으며 아이들도 함께 키우면서 힘든 공부를 포기하지 않고 끝까지 해낼 수 있게 된 것 같습니다. 지금은 친구와 기술사로서 기술사회 혹은 기타 외부 활동도 함께 하면서 멋지게 살고 있답니다.

혹시나 이 글을 읽고 있는 여러분 중에, 본인이 계획한 대로 인생이 이루어지지 않는 것 같아 실망하고 새롭게 도전하는 것도 이제는 그만 포기하고 싶다는 생각이 드시는 독자분이 계신다면, 절대로 포기하지 말라고 말씀드리고 싶네요. 불명확한 미래가 두려우시죠? 그러나 여러분들이 목표로 하는 것을 꼭 이루고자 하는 마음과 지속적인 행동(실천)만 있다면 언젠가는 이루어진다는 것을 믿으시면 좋겠습니다. 진짜예요. 단지 이루어지는 데 걸리는 시간이 사람마다 조금씩 다를 뿐이랍니다.

토양환경기술사를 합격하고 난 이후의 이야기도 들려드릴까요?

토양환경기술사에 합격한 후에 다시 포기했던 대기기술사 시험에 재도전 했었어요. 2년 정도 대기기술사 시험을 공부하고 도전했지만, 여전히 떨어지기를 반복하고 있었죠. 그때 기술사 학원 원장님으로부터 전화가 왔습니다. 환경영향평가사라는 자격이 새로 생겼는데 그걸 먼저 따야 하는 거 아니냐고 넌지시 알려주시더군요. 원래는 환경기술사가 가장 높은 자격증이었는데요, 제가 일하는 환경영향평가업에서만 새로운 자격이 생긴 것이었어요. 환경영향평가서를 거짓·부실 없이 더 잘 작성하기 위해서 환경영향평가 사업에 총괄 책임이 필요하다며 환경부에서 새롭게 환경영향평가사 자격을 만든 것이었죠. 그래서 대기기술사 공부를 중단하고 환경영향평가사 공부를 시작했습니다. 토양기술사를 공부할 때처럼 다시 창원과 서울 학원을 왕복하며 공부했어요. 이때도 학원 수업과 스터디 그룹 활동을 병행했습니다.

환경영향평가사가 토양환경기술사와 다른 점은 시험을 치는 사람 대부분이 각 종목의 기술사들이었다는 점이었어요. 기본적으로 이론과 실무를 겸비한 분들이었죠. 시험 경험도 많으신 분들이 대부분이라 합격이 쉽지 않았습니다. 결국 5년 동안 10번의 시험에 도전하여 합격했고 면접도 한번 떨어지고 두 번째에 겨우 합격했습니다.

몇 년 전부터 제가 해양·항만 사업의 환경영향평가 업무를 하게 되면서 그 분야에서도 전문가답게 일하고 싶은 생각에 해양기술사를 공부하였고 올해 초 처음으로 도전한 시험(필기시험)에 합격했답니다. 그러나 여전히 면접은 어려워 한번 떨어졌고 내년에 있을 2번째 면접시험을 준비하고 있어요. 참고로 해양기술사도 1년에 1회 시험만 있답니다.

그리고 그동안 중단했던 공부도 시작하여 박사과정에 들어갔고 현재 박사학위 취득을 위한 논문을 쓰고 있습니다.

돌아보면 대기기사, 토양환경기술사, 대기관리기술사, 해양기술사까지 20년 가까이 계속 공부해 왔어요. 대기관리기술사는 아직 합격 이전이고요. 저는 지금도 매일 회사에 다른 사람들보다 좀 더 일찍 출근하여 회사 직원과 해양기술사 시험공부를 합니다. 매일 조금씩이라도 하는 거죠.

사람마다 공부 스타일이 다 다르므로 어떤 분은 짧은 시간에 밀도 있게 하시는 분도 계시고 저처럼 천천히 그러나 꾸준히 해나가는 스타일도 있을 거고요. 어떤 방식으로든 자신의 생활 방식에 맞춰서 공부하시되 합격할 때까지 포기하지 않고 하는 겁니다. 그것이 합격의 비결 중 하나라고 생각해요.

[그림 47] **나의 스토리: 대학, 결혼, 기상청, 가족, 친구 수경** (출처: 저자 제공)

④ 기술사 시험 준비 과정

처음 기술사를 공부할 때는 기술사 책을 사고 도서관에 가서 과년도(過年度) 기술사 문제 풀이가 된 책을 구해 저만의 정리 노트를 만들었어요. 초반에 대기기술사를 준비하던 시절, 시험장에서 제 앞쪽 어느 분의 답안지를 얼핏 보게 되었어요. 저와는 다른 종목의 시험을 치는 분의 답지였지만 그 당시 제가 작성하고 있는 스타일이 아닌 뭔가 깔끔하고 그림도 있고 표도 있는 그런 답안을 작성한 걸 보고, 제가 계속 시험에서 떨어지는 이유가 답안지 기술의 차이가 아닐까? 하는 생각이 들었죠. 그래서 답안 작성 방법을 알기 위해 학원을 찾아갔습니다.

제가 있는 곳은 창원이라 그런 학원이 있을 리 만무했고 할 수 없이 서울로 올라가야만 했어요. 그때부터 몇 년 동안 저는 매주 토요일 새벽차를 타고 서울에 가서 공부하고 밤차를 타고 창원으로 내려오는 생활을 반복했습니다.

학원 수업은 시험 전반에 대한 정리와 그동안 잘 몰랐던 정보를 얻기에 유용했어요. 스터디 활동을 통해서는 책에서보다 더 자세한 공부와 실무에 대한 경험자들의 이야기를 들을 수 있었으며, 공부에 대한 자극도 덤으로 얻을 수 있었습니다. 매주 주어지는 스터디 그룹의 과제를 하기 위해서 일주일 내내 자료를 찾고 정리를 해야 했어요. 스터디 그룹을 통한 공부는 1차 필기시험뿐만 아니라 2차 면접시험 때도 도움을 많이 받았습니다. 함께 공부한 사람들이라 시험에 합격한 후에도 끈끈한 인맥이 형성되어 실무에서 일을 할 때도 서로 도움이 되어 좋았답니다.

공부를 시작하면서 먼저 집에 있는 TV를 없앴어요. 그 당시에는 핸드폰이 지금과 같지 않아 오락 거리가 TV였는데요, 영화, 드라마를 좋아했던 저에게는 힘든 결정이었습니다. 오늘날에 핸드폰을 없애는 것 같은 결단이었죠. 그리고 독서 장르도 전공책으로 한정시켰어요. 이때의 습관으로 지금도 전공책 읽는 것이 더 편안하답니다. 믿거나 말거나 지만요.

토양환경기술사로 시험 종목을 바꾸고 학원에 다니면서 공부해서

1년 반 만에 1차 필기시험에 합격했으나 2차 시험에 계속 떨어졌어요. 토양기술사가 하는 업무 분야가 크게 토양정화업과 환경영향평가업인데요, 저는 환경영향평가 쪽에서 일하고 있었기에 토양정화업에 관한 내용이 어려웠습니다. 다행히 스터디 그룹 멤버 중에 토양정화 쪽에서 일하시는 분들이 계셔서 많은 도움을 받았습니다. 학회 참석도 꾸준히 했고요.

그렇게 해도 계속 2차 면접에 떨어져서 트라우마가 생길 지경이었죠. 기술사는 실무경험을 중요시하기 때문에 제가 계속 떨어진 것이 당연했고, 결국 1년 반에 걸쳐 4번의 면접을 보고 4번 만에 합격할 수 있었습니다. 결론적으로는 3년 만에 토양환경기술사를 취득하게 된 거죠. 시간은 걸렸지만, 많은 경험을 할 수 있었고 깊게 배울 수 있었습니다.

기술사 공부는 도서관에서 했어요. 시간이 나면 무조건 도서관으로 갔습니다. 집에서는 마음이 흐트러지기 쉬운데 도서관에는 다 같이 공부하는 분위기여서 딴짓하거나 조는 것도 눈치가 보이니 공부에만 집중하기가 더 쉬웠기 때문입니다. 그리고 공부하는 동안에는 마음 한쪽에 늘 무거운 돌을 안고 있는 느낌(부담감)이었기에 운동이나 여행, 친구들을 만나거나 노는 것도 거의 하지 않았어요.

잘 외우는 편이 아니었기 때문에 문제를 이해하려고 노력했고 외워야 하는 것들은 외우기 쉽도록 앞 글자를 따서 말을 만들어 다음에도 생각나기 쉽게 만드는 작업을 많이 했어요.

기술사 시험공부에 필요한 것들을 정리해 볼게요.

- 기술사 기본 서적, 전공 서적
- 기출 문제 풀이 답안, 학원 책이나 합격한 분들의 정리 노트
- 관련 기술 논문, 잡지에 기고된 글, 최근 이슈 뉴스 자료
- 관련 부서(예를 들면, 환경부) 홈페이지 - 정책, 법, 보도자료 등
- 나만의 노트 만들기
- 집중이 잘되는 장소 선택 - 집, 도서관 등
- 학원, 스터디 그룹 또는 함께 공부할 수 있는 친구 - 공부와 인맥 형성
- 공부가 부족하다 느껴져도 시험은 무조건 치러 간다.
  (생각지도 않게 내가 공부한 문제가 나올 수도 있고 시간 내에 답을 생각해서 써 보는 연습도 된다.)
- 합격할 때까지 공부한다는 마음가짐 - 포기란 없다.
- 공부한다고 여러 사람에게 알리기 - 말에 대한 책임을 지기 위해서라도 더 공부하게 된다.
- 모든 걸 다 즐기면서 이룰 수는 없다. - 선택과 집중이 필요
- 가족들의 협조
- 건강관리

⑤ 기술사 시험 준비 과정에서 어려웠던 점과 극복 방법

기술사를 준비하면서 어려웠던 점과 극복 방법을 알려드리겠습니다.

■ 지방에 살아서 제대로 된 전문 학원도, 함께 공부할 사람도 없었어요. 서울에 있는 학원으로 찾아가 수업을 듣고 스터디를 만들어 함께 공부했습니다.

■ 독학했기 때문에, 책 이외의 정보가 너무 부족했습니다. 먼저 합격한 기술사분들께 조언을 구하거나 학원, 스터디 그룹 멤버들에게 도움을 받았습니다.

■ 학원이나 스터디 그룹 내에서의 숙제가 너무 어려웠습니다. 처음에는 답지 작성에서 진땀을 뺐어요. 자료가 많으면 적당히 짜깁기할 수 있겠다고 판단하고는 가능한 한 많은 자료를 모아서 답안 작성에 참고했습니다.

■ 노트 만드는 데 시간이 꽤 많이 걸렸습니다. 쓰다가 너무 힘들면 자료를 복사해서 노트에 붙이기라도 했습니다. 하지만 결국에는 다 써야 했죠. 사람마다 공부하는 방법이 달라서 저처럼 제 글씨로 된 자료를 보는 것이 더 좋은 사람도 있을 것이고 인쇄된 자료가 더 좋은 사람도 있을 테니, 그것은 자신에 맞게 선택하시면 될 것 같습니다. 그러나 되도록 직접 쓰면서 공부하는 걸 추천합니다. 실제 시험장에서는 컴퓨터로 답안을 작성하지 않으니까요. 직접 많이 쓰는 연습이 되어야 빨리 잘 쓸 수 있습니다.

■ 친구 만나기, 영화 감상, 핸드폰 보기, 책 읽기 등의 오락은 금지입니다. 시험 친 후 한 달 동안은 금지를 풀고 즐겨줬습니다.

■ 집안일, 아이들 돌보기 등의 부족하거나 어려운 점을 가족들에게 먼저 양해를 구하고 계속 부족한 엄마로 아내로 살았습니다. 그 점은 늘 미안하죠. 모든 면에서 완벽할 수 없음을 이해시킬 수밖에 없었습니다.

그런데 또 그 덕분에 독립적인 아이들로 자란 것 같아요.

■ 공부할 때 잡념이 떠오르면 즉시 종이에 적고 그 해결책도 적었습니다. 안 그러면 몇 시간이고 그 잡념들이 꼬리에 꼬리를 물고 머릿속에서 떠나지 않음을 경험했거든요.

■ 늘 공부 시간이 부족했습니다. 아이들과 함께 도서관에 다녔어요. 도서관 식당에서 식사까지 해결하면서 시간을 아꼈습니다.

■ 합격에 대한 조급한 마음을 버렸습니다. 될 때까지 계속 공부할 것이기 때문에 결국은 합격한다는 긍정적인 마음을 가졌답니다.

⑥ 토양환경기술사로서 현재 수행하고 있는 업무 소개

현재 저는 ㈜건화 환경평가부에서 상무로 재직하고 있어요. 저희 부서 역사상 첫 여성 임원이기도 합니다.

㈜건화는 건설엔지니어링 분야의 기획, 설계, 감리, 평가, 사업관리 및 유지관리 등을 수행하는 글로벌 종합 컨설팅 회사로 월드뱅크(World Bank) 수주 1위, 국내 엔지니어링(설계사)업계 2위인 큰 회사랍니다. 전체 임직원은 1,436명이며, 기술사는 347명, 석・박사는 370명을 보유하고 있습니다.

현재 저는 환경영향평가 업무의 총괄책임을 맡고 있어요. 환경영향평가는 대규모 개발사업이나 특정 프로그램을 비롯하여 환경영향평가법에서 규정하는 대상 사업에 대하여, 사업 초기부터 유발될 수 있는 모든 환경영향에 대하여 사전에 조사·예측·평가하여 자연 훼손과 환경오염을 최소화하는 방안을 마련하려는 전략적인 종합 체계로서 환경 측면에서 건전하고 지속가능한개발(ESSD; Environmentally Sound and Sustainable Development)을 유도하여 쾌적한 환경을 유지·조성하는 걸 목적으로 하는 제도랍니다. 즉 환경영향평가제도는 환경오염의 사전 예방 수단으로서 사업계획을 수립·시행함에 있어 해당 사업이 경제성, 기술성뿐만 아니라 환경성까지 종합적으로 고려함으로써, 환경적으로 건전한 사업을 계획할 수 있게 합니다.

환경영향평가에서 평가 항목은 크게 대기, 수질, 토양, 자연환경, 생활환경, 사회환경으로 나뉘는데요, 여기서 환경기술사는 각 항목의 평가를 책임지고 있으며 그 전체를 총괄하는 책임은 환경영향평가사가 맡고 있습니다. 저는 토양환경기술사이며 환경영향평가사이기 때문에 토양 분야를 맡거나 환경영향평가의 총괄을 맡기도 합니다. 환경영향평가 보고서 작성 외에도 발주처, 승인기관, 협의기관 등에서 회의나 협의를 통해 모든 일들이 잘 진행될 수 있도록 조율하는 역할도 한답니다.

여러분들 '환경용량'이라는 단어를 들어보신 적 있으시죠? 이는 대기, 수질, 토양 등에 발생한 환경문제에 대해 자연환경 스스로가 정화할 수 있는 능력을 일컬어요. 현재 발생하고 있는 무더운 여름, 극한의 추위, 점점 강해지는 집중호우, 슈퍼 태풍, 대형 산불 등은 자연환경이 스스로 정화할 수 있는 능력보다 인간이 자원을 과대하게 사용하면서 많은 오염물질과 온실가스를 배출하기 때문이라고 생각합니다.

[그림 48] ㈜**건화 대표 수행 실적** (출처: ㈜건화 브로슈어)

제가 일하고 있는 환경영향평가 업무는 자원의 개발이나 택지조성, 댐이나 도로 건설 등 대규모 개발 사업에 의해 발생하는 환경에 미치는 악영향에 대해 저감방안을 마련하고, 친환경적으로 이용할 수 있는 대안을 제시하여, 급변하는 지구환경에 대비 하는 일입니다.

⑦ 업무 중 경험한 기술사의 장점

기술사 공부를 통해 늘 반복적인 업무 내용에서 벗어나 정부의 정책, 계획 등을 눈여겨보니 자연스럽게 폭넓은 시야를 갖게 되더군요. 전공 분야에 대해서도 더 깊게 공부하였으니, 전문가로서 일에 대한 자부심과 스스로에 대한 만족감이 커졌습니다.

기술사가 되면 일에 있어 최고 전문가로서 인정받은 건 물론, 회사에 꼭 필요한 존재가 됩니다. 좀 더 구체적으로 설명해 드리자면, 회사에서는 발주처로부터 수주를 받기 위해서 기술사 자격이 중요하게 사용돼요. 환경영향평가 관련 수주를 받기 위해서 입찰 과정을 거치는데요, 그때 사업수행능력평가(PQ)를 심사하게 되고 그 과정에서 회사가 보유하고 있는 기술사들의 경력과 실적이 중요한 점수를 차지합니다. 그래서 회사에서는 경력이 길고 실적이 많은 기술사가 필요하죠. 그래서 기술사가 된 이후에도 자기 경력과 실적을 쌓는 일에 게을리해서는 안 된답니다.

또한 기술사가 되면서 회사에서는 직위가 수직으로 상승했습니다.

연봉도 올랐고요. 좀 더 크고 좋은 회사로 이직도 했고, 만나는 사람도 달라졌고 더 큰 꿈을 꾸게 되었답니다.

특히 여성기술사는 업계 전체에서도 몇 분 안 계시기 때문에 일을 할 때도 기술사라고 소개하면 좀 더 전문가로 인정해 주는 분위기가 있고, 오히려 여성 기술사이기 때문에 상대방의 기억에 인상 깊게 남길 수 있어 인맥 형성에 유리합니다.

아무래도 여성 기술사와 일을 하면 전문적이면서도 섬세하고 부드럽게 일을 처리할 수 있다고 느끼시는 분이 많아 업무 처리 시 궁금한 사항이나 여러 가지 기술적 문제에 대한 해결책을 구하는 연락을 많이 받게 됩니다. 물론 반대의 경우도 많은데 여성 기술사라 부드럽게 잘 해결되는 경우가 많았어요. 환경영향평가를 하는 과정에서도 발주처나 환경청과 협의를 하거나 주민설명회나 공청회를 할 때 기술사나 환경영향평가사가 용역의 책임자로 나서는 경우가 잦은데요, 이때도 책임자가 여성 기술사인 경우엔 더 집중해 주고 문제도 수월하게 해결되는 경우가 종종 있었답니다.

8 기술사의 활용과 미래 전망

기술사는 업무적으로도 전문적인 지식이 필요하거나 실무적인 어려움이 있을 때 도움이 되는 것은 물론 기술사 자격을 잘 활용하면 더 많은 활동을 할 수 있습니다. 제 경험을 예로 들어 설명할게요.

기술사와 박사를 동급으로 인정해 줘서 제가 아직 박사학위를 취득하지 못하고 수료상태인데도 불구하고 대학에서 시간강사나 겸임교수가 되어 전공과목의 강의를 할 수 있었습니다. 대학생이나 대학원생을 대상으로 멘토링도 진행했고요.

기술사는 그 분야 최고의 전문가로 인정받기 때문에 각종 기술 심의위원으로, 타 회사나 기관에서 인력을 뽑을 땐 면접위원으로도 활동할 수 있습니다. 각종 세미나나 심포지움에서 강연자나 패널로 활동하기도 해요. 정부에서 정책을 만들고 논의할 때, 전문가로서 의견을 제시하고 좀 더 나은 사회로 발전하는 데 도움을 주는 역할도 합니다.

그리고 기술사 활동을 통해 인적 네트워크가 넓어져 일을 더 효율적으로 할 수 있게 되기도 합니다. 물론 기술사가 되었다고 저절로 인맥이 넓어지진 않아요. 자기가 가지고 있는 것을 잘 활용하는 지혜도 필요합니다.

저는 기술사회의 부문회 활동을 열심히 했어요. 한국여성기술사회, 한일교류회, 기술사회 봉사단, 환경기술사회, 토양환경기술사회, 기술사회 대의원 활동 등 기술사회를 기반으로 활동을 시작했습니다. 그리고 환경영향평가사회, KWSE(대한여성과학기술인회), 과실연(바른 과학기술사회 실현을 위한 국민연합), WIN(기업여성임원모임), 한국건설기술인협회 활동 등 폭넓은 활동을 이어나가고 있어요. 이런 활동을 통해 넓어진 인적 네트워크로 회사의 중요한 사업을 수주할 때 도움을 주거나 어려운 일이 생겼을 때 풀어나가는 역할을 할 수 있게 되었어요.

· 한국여성기술사회 국제분과 위원장

· 한국기술사회 한일교류위원회 간사

· 한국환경기술사회 홍보위원장

· KWSE 부울경 지부 활동 (2019 ~ 현재)

· 패널 활동

· 강연 활동

· 과실연 활동

· 위원 활동

· 환경영향평가사회 활동

· 면접위원 활동

· 세미나 참석

· WIN 활동

[그림 49] **기술사로서의 활동 이모저모** (출처: 저자 제공)

기술사 자격도 자신이 어떻게 활용하는가에 따라 많이 달라질 거예요. 적극적으로 자신을 알리고 활발하게 활동하는 만큼 더 많은 역할을 맡게 된답니다.

기술사는 단순한 자격증이 아니라고 생각합니다. 기술사를 취득하는 과정을 통해 그리고 취득 후 기술사 자격이 가지는 힘으로 인해 나의 한계를 허물게 되었고 더 가치 있는 삶을 살 수 있게 된 것 같아요.

· 과학실험 강의 봉사

· 봉사 감사장

· 한국기술사회 봉사 활동

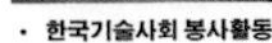

· 한국기술사회 봉사활동

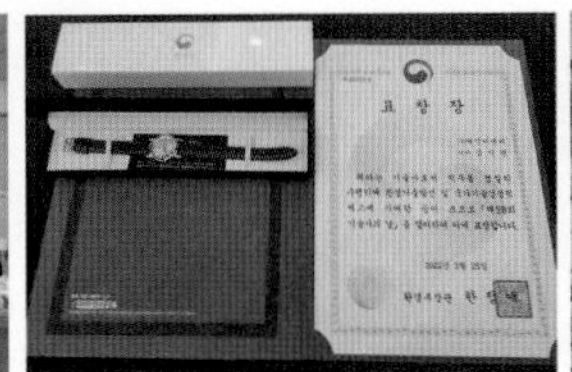

· 환경부장관상

· 한국여성기술사회 멘토링 사업 활동

[그림 50] **기술사 봉사 활동 및 수상** (출처: 저자 제공)

9 기술사를 꿈꾸는 후배들에게 남기는 글

제 삶을 돌이켜 생각해 보면 저에게 닥쳤던 모든 일들이 우연히 벌어진 건 하나도 없었던 것 같습니다. 사람과의 사이에서도 주거니

받거니가 잘 되어야 원만해지는 것처럼 삶 자체도 비슷하더군요. 내가 내 삶을 대할 때 밝고 긍정적이고 열정적으로 대하면 내 삶의 궤적도 그렇게 그려지게 되는 것 같습니다.

누구나 살면서 내 뜻대로 안 되고 막히고 좌절되는 순간이 있을 거예요. 저도 그랬어요. 중단된 박사과정이 그랬고, 남편의 실직이 그랬고, 기상청을 그만둘 수밖에 없었던 일이 그랬고, 보험회사에 다니면서 받았던 무시, 보건환경연구원 시험이 나이 제한에 막힌 것도, 수없이 떨어진 시험이 그랬네요. 수없이 많은 절망과 두려움이 엄습하던 그때를 떠올리면 지금도 가슴 한쪽이 답답하고 서늘해집니다. 하지만 저는 그때마다 다른 길을 찾으려고 노력했고 좀 더 긍정적이고 따뜻하게 바라보려고 애썼던 것 같아요. 그리고 딱히 해결책은 아니었더라도 고심 끝에 결정한 사항이라면 최선을 다해 묵묵히 끌고 나갔습니다. 중단했던 박사과정을 이십 년 가까이 지나고 난 뒤에 시작할 수 있었던 건 그동안 마음속으로는 포기하지 않았기 때문이지요. 늘 다시 시작할 걸로 생각했었거든요. 경제생활이 어려웠을 때도 가만히 있지 않았습니다. 내가 할 수 있는 한도 내에서 열심히 남편 대신 일했고 불평하지 않았어요. 그래서인지 그 후 남편은 제가 공부하거나 일하는 데 적극 지지해 주고 도와주고 응원해 줬습니다. 내 의지가 아닌 이유로 기상청을 그만뒀을 때도 또 다른 길을 생각하며 공부했어요. 여러 번 시험에 떨어질 때 주위 사람들에게 도대체 언제 합격하느냐는 말도 많이 들었지만 전 크게 신경 쓰지 않았습니다. 시간은 걸릴지 몰라도 난 꼭 합격할 걸로 믿었거든요. 왜냐하면 합격할 때까지 포기 없이 계속할 거라고 마음먹었었기 때문이죠. 전 그저 목표하는 것만 생각했고 열심히 행동으로 옮겼습니다. 결과는 늘 긍정적일 것으로 생각하면서요.

저는 늘 밝고 쾌활하고 적극적이며 열정적으로 살려고 노력했어요. 그러다 보니 늘 제 주위엔 훌륭하시고 좋은 분들이 많이 계셨고 도움도 많이 받을 수 있었습니다. 그분들을 보면서 닮아가기 위해 노력했고요. 아직도 부족한 점들이 많고 하고 싶은 일들도 많기에, 차근차근 계획을 잡고 꾸준히 해나가고 있답니다.

지금 와서 돌아보니 그 당시에는 참 힘들었던 일들이 결국에는 나를 좀 더 좋은 사람으로 만들고 단련시키고 준비하게 하고 실력을 쌓게 만든 것 같습니다. 그러니 여러분들도 앞으로 어려운 일에 맞닥뜨리더라도 상심은 조금만 하시고, 그다음엔 해결책에 대해 고민하고 조금이라도 더 발전하는 방법으로 나아가세요. 결론을 냈다면 반드시 행동(실천)하기를 바랍니다. 부정적인 생각이 들어오면 일부러 그것을 없애려고 애쓰지 말고 오히려 더 긍정적이고 밝은 생각에 집중하시길 바랍니다. 컵 안의 찌꺼기를 걷어내려고 계속 떠내도, 아주 작은 찌꺼기들은 계속 남아있죠. 시간도 꽤 걸리고요. 차라리 맑은 물을 컵에 부어서 흘러넘치게 만들면 금세 맑은 물로만 가득

차게 되는 걸 볼 수 있을 것입니다. 우리의 인생과도 같은 이치라고 말할 수 있어요. 적극적이고 열정적인 사람이 되도록 노력해 보세요. 점점 더 빛나는 사람이 될 거예요. 삶에 대한 진지한 태도, 바른 신념, 열정과 노력, 밝고 적극적인 자세 그리고 배려심을 갖춘다면 무슨 일을 하든 성공하리라 봅니다.

이 글을 읽고 있는 여러분들의 노력과 열정에 무한한 응원을 보냅니다.

3

기술사 필기+면접시험 합격을 위한 꿀팁

SECRET NOTE

3.1

필기시험 꿀팁 모음

모든 시험 준비의 시작은 '기출문제 분석'입니다

최근 5~10년간(최소 3년간)의 기출문제를 정리해 보세요. 출제 빈도를 분석하여 자주 출제된 문제에 집중하는 것이 시간을 효율적으로 사용하는 방법입니다. 이렇게 하면 출제 경향을 자연스럽게 파악할 수 있어 예상 문제를 예측하는 데도 도움이 됩니다.

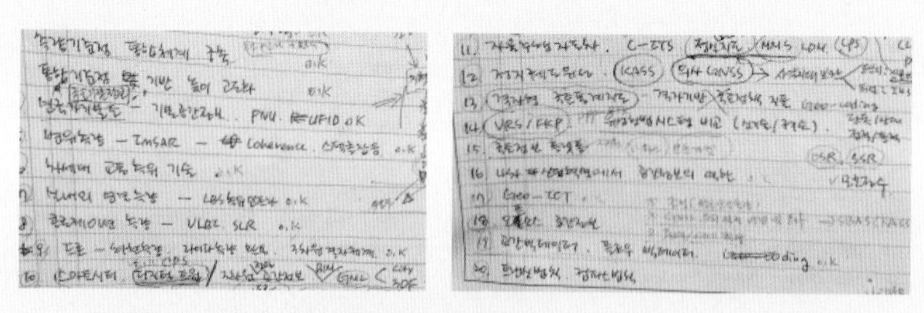

[그림 51] **기술사 시험 예상문제 분석 노트** (출처: 권지순 기술사님 제공)

최근 10년간의 기출문제를 주제별로 정리하고, 유사한 문제들을 묶어 그에 대한 답안지를 작성했습니다. 또한, 암기를 최소화할 수 있도록 전략을 세웠습니다.

연번	차수	연도	공종	[illegible]			문제
570	102회	2014	6.신교통(도시,광역,고속,	11	경량철도	자기부상	자기부상철도의 특성과 국내에 도시형 자기부상철도 도입시 고려할 사항을 설명하시오
130	71회	2003	4.고속 및도시철도, 신교통	18	경부고속철도	검토사항	경부고속철도(양산구간 : 금정산/천성산경유) 노선 쟁점사항에 대한 귀하의 견해를 기술하시오
310	86회	2008	4.고속 및도시철도, 신교통	10	경부고속철도	검토사항	경부고속철도와 호남고속철도의 설계기준을 상호 비교하여 주요 차이점에 대하여 설명하시오
148	72회	2004	4.고속 및도시철도, 신교통	18	경부고속철도	검토사항	오는 4월 1일 개통되는 경부고속철도가 기존 철도와 연결운행 될 때 기술적으로 검토 할 사항을 명시하고 설명하시오
345	89회	2009	4.고속 및도시철도, 신교통	13	경부고속철도	궤도균열	경부고속철도 2단계 궤도공사 중 균열이 발생되었는데 이에 대한 원인과 대처방안에 대하여 설명하시오
165	74회	2004	4.고속 및도시철도, 신교통	7	경부고속철도	발전방향	경부고속철도가 국제경쟁력 강화에 미치는 영향과 기대효과에 대하여 설명하시오
344	89회	2009	4.고속 및도시철도, 신교통	11	경부고속철도	선로확장	[illegible]
309	86회	2008	4.고속 및도시철도, 신교통	4	경부고속철도	자갈도상	경부고속철도 장기운행에 따른 자갈도상궤도의 예상되는 문제점과 대책에 대하여 설명하시오
22	62회	2000	4.고속 및도시철도, 신교	4	경의선		[illegible]
89	65회	2001	4.고속 및도시철도, 신교	16	경전철		경전철(모노레일 제외)의 차륜등 구동방식, 분기기, 속도 설정 등을 비교 하시오.
573	102회	2014	2.선로 및 궤도역학	4	경합조건		철도 선형 계획시 선로의 경합조건에 대하여 설명하시오
201	77회	2006	2.철도선로 및 궤도	2	경합조건		철도선형계획시 피하여야 할 경합조건에 대하여 쓰시오
508	99회	2013	2.철도선로 및 궤도	3	경합조건		철도선형설계시 선로경합 금지사항과 개선방안에 대하여 설명하시오
418	94회	2011	2.철도선로 및 궤도	17	경합조건		철도선형의 경합을 피해야 하는 사유를 조건별로 구분하여 설명하시오
223	78회	2006	2.철도선로 및 궤도	9	경합조건		각종 선형의 경합조건을 설명하시오
262	81회	2007	2.철도선로 및 궤도	14	경합조건		일반철도에 있어 선로의 경합 금지사항에 대하여 설명하시오
491	98회	2012	4.고속 및도시철도, 신교통	12	고속철도	HEMU	국내개발중인 고속열차(HEMU-430X)의 특징 및 현행 고속철도 노선에 도입시 고려할 사항에 대하여 설명하시오
123	68회	2002	4.고속 및도시철도, 신교통	14	고속철도	개량구간	고속철도용의 KTX 차량이 국내에서 생산되기 시작하고 있다. 향후 국내생산이 가능할 경우 고속철도 차량이 지속적으로 발전될 것으로 예상되며, 동북아 물류 수송과 관련하여 아시아 횡단철도의 건설추진 등 국제철도로 발전될 것이며, 이와 관련하여 철도의 국제 경쟁력이 요구되고 있다. 또한 최근 들어 기존선로의 개량사항이 증대되면서, 구간별로 신설구간이 증가하고 있다. 이런 상황에서 개량사업의 선형 개량구간과 신설구간의 노선선정 및 선형 설계시 고려해야 할 사항에 대하여 설명하시오.
453	96회	2012	4.고속 및도시철도, 신교통	1	고속철도	건널선	고속철도에서 도중 건널선의 개요 및 설치 계획(방안)에 대하여 설명하시오

[그림 52] 철도기술사 기출문제 분야별 정리 예시 (출처: 배준현 기술사님 제공)

출제위원의 입장과 한국산업인력관리공단의 관리적 측면을 고려하면, 문제의 형평성을 유지하기 위해 출제위원들이 매번 순환됩니다. 따라서 직전년도 기출문제가 다시 출제될 가능성은 상대적으로 낮습니다. 시간이 부족할 때는 직전년도에 출제된 문제를 과감하게 제외하는 것도 효율적인 전략이 될 수 있습니다.

■ 나만의 '모범 답안 노트' 만들기

기출문제를 주제별로 정리했다면, 각 주제별 문제를 항목별로 정리해 노트를 작성하는 것을 권합니다. 구성은 '서론(개요, 배경) → 본론(특징, 장단점, 영향인자, 문제점, 필요성, 대책) → 결론(요약,

마무리, 제언)' 순으로 작성합니다. 실제 답안 작성 시에 그대로 작성해도 될 정도로 답안을 만듭니다.

서론과 결론은 공통적으로 작성되는 부분이 있기 때문에, 문제 유형별로 공통적인 서론과 결론을 미리 준비해 두면 편리합니다.

답안 노트는 넘기기 쉬운 스프링 노트로 준비하는 것이 좋습니다. 큰 노트(A4)에는 이론 정리를, 작은 노트(약 15cm 크기)에는 큰 노트에서 외워야 할 부분만 압축해서 정리합니다. 작은 노트는 휴대하기 좋고, 어디서든 부담 없이 펼쳐 볼 수 있어 매우 유용합니다. 시험 직전에는 작은 노트에 정리된 주요 키워드와 출제 빈도가 높은 기출문제를 중심으로 암기합니다. 중요한 키워드는 형광펜 등으로 강조하여, 학습의 효율성을 높이세요.

평소 주요 주제별로 공통적으로 활용할 수 있는 그림, 메커니즘, 흐름도, 그래프 등을 미리 요약 노트에 정리해 두고, 시간을 내어 자주 보며 익히는 것도 좋습니다.

연습은 실전처럼, 실전은 연습처럼 하세요.

노트를 작성할 때는 시험 답안지(한 페이지에 총 14줄)와 같은 개수의 줄에만 내용을 적고, 남은 줄은 비워두는 습관을 들이세요. 이렇게 하면 평소에도 답안을 실제 시험처럼 작성하는 연습을 할 수 있습니다. 문제마다 포스트잇을 사용해 답안 내용을 압축해 적어두고, 시험 직전에 포스트잇을 떼어 묶으면 빠르게 볼 수 있는 정리 노트가 됩니다.

모범 답안 노트는 반복해서 암기해야 합니다. 기술적 내용, 제언, 필요성, 배경 등을 추가로 기재하며 지속적으로 보완하며, 암기가 어느 정도 완료되면, 본인 목소리로 내용을 녹음해 출퇴근 시간 등 자투리 시간을 활용해 청각적으로도 학습할 수 있도록 하는 것도 좋은 방법입니다.

처음에는 어렵겠지만, 지속적으로 보완해 나가며 자신만의 방식으로 예상 문제에 대해 시험 직전까지 최대한 효과를 낼 수 있도록 모범 답안을 정리하고 개선해야 합니다. 컴퓨터가 아닌, 손으로 직접 종이에 적어보는 방식을 추천합니다.

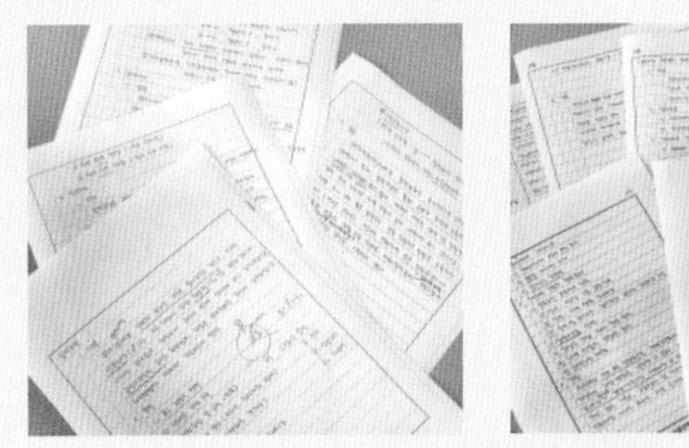
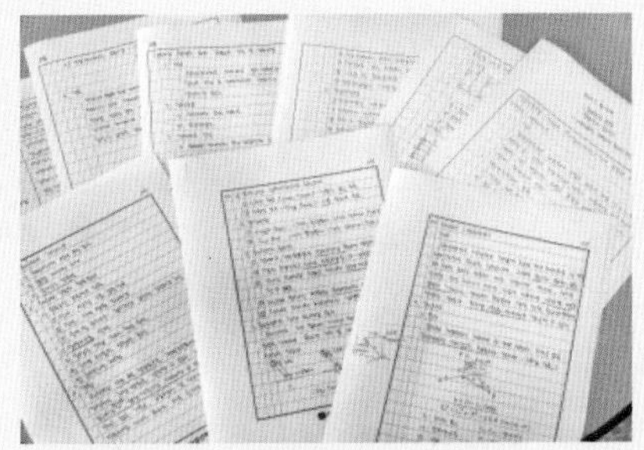

[그림 53] **모범 답안 작성 연습** (출처: 권지순 기술사님 제공)

답안지 작성에도 '요령'이 필요합니다

필기시험은 각 100분 안에 진행되며, 1교시는 단답형으로 13문제 중 10문제를, 2~4교시는 서술형으로 6문제 중 4문제를 해결해야 합니다. 처음 문제지를 받으면 순간적으로 머릿속이 하얘질 수 있습니다. 선택한 문제를 어떻게 풀어야 할지 고민하다 보면 시간이 빠르게 지나가죠.

그래서 미리미리 실제 답안지처럼 작성해서 연습해야 한다고 말씀드렸죠? 같은 내용이라도 어떻게 구성하느냐에 따라 점수 차이가 크게 날 수 있습니다.

답안 작성 순서는 '①서론/개요 → ②정의/종류 → ③특성/장단점 → ④영향인자 → ⑤원인/문제점 → ⑥필요성/대책 → ⑦결론/제언'의 순서로 작성합니다.

'서론/개요' 부분은 간단하게 핵심 사항과 배경을 제시하며 간결하게 기술하세요.

'본론'에서는 대비되는 항목을 비교표로 정리하여 한눈에 알아보기 쉽게 작성하는 것이 좋습니다. 관련된 그림(순서도, 그래프, 다이어그램 등)을 반드시 포함하고, 관련 공식, 화학식, 수식도 빠뜨리지 말고 넣어주세요.

'결론'에서는 본론의 핵심 내용을 요약하고, 기술적인 측면에서 제언을 제시하는 것이 좋습니다. 일반적인 내용보다는 본인의 현장 경험이나 생각을 포함하면 더욱 효과적입니다. 또한, 최신 트렌드나 이슈 사항(최근에 제정되거나 개정된 관련 법령, 최근 업계 동향 등), 다른 분야와의 융합 및 응용을 포함해 답안을 구성하세요. 국토교통부,

환경부, 한국환경공단 자료, 학회지(토목학회지, 수자원학회지 등)를 통해 최신 이슈를 미리 숙지해 두면 도움이 됩니다.

문장은 간결하게, 개조식으로 작성하는 것이 좋으며, 전문용어나 영어, 한자를 함께 병기하면 전문가다운 모습을 보여줄 수 있습니다.

답안지는 '머리'로 생각하는 것이 아니라 '손'으로 쓰는 것입니다

기술사 시험에 합격해 본 사람이라면 이 말의 의미를 알 것입니다. 문제를 읽자마자 손이 먼저 움직여야 합니다. 어떻게 적을지 고민하거나 생각하기보다는, 습관적으로 답안을 작성할 수 있어야 합니다. 결국, 이런 습관이 합격으로 이어집니다. 중요한 포인트는 백지를 놓고 머릿속에 있는 내용을 '손으로 직접 적어 보는 것'입니다. 이 과정을 통해 내가 아는 것과 모르는 것, 그리고 기억하지 못하는 것을 구분할 수 있습니다. 계속 연습하며, 모르는 것과 기억하지 못하는 것에 집중해 공부해야 합니다.

모범 답안을 외운다고 해서 실제 시험에서 쓸 수 있는 것은 아닙니다. 주기적으로(예: 주 3~5일, 하루 1~2시간) 반복하면서 실제로 답안지를 써보는 연습이 필요합니다. 하루 30분이라도 꾸준히 반복하는 것이 중요합니다.

완벽하게 공부한 후에 쓰려 하거나, 단순히 베껴 쓰는 연습은 효과가 없습니다. 오늘 목표한 주제를 자유롭게 먼저 적어보고, 책을 참고하면서 머릿속으로 어떻게 글을 작성할지 구상한 후 다시 써보는 연습을 반복해 보세요. 내공이 쌓이면 어떤 주제가 나와도 자연스럽게 답안을 작성할 수 있는 흐름이 잡힐 것입니다. 꾸준히 답안을 작성하는 연습이 가장 중요합니다.

직장인이라면 시험 날짜 최소 2주 전에는 휴가를 사용해 시험 준비에 몰두하는 것도 큰 도움이 됩니다.

외우는 꿀팁 하나!!

중요한 부분의 앞 글자만 따서 단어 또는 문장을 만들어 보세요. 이렇게 만든 단어나 문장을 순서대로 작은 노트에 정리해 두세요. 정리한 내용을 자주 머릿속에서 상기하는 것도 중요합니다.

■ '선택'과 '집중'이 필요합니다

시험 준비하면서, 자신 없는 교과목은 과감히 포기하고, 다른 분야에서 점수를 얻는 전략을 사용하는 것이 효율적입니다. 모든 과목을 완벽히 공부하려 하기보다는, 자신 있는 과목에서 고득점을 목표로 하세요. 부족한 과목은 오히려 시간을 낭비할 수 있으므로, 과감하게 포기하고 다른 강점이 있는 분야에서 점수를 확보하는 것이 중요합니다.

예를 들어, '측량및지형공간정보기술사' 필기 준비 과목에는 측량 및 측지학, 일반 측량 및 응용 측량, 사진측량 및 원격탐사, 지도 제작 및 공간정보 구축, 수로 측량 분야가 있습니다. 이 중 자신 있는 한두 과목만으로도 기술사 준비 시간을 크게 단축할 수 있습니다. 권지순 기술사님은 지도 제작 및 공간정보 구축, 일반 측량 및 응용 측량에서 실무 경험이 많으신 분입니다. 기술사 시험은 깊이보다는 폭넓은 지식이 요구되기 때문에, 자신의 전공 분야나 실무 경험이 있는 과목에 선택과 집중하여 준비 시간을 효과적으로 활용하셨다고 합니다. 다른 과목이 다소 부족하더라도, 자신 있는 과목에서 좋은 점수를 받으면 합격 점수(60점)에 도달할 가능성이 큽니다.

배준현 기술사님도 암기가 잘 안 되는 분야는 과감히 포기하셨다고 합니다. 철도기술사는 토목 분야뿐 아니라 전기, 신호, 통신, 기계 분야의 문항도 있는데, 전기 관련 용어는 도저히 암기가 되지 않아 그 분야를 포기하고 다른 문제에서 점수를 더 받는 전략으로 공부하셨다고 합니다.

■ 답안지 작성 시 '시간관리'가 매우 중요합니다

필기시험은 총 100분씩 4교시에 걸쳐 서술형으로 답안지를 작성합니다. 1교시는 13개 문제 중에서 10개(각 10점)를 선택해 서술하고, 2~4교시는 교시별로 6개 문제 중에서 4개(각 25점)를 선택해 작성합니다. 1교시 문제는 한 문제당 약 1페이지 정도, 2~4교시 문제는 더 상세하게 각 문항당 3~4페이지 정도를 서술형으로 작성해야 합니다. 따라서 시간 관리를 철저히 해서 모든 문제를 충분히 작성할 수 있도록 해야 합니다. 이 부분을 실수해서 1교시 10점 짜리 문항을 4교시 25점 짜리 답변처럼 작성하다가 시간을 초과해 7~8문제만 쓰고 시험시간이 끝나는 일도 자주 발생한다고 합니다.

시험지를 받으면 가장 먼저 문제 선택을 5분 이내에 해결하세요. 선택한 문항별 난이도에 따라 문제별 답변 작성 시간을 문제지에 미리 표기해 두면 유용합니다. 이렇게 해야 정해진 시간 안에 적절하게 답변을 작성할 수 있습니다.

문제를 선택했다면, 문항별로 서론, 본론, 결론의 제목을 미리 적어두는 것도 도움이 됩니다. 예를 들어 1교시 시험에서는 소제목을 4단계로 나누어 '정의', '메커니즘 또는 흐름도', '특징', '소결'의 간단한 흐름을 정해 놓습니다. 1문제당 1페이지를 작성하는 것으로 정하고, 10페이지에 4단계 소제목을 미리 적어놓는 거죠. 한 페이지에 총 14줄이 있기 때문에, 첫 줄은 제목을 쓰고, 두 줄을 띄우고 '정의'를 쓴 후, '메커니즘 또는 흐름도' 소제목을 쓰고 네 칸을 띄우는 식으로 소제목을 먼저 작성해 둡니다. 문제 유형에 따라 소제목을 공식처럼 만들어 놓는 것이죠. 여러 기출문제를 분석하다 보면 패턴과 공식이 잡히게 됩니다. 이렇게 10개의 문항에 맞춰 소제목을 작성하는 데 약 5분이 소요됩니다. 이 과정에서 공부했던 내용이 머릿속에 떠오르기 시작합니다. 관련 키워드를 함께 메모하며 소제목과 연결해 나가면 더욱 효과적입니다. 2, 3, 4교시도 같은 방식으로 소제목을 미리 적고, 답안을 채워 나가면 시간을 절약할 수 있고, 정리도 깔끔해집니다.

시험이 진행될수록, 특히 4교시로 갈수록 문제의 난이도가 점점 올라갑니다. 좌절하지 마시고, 내가 어렵다면 다른 수험생들도 어렵다고 생각하세요. **4교시까지 반드시 끈질긴 근성으로 답변서를 작성**하는 것이 중요합니다.

■ '필기구'도 신경을 써야 합니다

기술사 필기시험은 총 400분 동안 계속 손으로 적어야 하는 시험이다 보니, 필기구 선택도 매우 중요합니다.

평소에 부드럽게 잘 써지는 펜을 선택하고, 여유 있게 몇 자루 더 준비해 가세요. 시험 당일 답지에 가장 잘 써지는 펜을 골라 답안을 작성하는 것이 좋습니다.

필기구의 심이 너무 굵거나 너무 가늘면 안 됩니다. **글씨가 답안지를 꽉 채운 듯한 느낌을 줄 때 가독성이 좋아지고**, 채점자에게 좋은 인상을 주는 것 같습니다.

여러 가지 모양(원, 네모 등)이 있는 **모양자를 준비해 가는 것도 깔끔한 답안지 작성에 도움**이 됩니다. 표나 그림을 그릴 때 더 정돈된 답안을 만들 수 있습니다. 채점자가 보기에 깔끔한 답안지가 더 좋습니다.

그렇다고 해서 지나치게 깔끔한 답안지 작성에 시간을 많이 할애하라는 것은 아닙니다. 중요한 것은 내용입니다. **내용이 충실할 때, 그림이나 도형은 그저 보조 역할**을 할 뿐입니다. 보이는 부분보다는 내용의 충실성이 가장 중요합니다.

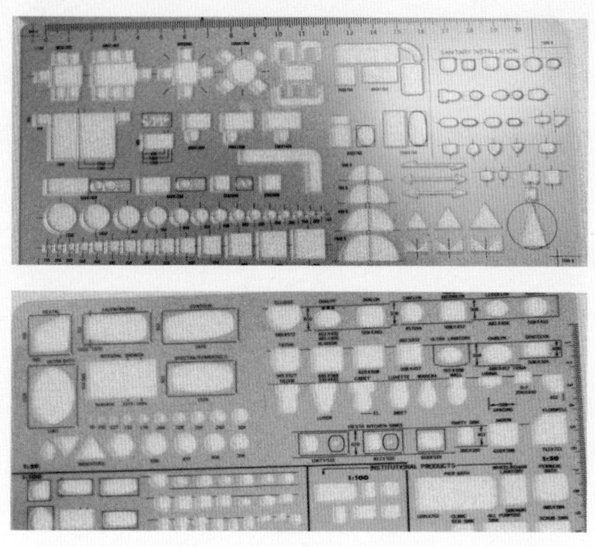

[그림 54] **다양한 모양자** (출처: 권지순 기술사님 제공)

합격할 때까지 시험에 '계속 도전'해 봅시다

모든 준비가 완벽할 때 시험에 응시하겠다는 수험자들이 있습니다. 그래서 단번에 합격할 거라고 자신하기도 하죠. 하지만 처음부터 합격을 기대하기보다는, 준비한 것을 확인해 보는 시험이라 생각하고 응시하는 것을 권합니다. 요즘에는 '큐넷'에서 문항별로 자신의 점수를 확인할 수 있는데, 문항별 점수가 60점을 넘는다면 그 방법으로 범위를 넓혀가며 공부하는 것이 효과적입니다. 이 방법은 시간이 다소 걸리지만, 기술사 시험에만 온전히 시간을 쏟을 수 없는 수험생들에게 추천하는 공부법입니다.

한상희 기술사님도 토질 연약지반 분야의 문제가 많이 출제되었던 시험에서는 탈락했지만, 꾸준한 도전 끝에 구조물 시공 파트가 강화된 시험에서 합격하셨다고 합니다. 자신의 업무와 연관된 회차가 분명 돌아오니, 한두 번의 과락에 포기하지 마세요. 기술사 공부의 답은 꾸준함이고, 두 번째로 중요한 것은 도전하는 것입니다. 도전하지 않으면 자격은 주어지지 않으니까요.

■ '합격자의 노하우'에 주목해 보십시오

합격자에게 공부 방법을 물어보고, 찍어준 출제 예상 문제는 반드시 준비해 보는 것이 좋습니다. 특히 장수 수험생일수록 출제 예상 문제의 적중률이 높기도 합니다.

권지순 기술사님은 합격자가 알려줬던 '10회독 공부법'이 도움이 많이 되셨답니다. 본인만의 모범 답안을 만들어 놓고 시험 일주일 전부터 그 노트를 매일 10회씩 반복해서 읽는 방법입니다. 물론,

읽으며 첨삭을 계속 해나가는 것도 빼놓지 말아야 합니다.

또한, 기술사 공부를 하는 분들과 스터디 그룹을 만들어 서로 답안지를 교환하며, 같은 문제를 어떻게 다르게 작성하는지 비교해 보는 것도 큰 도움이 됩니다. 상대의 답안지를 보면서 내 답안지를 수정하고 보완할 부분을 찾아나가는 과정이 큰 도움이 될 수 있습니다.

'자료'에 지나치게 욕심내지 맙시다

합격을 위해서는 '최신화되고 차별화된 나만의 독창적인 답안 작성'이 매우 중요합니다. 합격한 지인에게 받은 자료나 본인의 욕심으로 모은 방대한 자료들을 정리하는 데 시간을 낭비하거나, 과거의 자료(특히 합격자의 필기 노트)에 집착하는 것은 피해야 합니다.

예를 들어, 토목시공기술사는 시공 현장과 기술적 논지를 잘 풀어내는 것이 합격의 지름길입니다. 기본적인 레이아웃을 잡고, 시공 시 유의 사항에 중점을 두며, 현장 경험을 논리적으로 풀어나가면 좋은 점수를 받을 수 있습니다. 대학교에서 배운 공학 교과서의 용어와 정의를 다시 되새기며, 그 용어와 기준이 현장에 어떻게 적용되는지를 설명하는 능력이 필요합니다.

한상희 기술사님은 현장 경험을 살려, 어떤 현장에서 어떻게 관리되었을 때 하자가 적게 발생하고, 어떤 해결 사례가 있는지를 서술하는 등 자신만의 답안지를 만드셨다고 합니다.

■ '따뜻한 도시락'과 '간식'도 중요합니다

시험장에서는 뇌로 공급되는 탄수화물이 필수이니 초콜릿을 준비하세요. 커피도 챙기되, 화장실을 자주 가야 하니 물의 양은 최소로 유지하는 게 좋습니다. 중간 중간 간식과 음료를 섭취해 활기 있는 컨디션을 유지하는 것도 중요해요. 도시락은 소화가 잘되는 음식을 따뜻하게 보온하여 준비하는 것이 좋습니다. 추운 겨울에 차가운 시험장에서 차가운 샌드위치 도시락은 좋지 않습니다.

■ 문제가 너무 어렵더라도 절대 포기하지 마세요

난이도가 너무 높아 답변이 어려울 때는 알고 있는 관련 내용이라도 최소한 작성하는 것이 좋습니다. 아무 내용도 없을 경우 0점 처리되거나 최하위 점수를 받을 수밖에 없기 때문입니다. 답이 도저히 기억나지 않는다면, 문제와 유사한 주제와 관련된 내용이라도 적어야 합니다.

또한, 한 교시가 끝나면 쉬는 시간에 반드시 전 시간에 나온 문제의 답을 빠르게 찾아보세요. 시험 출제자가 1~4교시 문제를 모두 출제하기 때문에, 비슷한 문제나 방향만 약간 다른 문제가 다음 교시에 출제되는 경우가 많습니다. 운이 좋으면 쉬는 시간에 찾아본 문제가 다음 교시에 나올 수도 있습니다.

3.2

면접시험 꿀팁 모음

■ 단순한 인성 면접이 아니라 '구술시험'이라는 점을 명심하세요

필기시험 합격 소식에 마냥 기뻐할 수만은 없습니다. 왜냐하면 아직 최종 합격이 아니기 때문이죠. 필기시험에 합격한 후, 2년 동안 면접시험을 응시할 기회가 주어집니다. 하지만 여유를 부리며 준비하다 보면 불합격할 수도 있다는 점을 기억해야 합니다.

물론 필기시험에 비해 면접시험의 합격률이 훨씬 높긴 하지만, 결코 만만하게 볼 시험은 아닙니다. 필기시험을 통과한 사람들 모두가 고수이며, 경쟁자들 사이의 치열한 경쟁이 다시 펼쳐지기 때문입니다. 여기에는 이전 차수에서 불합격했던 분들도 포함되어 있습니다. 따라서 합격하기가 어렵다는 것은 어찌 보면 당연한 일입니다.

면접시험은 인성 적합성이나 조직 친화성을 평가하는 것이 아닙니다. 필기시험을 구술로 본다는 생각으로 필기시험 이후의 내용을 복습하고 면접시험에 임하는 것이 좋습니다.

답변하기 어려운 질문을 받았을 때는 우물쭈물하거나 침묵하는 것보다는 관련 지식을 이야기하면서 솔직하고 당당하게 이야기하며, 더 공부하겠다는 의지를 밝히는 것이 좋습니다. 잘 모르는 내용을 '아는 척'하며 답변하는 것은 피해야 합니다. 솔직하게 모른다고 인정하고, 대신 유사한 상황을 가정하여 대처하는 순발력과 센스는 기술사로서 갖추어야 할 중요한 능력입니다.

면접관들은 오랜 경험을 가진 분들이기 때문에, 응시자가 한마디만 해도 그 사람의 지식 수준을 금방 알아차립니다. 그러니 너무 긴장하지 말고 본인의 경험과 공부했던 내용을 솔직하게 이야기하는 것이 좋습니다.

"실무는 사수에게 배운다."는 말이 있죠? 후임에게 프로젝트를 설명할 수 있을 정도의 실력이면, 팀원들의 질문에도 무리 없이 답할 수 있을 것입니다. 기술사 면접도 이와 다르지 않습니다. 후임에게 설명할 수 있을 정도의 기본기를 갖추라고 조언하고 싶습니다. 기술사는 한 번에 따는 자격증이 아니라, 오랜 시간 실무에서 쌓아온 내공이 중요한 자격증입니다.

한상희 기술사님은 토목시공기술사 시험에 도전하면서 시공 현장 경험이 부족하다고 느껴, 주말에 옛 동료의 현장을 찾아가 현장 서류를 검토하고 감리단 승인 과정, 현장 사이클 서류 등을 배우며 면접을 준비했다고 하셨습니다. 구조부 경력이 있었기 때문에 감리단에서 일하는 동료의 도움을 받아 현장을 방문했고, 서류 승인 과정 등을 숙지하며 준비하며 면접 구술시험 준비를 하셨답니다. 이렇게 준비해 면접을 한 번에 통과하셨다네요.

■ 면접에서 구술할 '모범답안'을 미리 작성하고 소리내어 연습합니다

필기시험에서 다룬 내용을 간략히 요약하고, 각 소제목마다 1~2개의 예상 질문에 대한 답변을 준비합니다. 필기시험 내용에 더불어, 현재 쟁점이 되는 현안에 대한 문제도 등장할 가능성이 높기 때문에 이를 미리 준비하는 것이 합격의 열쇠입니다.

단순히 머리로 생각하는 것보다 거울을 보며 직접 말해보는 것이 좋습니다. 표정, 말투, 말하는 속도를 점검해 보아야 합니다. 머릿속에서 정리하는 것과는 달리, 실제로 말해보면 의외로 말이 잘 나오지 않거나 생각이 정리가 안 될 때가 많습니다. 평소에 말을 잘한다고 생각하는 사람도 면접관 앞에 서면 다르게 느낄 수 있습니다.

긴장할수록 말이 빨라질 수 있으니, 어미 처리, 억양 조절, 답변의 완급 조절 등에 신경 쓰면서 연습하는 것도 잊지 마세요.

답변은 중간에 끊기지 않도록 끝까지 완성해야 합니다. 결론 없는 답변은 피하는 것이 좋으며, '앞으로 어떻게 하겠다'와 같은 미래 지향적이고 긍정적인 문장을 포함하는 것이 효과적입니다.

키워드만 바꿔 유사한 순서로 구술할 수 있으니, 말하기 연습에 효과적입니다. 당황하지 않고 침착하게 자신감을 보여주며, 자신의 전문성을 어필할 수 있도록 훈련하는 것이 중요하답니다.

■ '기술사 이력카드'는 신중하게 작성해야 합니다

면접관들은 이력카드를 참조하여 2~3가지 질문을 압박면접 형태로 진행할 가능성이 높습니다. 즉, 기술사 이력카드는 면접에서 중요한 질문의 근거가 되므로, 자신의 실무 경험을 바탕으로 최대한 정성 들여 작성해야 합니다. 이와 관련된 질문에 충분히 답변할 수 있도록 철저히 준비하는 것이 기본입니다. 가능한 한 다양한 분야의 경험을 서술하고, 기술사가 맡아야 하는 업무에 대한 역할을 수행한 경험이 있다면 반드시 포함해야 합니다.

■ '모의 면접'을 해 봅시다

모의 면접은 실제로 많이 해볼수록 효과적입니다. 예상 질문에 대한 모범 답안을 작성한 후, 실제 면접처럼 진행해보는 것이 중요합니다. 이때 동료들의 도움이 필요하며, 가능하다면 선배 기술사분께 부탁드리는 것도 좋은 방법입니다. 선배의 조언은 매우 유익할 수 있습니다. 실제 시험장에 들어서면 예상보다 훨씬 긴장되고 떨릴 수 있기 때문에, 이러한 준비가 긴장을 완화하는 데 도움이 됩니다.

가능하다면 동영상을 촬영하여 자신의 모습을 객관적으로 확인해보세요. 시선 처리, 목소리 톤, 제스처 등이 과장되거나 긴장되어 있지는 않은지 확인하는 것도 중요합니다. 나만의 언어로 면접관의 질문에 자연스럽게 대답할 수 있도록 연습하며, 침착함을 유지하는 연습도 병행해야 합니다.

모의 면접 진행 시, 3명의 면접관이 눈 앞에 있다고 생각하며, 세 명의 면접관과 눈을 골고루 마주치며 답변하는 연습을 하십시오. 한 명의 면접관이 질문하더라도, 세 명 모두가 채점을 하니, 모든 면접관에게 고르게 설명하는 느낌을 주는 것이 중요합니다.

■ '복장'에도 세심하게 신경을 쓰세요

복장은 자유복으로 적혀 있지만, 면접장에 들어가면 대부분이 흰색 셔츠와 검은색 정장을 입고 있는 모습을 보게 될 겁니다. 기술사 2차 시험은 구술시험으로, 세 분의 면접관과 대면하는 자리인 만큼, 격식에 맞는 복장을 갖추는 것이 좋습니다. 여성이라면 더욱 복장에 예민할 수 있습니다. 곤색(네이비) 같은 깔끔한 색상이 좋습니다.

사실 중요한 것은 복장 자체보다는 성실하고 당당한 태도입니다. 지나치게 화려하거나 불성실해 보이지 않으면 충분합니다.

■ 여성기술자라는 이유로 불이익을 걱정할 필요는 없습니다

여성 기술사로서의 약점을 너무 신경 쓰고 고민할 필요는 없었습니다. 기술사는 본인의 업무 경험과 공대생으로서 갖춰야 할 기본 지식, 현장 경험을 연결하여 설명할 수 있는 능력이면 충분합니다.

■ 두려워하지 말고 끊임없이 도전하십시오

면접관은 주로 교수님이나 업계에서 활동 중인 선배 기술사분들이 맡으시는 경우가 많습니다. 따라서 면접관에 따라 질문 내용이 달라질 수 있습니다. 시험도 인생도 어느 정도 운이 작용한다고 생각합니다. 충분히 공부하지 못했더라도 알고 있는 질문이 나올 수 있고, 반대로 열심히 준비했어도 예상하지 못한 질문을 받을 수 있습니다. 중요한 것은 꾸준함입니다. 꾸준히 하다 보면 결국 목표에 도달할 수 있으니, 마음을 편안하게 가지는 것이 중요한 팁이 될 수 있습니다.

12인의 저자소개

SECRET
NOTE

1

사람을 생각하고 이어주는 교통기술사

김혜선 ㈜가람엔지니어링 대표이사

〈경력〉

2020-현재	㈜가람엔지니어링
2014-2020	광주광역시청
2000-2014	㈜청해이엔씨 / ㈜원우기술개발 / ㈜대경이엔씨

〈학력〉

2013.02.	한양대학교 교통공학과 박사 수료
2006.08.	전남대학교 토목공학과 석사 졸업
2000.02.	한양대학교 교통공학과 학사 졸업

〈자격 및 포상〉

2008.06.	교통기술사 취득

"우리가 이용할 수 있는 자원 중에서 끊임없이 성장과 발전을 기대할 수 있는 유일한 것은 인간의 능력뿐이다."

언제 누가 한 말인지 모르지만, 이력서를 쓸 때마다 저의 성장과 발전을 되돌아보곤 합니다. 그리고 이번에 글을 쓰려고 공부하던 책을 찾아보다 쪽지를 발견했는데. '30대에 기술사, 40대는 나의 사무실, 50대에는 사회에 봉사'하겠다는 계획이 적혀 있었죠. 어찌나 대견한지 저의 20대를 칭찬합니다. 목표를 정하고 한 걸음씩 나가는 생활은 매우 중요합니다. 하루하루 속에서 하늘도 보고 나뭇잎 색이 변하는 것도 느끼려고 해요. 친한 친구들과는 매일 만 보를 걸으며 서로 인증을 하고, 하루 한 끼는 건강한 음식을 먹으려고 노력하고 있습니다.

2050년쯤 되면 교통수단의 절반이 자율주행이 되고, UAM(도심항공모빌리티) 등 미래 모빌리티로 대체된다고 합니다. 도시공간구조, 생활권과 토지이용이 변화할 테고 이 속에서 교통은 사람과 물자를 이어주면서 사회를 더욱 풍요롭게 해주는 새로운 가치를 창출하게 될 겁니다.

저는 2000년부터 설계회사에서 다양한 교통 관련 업무를 수행해 왔습니다. 회사 생활 중간에, 대학원에 입학하여 박사과정을 밟기도 했고, 관공서에서 근무한 적도 있고요. 지금은 작은 회사를 설립하여 일하고 있답니다.

교통 분야는 사익을 추구하기보다는 그 속성에 이미 공익성을 내포하고 있습니다. 변화하는 사회적 여건을 보며 구성원의 교통복지를 위해 노력하는 중이고 저는 교통기술사로서 자긍심을 느끼고 살아가고 있습니다.

2

'공항과 도로'를 넘어 미래로 나아간다

김지은 인천국제공항공사 AS토목팀 차장

〈경력〉

2010-현재	인천국제공항공사 건설사업단
2024-2026	국토교통부 건설엔지니어링 심사위원

〈학력〉

2010.02.	경북대학교 토목공학과 석사 졸업
2008.02.	경북대학교 토목공학과 학사 졸업

〈자격 및 포상〉

2023.09.	도로및공항기술사 취득
2009.06.	건설재료기사 취득
2007.08.	토목기사 취득
2022.12.	국토교통부장관 표창

“나 자신의 변화가 미치는 영향은 그 범위와 가능성이 무한하다.”

작은 변화가 나로부터 시작되어 넓은 범위까지 영향을 미칠 수 있다는 의미로, 나의 성장이 주변의 긍정적 변화를 촉진하는 원동력이 되고 미래를 이끌어갈 중요한 변화의 씨앗이 될 수 있다고 믿고 있다.

2010년 2월 토목공학과에서 수자원공학 석사 학위를 취득한 후 그해 5월 인천국제공항공사에 입사했다. 입사 15년 차인 지금까지, 인천공항 3단계 및 4단계 대규모 국책 건설사업에 참여하며, 선후배들과 함께 인천공항의 발전과 변화의 큰 흐름을 그려나가고 있다. 3단계 건설공사 시에는 인천공항 건설기본계획 변경고시 추진업무와 건설 사업관리체계 마련에 일조했고, 4단계 건설공사는 비행장시설 설계 및 공사관리 업무를 수행했다.

일련의 건설 과정을 경험하며 미래를 앞서 보는 통찰력의 중요성과 설계 및 시공 과정에서 기술자의 판단이 가져오는 중대한 파급효과를 깊이 인식하게 되었다. 실력과 경험을 토대로 신속하고 정확한 판단을 통해 다양한 이해관계자들이 상생할 수 있고 안전한 건설 환경을 조성하고, 협력 네트워크를 극대화할 수 있도록 나의 역할을 다하며 앞으로도 끊임없이 나아갈 것이다.

3

도시의사를 꿈꾸다!

최혜란 ㈜한국종합기술 도시계획부 전무이사

〈경력〉

2023-현재	㈜한국종합기술 도시계획부
2006-2023	㈜동아기술공사(이사)
2003-2006	㈜금광기업 입사(이사)
1998-2001	㈜동아기술공사 입사(대리)
1995-1998	㈜동명기술공단종합건축사사무소 입사(사원)

〈학력〉

1995.02.	충북대학교 도시공학과 석사 졸업
1993.02.	충북대학교 도시공학과 학사 졸업

〈자격 및 포상〉

2003.12.	도시계획기술사(031710600095) 취득
1993.04.	도시계획기사 1급 취득

누구에게나 인생의 기회가 세 번은 꼭 온다고 했던 옛말이 있죠. 꼭 세 번인지는 알 수 없으나, 다만 분명한 건 기회는 온다는 사실이에요. 인생을 50년 조금 넘게 살았기에 그리 오래 살았다고 볼 수는 없지만요, 살아보니 인생은 위기와 기회의 케미(조화, 공존)가 아닌가 싶어요.

제가 권고사직의 위기에서 전문가로서 성장할 기회와 의지를 포기하고 말았다면 그냥 가정주부로 남았겠죠. 포기하지 않고 기술사를 취득했더니, 때로는 총괄 책임기술자가 되어 시장 · 군수를 비롯한 주요 간부들 앞에서 도시계획을 설명하기도 하고, 주민들에게 현재의 잘못된 도시계획 혹은 미래 도시계획 방향을 제시하기 위한 브리핑도 했어요. 멋지지 않은가요?

제게 꿈이 있냐고 물으신다면 저는 "정직한 도시의사가 되고 싶습니다."로 대답할래요. 일을 하다 보면 악성 민원 해결에 떠밀려, 혹은 관 외압에 밀려 타협의 도시계획을 하기도 해요. 도시계획은 상호 이해관계 속에서 다양한 의견수렴과 끝없는 토론을 통해 정답이 아닌 '현답'을 찾아가는 과정이기 때문이에요. 도시민을 위한 건강한 도시계획을 합리적으로 수립하는 '도시의사'가 되어 미래의 도시를 튼튼하고 건강하게 만들고 싶어요. 이것이 현재 저의 소망이랍니다.

여성 엔지니어 그리고 여성 기술사로 살아가다 보면 분명 여러 위기가 있겠지만, 자신이 되고 싶은 이상적인 자아에 가까워지도록 포기하지 말고 위기를 기회로 꼭 잡기를 후배들에게 당부드리고 싶습니다. 화이팅~~

4

생명의 근원 '물' 지킴이

장근영 ㈜도화엔지니어링 물산업부문 전무

〈경력〉

1997-현재	㈜도화엔지니어링 물산업부문 상하수도부
2023-2025	경기도 물관리위원회
2023-2025	한국상하수도협회 상수도 전문위원

〈학력〉

2021.02.	고려대학교 공학대학원 글로벌건설엔지니어링 석사 졸업
1997.02.	인천대학교 토목공학과 학사 졸업

〈자격 및 포상〉

2010.11.	상하수도기술사 취득
2023.12.	대한토목학회장 표창
2017.03.	국토교통부장관 표창
2016.03.	여성토목인상(대한토목학회)

현재 ㈜도화엔지니어링 물산업 부문 상하수도부에 전무로 근무하고 있는 장근영입니다. 1997년에 입사한 28년 차 여성 엔지니어로서, 국내 상하수도 분야의 기본구상, 타당성 조사 및 분석, 기본계획, 기본설계, 실시설계 등 건설엔지니어링 분야에서 약 300개의 프로젝트를 수행해 오면서 우리의 생명과 다름없는 '물'을 고도로 산업화하고 발전시켜 오는 데 한몫해 왔습니다. 순간순간 너무 힘들어서 포기하고 싶은 시간이 있기도 했고, 다른 한편으로는 내가 계획하고 설계한 시설물이 멋지게 건설되고 운영되어 우리 환경과 삶의 질 개선에 이바지하는 것을 보면서 보람도 느껴보곤 했습니다. 사회에 선(善)한 가치(價値)를 하나둘 만들어 가면서 그동안의 힘들었던 순간은 잊어버리게 되었죠.

이번 에세이를 준비하며 기술사를 취득하기 위해 치열하게 공부하며 노력했던 시간을 되돌아볼 수 있었습니다. '만약에 그때로 다시 돌아간다면 그때만큼 열심히 할 수 있을까?' 하는 생각도 들었고요. 매우 힘들었고 또 너무 치열하게 열심히 살아서 제가 살아있는 걸 느낄 수 있었던 시간들이었습니다. 그 덕분에 지금은 '상하수도기술사'로서 전문가로 인정받으며 제가 좋아하는 엔지니어의 삶을 살고 있습니다.

저는 ㈜도화엔지니어링의 미션(Mission)인 "안전하고 행복한 삶을 위한 미래를 창조합니다."를 사회적으로 실천하기 위해 최선을 다하고 있습니다. 앞으로도 지금처럼 멋지고 당당한 상하수도 기술인으로 살아갈 계획이랍니다.

5

끊임없이 흐르는 물처럼 나아가는 기술자가 되고픈...

우지연 ㈜이산 수자원환경부문 수자원부 상무이사

〈경력〉

2009-현재	㈜이산
2000-2009	㈜한국기술개발
2024-2026	영산강유역환경청 기술자문위원
2024-2026	경기도 재해영향평가 심의위원
2023-2025	전라북도 지역수자원관리 위원

〈학력〉

2000.02.	단국대학교 토목환경공학과 학사 졸업

〈자격 및 포상〉

2023.05.	수자원개발기술사 취득
2021.08.	방재기사 취득
1999.08.	토목기사 취득
2023.03.	환경부장관 표창
2019.02.	국토부장관 표창

올해로 경력 25년 차인 수자원개발기술자 우지연입니다. 남성 위주의 분야에 IMF 외환위기 직후라 취업하는 과정이 매우 어려웠어요. 인턴에서 정직원이 될 때, 출산 후 법적으로 보장된 3개월의 휴가를 받을 때, 직장을 옮길 때, 매 과정에서 쉬운 게 단 하나도 없었습니다. 야근, 철야, 합사 생활, 파견근무 등 주저한 적 없이 성실하고 책임감 있게 업무를 수행했습니다. 제대로 성장해 온 수자원 분야 대표 여성 기술자라고 자부할 수 있어요.

가족들의 희생과 배려로 이 자리에 올 수 있었습니다. 아이가 중학생이 될 때까지 육아를 담당해 준 친정어머니, 사회생활 스트레스를 다 받아준 남편, 초등학교 5학년 때부터 스스로 식사를 해결하며 바르게 자란 아들에게 고마운 마음 전하고 싶어요. 여기까지 오는 과정에서 힘을 낼 수 있었던 근원이랍니다. 또한, 기술력을 기반으로 정서적으로 따뜻한 문화를 겸비한, 여성 기술직에 대해 편견 없는 ㈜이산 수자원부의 일원으로 생활했기 때문에 인정받는 기술자가 될 수 있었어요. 정직, 창의, 성실을 기본이념으로 하는 수자원 분야 선도기업인 ㈜이산의 자랑스러운 기술자가 되도록 노력하고 있습니다.

수자원 분야는 국민의 안전을 최우선으로 해요. 발생할 수 있는 각종 수자원 재해를 예방하고, 피해 이후에는 복구계획을 수립하는 업무를 하는 데 있어 특별한 사명감이 필요하답니다. 성실함과 책임감을 갖고 실무경험을 쌓으면서, 2~3년간의 준비를 거쳐 수자원 기초 이론을 겸비한다면, 여러분도 '수자원개발기술사'를 취득할 수 있습니다. 도전하세요!

6

흐르는 강물처럼 물과 함께 30여 년을 살다

이숙경 ㈜동아기술공사 전무
환경영향평가

〈경력〉

2023-현재 ㈜동아기술공사 환경부
2016-2023 선진엔지니어링 환경사업부

〈학력〉

1989.08. 서울대학교 환경보건학 석사 졸업

〈자격 및 포상〉

2017.12. 환경영향평가사 취득
2010.11. 수질관리기술사 취득

저는 ㈜동아기술공사 환경부에 전무로 재직 중인 수질관리기술사 이숙경입니다.

현재 하고 있는 업무는 환경영향평가이며, 환경영향평가는 환경보전과 국가발전의 궁극적인 균형을 목표로 하고 있습니다. 주요 내용으로는 환경 현황분석을 토대로 개발사업이 환경에 미치는 영향을 예측하고 부정적인 영향에 대한 저감 대책을 수립하는 것입니다. 또한 지역주민과 협의기관(환경부 또는 유역환경청 등)과의 소통도 중요한 업무에 포함됩니다.

첫 환경영향평가 대상 사업은 '울산공항 확장사업'이었습니다. 그 후로 광주직할시 제2순환고속도로, 기흥구갈2지구택지개발사업, 홍천공업단지 조성사업, 서울외곽순환고속도로, 새만금환경생태용지조성사업 등 다수의 프로젝트를 수행해 왔습니다.

환경 분야에서 일찌감치 어려운 길을 헤쳐 나가고 이끌어주신 선배님들 그리고 동료 및 후배와 함께한다는 마음으로 환경기술사로서의 업무 범위와 역량 등을 잘 소개하고 싶었습니다.

훗날에 우리 후배님들은 저보다 훨씬 훌륭하고 멋진 여성 기술사로서, 또 다음 세대를 이어 나갈 후배들을 이끌어 줄 것을 기대합니다.

사람과 행복을 잇는 철도인

배준현 한국철도기술연구원 시험인증센터 선임기술원

〈경력〉

2018-현재	한국철도기술연구원 선임기술원
2016-2017	용마엔지니어링 부장
2004-2016	극동건설㈜ 차장

〈학력〉

2021.08.	충남대학교 구조공학 박사 수료
2003.02.	고려대학교 구조공학 석사 졸업
2001.02.	고려대학교 토목환경공학 학사 졸업

〈자격 및 포상〉

2016.09.	철도기술사 취득
2012.08.	토목시공기술사 취득
2002.12.	토목기사 취득

항상 조금씩 느렸어요. 성격은 급했지만 뭔가를 시도하면 달성은 느렸어요. 나는 한다고 하는데 남들보다 머리가 나쁜 건지 공부한 만큼 결과가 나오지 않을 때도 많았고 실수도 잦아서 달성도가 처음엔 느렸죠. 근데 그래도 어느 사람보다도 자신 있는 건 한번 시작하면 끝을 보는 성격이라는 점요. "내 인생 포기는 배추 셀 때만 쓰는 말"이랍니다. 일단 시작하면 끝을 보기 위해 전진했죠. 주변의 상황에 일희일비(一喜一悲)하지 말고 내가 원하는 그 방향만 보며 전진했어요. 그리고 지금의 자리까지 왔어요. 처음엔 뭔가 사람들에게 뒤처지는 건가 위축되는 마음이 들었었는데 이젠 하나둘 저를 알아봐 주시고 찾아주시네요. 물론 아직도 가야 할 길이 멀지만 이젠 좀 뻐기면서 가도 누가 뭐라 하지 않고, 오히려 부러워하기도 하고, 멋있게 봐주시기도 하니, 또 앞으로 나아갈 추진력이 생깁니다.

학교라는 울타리를 벗어나 사회에 나오면 다양한 상황을 마주치게 돼요. 특히 '여자'는 소수여서 다수에게 밀릴 때도 있고, 반면 소수의 특권이 주어질 때도 있어요. 근데 그 모든 게 지나고 보면 하나의 작은 점이고 그 과정을 통해 나는 좀 더 단단해져 가는 것 같아요. 그렇게 내가 버티고 단단해지기 위해서는 무기가 필요하고 저에겐 '철도'가 저의 무기가 되었어요. 아직은 완벽하진 않지만 지금도 열심히 '철도'라는 무기를 갈고 닦고 있어요. 그리고 이러한 과정들이 한 차원 더 단단해진 나를 만들 것이라는 사실을 그동안의 경험을 통해 체득한 만큼 열심히 열심히 갈고 닦아 볼 생각이랍니다.

8

현실에 안주하지 않고 늘 노력하는...

권지순 공간정보품질관리원 처장

〈경력〉

2024-현재	공간정보품질관리원 지도품질관리처장
2020-2023	공간정보품질관리원 지하정보1처장
2015-2019	공간정보산업협회 심사2팀 과장

〈학력〉

2009.02.	경기대학교 산업대학원 지리정보공학 석사 졸업

〈자격 및 포상〉

2019.11.	측량및지형공간정보기술사 취득

안녕하세요? 저는 현재 4차 산업혁명의 핵심 원천인 '공간정보'의 품질 향상을 위해 열심히 노력하고 있는 측량및지형공간정보기술사 권지순입니다.

제가 지도 제작회사에 입사한 시기(1997년)는 모든 정보가 아날로그에서 디지털로 전환될 때였어요. 덕분에 저는 여러 축척(1/5000, 1/25000, 1/50000)의 지도와 주제도(토지이용현황도) 제작에 참여할 수 있었고, 현재는 지도 제작이 아닌 구축된 지도의 품질검증 업무를 하고 있답니다.

이렇게 주어진 여건 속에서 노력을 계속하다 보니 새로운 기회를 잡을 수 있는 계기를 만들 수 있었다고 생각해요. 그래서인지 저는 영화 〈기생충〉에 출연했던 이정은 배우의 인터뷰 내용이 마음에 와닿아요. "40대가 돼서도 식당에서 알바 하면서 꿈을 꿨어요. 버릴 게 없는 시간이었다."라는 대목은 제게 큰 울림을 주었습니다. 저에게도 지난 시간 들이 지나고 보니 하나도 버릴 경험이 없었고, 필요한 시간이 아니었나 하는 생각이 듭니다. 저와 동갑인 이정은 배우처럼, 이제는 저도 노력하고 있는 후배들을 먼저 알아봐 주는 그런 멋진 선배가 되고 싶네요.

지금 제 글을 우연히 접하신 우리 여성 기술인뿐만 아니라 모든 젊은 후배들 모두에게 이야기합니다. 현실에 안주하지 않고 늘 무언가 노력하고 있다면, 반드시 좋은 기회가 올 것이고, 그것을 통해 성장하고 있는 자신을 발견하게 될 거라고요. 확신하셔도 좋습니다.

9

설계업계 유일의 여성 토목구조기술사

송혜금 ㈜서영엔지니어링 전무

〈경력〉

2023-현재㈜	㈜서영엔지니어링 전무
2003-2023	㈜유신
2000-2003	마이다스아이티

〈학력〉

1998.02.	서울대학교 석사 졸업
1996.02.	제주대학교 학사 졸업

〈자격 및 포상〉

2016.05.	토목구조기술사 취득

안녕하세요, 송혜금입니다. 2003년 ㈜유신에 입사한 이후, 20년 동안 다양한 교량 설계 프로젝트를 통해 경험과 전문성을 쌓아왔어요. 현재는 서영엔지니어링에서 전무로 재직 중이에요. 국내외 여러 교량 설계 및 건설사업관리 기술지원 업무를 담당하고 있어요.

제가 설계한 교량은 ED교, 사장교, 하이브리드 아치교, 현수교 등 총 10개에 달하는데요, 이 중에는 경쟁 입찰에서 당선되어 시공 완료 되었거나 현재 시공 중인 프로젝트들도 포함돼요. 대표적으로는 주경간장(주탑과 주탑 사이의 거리)이 500m인 사장교 영종-청라 연결도로 제3연륙교, 주경간장 910m 현수교인 여수 화태-백야 2교, 그리고 주경간장이 400m 사장교인 동이대교가 있어요. 이러한 성과는 팀과의 협력과 끊임없는 자기 계발의 결과라고 생각해요.

저는 여성 엔지니어로서 끊임없이 도전하고 성장하는 것을 목표로 삼고 있어요. 다양한 프로젝트를 통해 얻은 풍부한 경험을 바탕으로, 후배 엔지니어들에게도 좋은 롤 모델이 되고자 해요. “내가 즐겁고 건강해야 남들도 편하게 대할 수 있다.”라는 신념을 가지고, 항상 긍정적인 자세와 마음으로 최선을 다해 일하고 있답니다.

10

가교하면 상희!!

한상희 ㈜에스앤씨산업 이사
교량 및 가설교량 기술영업

〈경력〉

2022-현재	㈜에스앤씨산업 이사
2021-2010	㈜지엘기술 팀장
2010-2003	㈜동아기술공사 차장
1999-2001	㈜시공간

〈학력〉

1999.02.	서울과학기술대학교 학사 졸업

〈자격 및 포상〉

2015.11.	토목시공기술사 취득

12년간의 설계 경력을 기반으로 가설교량 회사에서 11년간 전문 회사의 제품을 위한 설계 관리를 하는 일을 담당해 왔습니다. 설계사에서 10년 동안 한 번도 겪지 못할 수도 있는 특정 분야의 설계를 진행하면서, 시공 승인, 현장 문제점 등을 처리하는 다양한 일들을 경험할 수 있었습니다.

토목은 혼자 하는 일이 아닌, 여럿이 함께 하는 일이다 보니, 그 어떤 일에서든 구성원을 다 같이 끌고 가는 입장에서 판단하고자 노력합니다. 타인 앞에서 우리의 공법과 기술을 설득하는 일에도 매진하고 있답니다. 일을 해냈을 때 느끼는 희열이 아직도 저를 가슴 뛰게 하는 것 같습니다.

운전하다가 어디쯤에선가 생소한 구조물을 보게 되면 속도를 줄이고 두리번거리게 됩니다. 자동입니다. 잠시 차를 세울 수 있다면 갓길에서라도 지켜봅니다. 운전 중이 아니라면 카메라를 들이댑니다. 기술자에겐 이런 열정이 필요합니다. 이런 애정이 스스로를 발전시킨다고 생각합니다. 과장 시절에 제 밑을 떠나가는 남자 기술자들을 보며 실의의 빠진 저에게 어느 선배가 "네가 이 공간에서 같이 숨쉬고 있어 주는 것만으로도 행복하다!"고 말해주었습니다. 저도 후배들에게 같은 말을 해주고 싶습니다. "어디든 우리가 서 있을 자리가 반드시 있고 거기서 빛날 것"이라고. 빛내기 위해 자신의 미래를 꿈꾸고 상세히 그려 나가시길 바랍니다. 꿈꾸면 이루어집니다. 차를 마시며 이런 이야기를 두런두런할 수 있는 후배를 만나면 더 행복할 것 같습니다.

11

나 자신을 믿는다. 언제나 그랬듯이

김향은 우리지반 대표

〈경력〉

2024-현재	우리지반 대표
2008-2023	㈜지오알앤디(상무이사)
2016-2019	한국해양대학교 토목공학과 박사
2006-2007	㈜미래쏘일텍(과장)
2001-2005	명성지반기술㈜(대리)

〈학력〉

2019.02.	한국해양대학교 토목공학과 박사 졸업
2014.08.	부산대학교 산업대학원 토목공학과 석사 졸업
2001.02.	부산정보대(現 부산과학기술대학교) 토목공학과 학사 졸업

〈자격 및 포상〉

2020.08.	토질및기초기술사 취득

저는 토질및기초기술사이며, 최근에 기존 소속된 회사에서 독립하여 우리지반이라는 회사를 설립한 김향은입니다.

학창 시절부터 암기 과목보다는 물리와 같은 과학 과목을 좋아했었지만 집안 사정상 경제활동이 필요하다고 판단했기에 일찍부터 대학은 포기하고 상업고등학교에 진학했어요. 그리고 고등학교 졸업 후 5년의 직장생활을 하고 난 다음 남들보다 늦은 나이에 대학 생활을 하기로 결심하고 대학을 진학했지요. 제가 토목과를 선택한 이유는 고등학교 윤리 선생님 덕분인데요, 선생님께서는 사회생활을 앞둔 우리에게 부모님께 손 벌리지 말고 대학 갈 자금은 직접 모아서 대학에 가되 전문적인 기술을 배우는 학과를 선택하라고 조언해 주셨어요. 저는 그 말씀이 마음에 남더라고요. 그래서 전공학과를 선택할 때 전문기술인이 될 수 있는 쪽으로 방향을 잡아서 진학했고, 결과적으로 아주 잘한 결정이었다고 생각해요.

물론 순간순간의 어려움은 자주 있었지만, 과업이 완료되거나, 설계에 참여한 현장이나 건물 옆을 지날 때면 프로젝트 규모와는 무관하게 스스로 뿌듯함과 자부심을 느끼게 되었어요. 이런 경험들은 난관들이 생길 때마다 "넌 잘 해낼 거야. 지금까지 잘 해왔었잖아. 너 자신을 믿어봐!"라고 되뇌며 헤쳐 나갈 수 있었고, 저 자신을 믿는 법도 스스로 깨닫게 되었죠. 그래서 지금도 여전히 앞으로의 저 자신을 믿고 있어요. 언제나 그랬듯이. 여러분도 자신을 믿어보세요. 충분히 잘 해내실 거예요.

12

무한 긍정! 열정 가득! 언제나 밝음!

김지현 ㈜건화 환경평가부 상무
환경영향평가 총괄책임

〈경력〉

2022-현재	㈜건화 환경평가부
2001-2022	환경영향평가업체 근무

〈학력〉

2017.08.	동아대학교 환경공학과 박사 수료
1996.02.	부경대학교 대기과학과 석사 졸업
1993.02.	부경대학교 대기과학과 학사 졸업

〈자격 및 포상〉

2024.02.	해양기술사 1차 시험 합격
2022.02.	환경부장관 표창
2019.12.	환경영향평가사 취득
2010.11.	토양환경기술사 취득

제 삶 속에 많은 어려움과 부딪힘이 있었음도 불구하고 이겨낼 수 있었던 것은 제가 항상 생각하고 실천했던 세 가지가 있었기 때문이라고 생각해요.

그중 첫 번째가 제 도움이 필요한 사람이 있으면 적극적으로 돕고 사람과의 인연을 소중히 생각하며 좋은 인연으로 유지되도록 노력하는 것입니다. 내가 누군가를 돕는 것은 결국 나를 좋은 사람으로 만들거나 좋은 방향으로 이끌어 주는 것 같아요.

두 번째로 저는 저의 한계를 생각하지 않으려고 노력했어요. 나이에 대한 한계도, 공부하는 분야에 대한 한계도, 제 능력에 대한 한계도 크게 생각하지 않고 부족하고 필요하다고 생각되면 일단 시작했어요.

세 번째로 저는 '끌어당김의 법칙'을 믿어요. 그래서 되도록 긍정적으로 생각하고 좋은 방향으로 에너지를 쏟으려고 노력해요. 그리고 열정적이고 밝음을 유지하려고 한답니다.

저는 미래 세대에 더욱 깨끗하고 좋은 환경을 물려주어야 한다는 사명감으로 앞으로도 계속 공부하고 연구할 거예요. 그리고 환경을 전공한 많은 여성 이학·공학자들이 사회에 진출할 수 있도록 도우며, 활발한 대외 활동을 이어 나갈 생각이랍니다.

여기까지 들려드린 이야기가 여러분에게 조금이라도 도움이 되셨기를 간절히 바라며, 이 글을 읽으실 여러분께 긍정의 기운을 전하고 싶습니다.

토목기술사의
비밀노트

초판 발행 2024년 10월 13일

지은이 대한토목학회 여성기술위원회
펴낸이 정충기
발행처 KSCEPRESS
등록 2017년 3월 10일(제2017-000040호)
주소 (05661) 서울 송파구 중대로25길 3-16, 토목회관 7층
전화 (02) 407-4115
팩스 (02) 407-3703
홈페이지 www.kscepress.com
인쇄 및 보급처 에이퍼브프레스(Tel. 02-2275-8603)

ISBN 979-11-91771-19-0 (93530)
정가 24,000원

도움을 주신 분들

위원장 정건희 (호서대학교 건축토목공학부 부교수)
(대한토목학회 여성기술위원회 위원장)

부위원장 윤성심 (한국건설기술연구원 수자원연구실 수석연구원)
(대한토목학회 여성기술위원회 부위원장)

감수 문지영 (작가, 대한토목학회 출판도서위원회 위원장)

사무국 장현정 (대한토목학회 사무국)